雷保護と接地マニュアル
IT社会のアキレス腱

ピーター・ハッセ／ヨハネス・ウィジンガー 著
Peter Hasse　　Johannes Wiesinger

加藤幸二郎／森 春元 訳

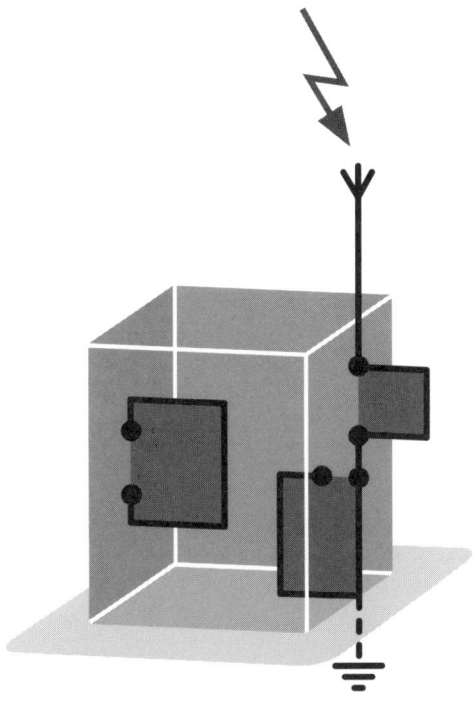

 東京電機大学出版局

Handbuch für Blitzschutz und Erdung, 4.ed.
by Peter Hasse and Johannes Wiesinger
Copyright © 1993 by Richard Pflaum Verlag Gmbh & Co. KG
Translation Copyright © 2003 by Tokyo Denki University Press
All rights reserved.

序　文

　このハンドブックは，雷保護装置の計画，設計及び実施に従事する技師，技術者，職場長，及び雷保護装置に対する規格を決定すべき立場にある官庁の専門家に向けて書かれている。しかし本書によって更に，職業学校の教師及び学生，及び専門学校，大学の学生も，雷保護技術の科学的な基礎についての確信を高めることができる。また，例えば住宅の雷保護，山岳地帯，船舶における人身保護等に関心のあるアマチュアにも役に立つ情報を提供することができる。

　本書には今日実用化され，規定に採用されている雷保護技術の理解に役立つ基礎原理と実際の方法が示されているが，同時に本書は今までの慣習にとらわれない雷保護問題解決にも役立つ。電気エネルギー供給及び電子技術による制御，測定及び調整装置，家電装置においても，技術は絶えず精密化していくので，ますます細部にわたる過電圧保護装置が必要となる。したがって雷電流を安全に放流することは部分的な課題にすぎない。

　雷保護技術の中で，接地は特に等電位化に関して重要な役割をもつ。接地の章では，接地設備の設置の際に，雷保護技術以外の点で重要な問題点についても言及する。

　最近の10年間のみでも数千件の論文が発表されているが，その中から，特別なテーマについての知識を深め，一方では，広範囲の引用文献を示す，数件の重要な論文のみを提示した。

第2版に対する序文

　特に国際雷保護会議に発表された雷研究の多様な新しい知識，及び雷過電圧保護の分野における急速な進歩によって，ハンドブックの新版発行が必要となった。古典的な建物の外部雷保護に対して，常により著しく拡大する内部雷保護の課題，すなわち，電気，特に電子機器及び装置の保護が加わる。このような主題の移行を考慮して，新版の第1章に「雷保護」を加え，特に雷放電における過電圧に対する保護に関してこの章を著しく拡張した。

　雷保護部品，機器，装置の試験法及びインパルスジェネレータに関する部分も，これに対応して詳細に記述した。新たに雷記録及び雷警報の章を設けた。本ハンドブック第2章「接地」において，電解質による接地電極の腐食に関する実地の問題の詳細に立ち入った。

　本書の読者，及び著者らにより開催されたセミナーの参加者からの反響によって，本書がたびたび，今までになかった雷保護の課題に引用されていることがわかった。このことによって物理的な事情がなお十分には解明されていない分野においても現在の見地から支持し得る方法を示し，それによって保護課題を定量的に解明しようとする，筆者らの目標設定が正しいことが確認された。読者層の励ましに応えて，本ハンドブックにはより多くの実例を記載し，特にすべての数式は簡単な計算例で裏づけることを積極的に実施した。

著　者

第3版，第4版に対する序文

　第2版の発行以来，このハンドブックは国際電気技術委員会（IEC）において，国際的な雷保護標準を作成する技術委員会TC81に備えられている。この標準作成には，筆者らもドイツ委員として重要な役割を果たしており，標準第1部（DIN VDE 0185, Part 100; IEC81［CO］6と同等）は公表される準備ができている。現在，この標準に対する詳細説明書類が作成され，雷放電の電磁インパルス（LEMP）に対する保護基準として準備中である。

　これらの国際的な審議及び討議，国際雷保護コンファレンス（ICLP）から，雷保護技術の新しい，発展的な見解が発生し，それらはこの書物の中に記載されている。

　更に筆者らは，科学技術協議グループ（WBG）の組織の中で，例えば大規模計算センター，産業設備及び発電所等の，さまざまな方式と規模のプロジェクトに対する，複雑な雷及び過電圧保護コンセプトを作成し，その実施に当たって助言を行った。この際に得られた経験は，このハンドブックの冒頭に記載されている。

　既存の広範な資料のために，ハンドブックを次の二つに分けることとした。
「ハンドブック　雷保護及び接地」（本書）
「EMC雷保護ゾーンコンセプト」

　本書第4版と同時に，2番目の表題の書物も出版された。この書物は過電圧保護の問題をもっぱら取り扱っている。このテーマは，もちろん，電気機器，特に電子機器の落雷による過電圧に対する保護から出発し，特に電源回路からのスイッチング過電圧に対する保護も取り扱っている。

著　者

著者紹介

Peter Hasse（ピータ・ハッセ，工学博士）

　1940年生。ベルリン工科大学にて電気工学／強電技術を習得。引き続き，1965年より1972年まで，当地のアドルフーマシュース研究所にて高電圧工学及び強電機器研究助手として勤務し，学位を取得した。

　1973年，ニュルンベルグ＋ノイマルクト市，デーン＋ゼーネ社に入社，現在この会社の常務取締役。

　当社における主要業務は，雷保護，接地，過電圧保護及び電気設備作業用保安装置の分野である。これらの業務の成果は，数多くの特許の中に示されている。

　ハッセはABB, DKE/VDE, NE及びIECのような技術的，学術的協会及び学会の組織の中で，国内，国際的な規格化において，重要な役割を担っている。彼は「VDE(ABB)における雷保護及び雷研究委員会」の幹部メンバーであり，IEC TC81「雷保護」及びIEC SC37A「低電圧サージ保護デバイス」におけるドイツ委員である。

　彼は，数多くの科学的研究，開発プロジェクト，実際の検証の結果を，個別の講演，数日にわたるセミナー，会議及び論文誌への寄稿によって，国内外に発表した。

　これまで出版された図書には次のようなものがある。

Hasse, P.: Schutz von Niederspannungsanlagen mit elektronischen Geräten vor Überspannungen. In: Fleck, K.: Schutz elektronischer Systeme gegen äußere Beeinflussungen. VDE-Verlag, 1981.

Aaftink, A.; Hasse, P.; Weiß, A!: Leben mit Blitzen. Winterthur-Versicherungen, 1986; ABB, 1987.

Hasse, P.; Kathrein, W.: Arbeitsschutz in elektrischen Anlagen, Körperschutzmittel, Schutzvorrichtungen und Geräte zum Arbeiten in elektrischen Anlagen, DIN VDE 0105, 0680, 0681 und 0683. VDE-Schriftenreihe Band 48, VDE-Verlag, 1986.

Hasse, P.: Überspannungsschutz von Niederspannungsanlagen – Einsatz elektronischer Geräte auch bei direkten Blitzeinschlägen. Verlag TÜV Rheinland, 1987.

Hasse, P.: Blitz- und Überspannungsschutz; 2. Informations- und Diskusionstag für Versicherer. Dehn + Söhne, 1987.

Hasse, P.: History of Lightning Protection. Dehn + Söhne, 1988.

Johannes Wiesinger (ヨハネス・ウィジンガー，工学博士)

　1936年生。ミュンヘン工科大学において強電技術を重点に電気工学を習得。

　ジーメンス社に2年間勤務の後，1963年よりミュンヘン工科大学にて，研究助手，上級技術者として勤務，1970年より同大学の高電圧及び装置技術研究所研究委員として勤務。1966年，学位取得，1970年，高電圧技術の専門分野における教授資格取得。

　1975年，ミュンヘン防衛大学の招聘を受け，電力エネルギー供給研究所において高電圧技術及び電気設備に関する講座を担当する。

　研究においては主に，自然雷の測定及び解析，研究所における雷作用の再現のための試験回路開発に携わり，雷保護技術の広範な専門分野にわたる問題の講座を担当している。加えて，静電気帯電及び放電，核爆発及び強電技術のスィッチングプロセスによる電磁インパルスの解析及びシミュレーション，それらの電気設備における結合の研究がある。

　これらの研究の成果は専門技術雑誌及び国際的なコンファレンスにおいて数多く発表されている。

　ウィジンガーは，1984年から「VDE（ABB）における雷保護及び雷研究委員会」の委員長であり，一連の国内，国際規格委員会において指導的な役割を務めている。彼は科学技術協議グループのリーダとして，複雑な電子システムを有する大規模装置の雷保護及び過電圧保護コンセプト作成にも携わった。

訳者序言

　情報化時代を迎えるにあたり，日本の雷保護技術は欧米先進国に比較して10年以上もの遅れがあると言われている。首都圏を一度雷雲が通過すれば，通信，信号，電力，鉄道，オフィス，工場，店舗及び一般住宅における落雷被害は数千件に上り，電子機器の破損による直接被害額及びシステム停止にかかわる間接被害額を算定すれば，社会的損失は膨大な額に上る。しかも対応は原状回復のみで，再発防止対策はほとんど行われていないので，電子機器の増加とともに損失が増大していく傾向がある。

　現在，落雷点決定の基本的な手法とされている，「回転球体法」は1962年にハンガリーで雷保護規定に採用されており，ドイツでは1987年に「回転球体法」による外部雷保護，「等電位ボンディング」による内部雷保護を含む建物の雷保護規格が制定され，これに基づいて1990年に国際規格IEC1024-1「建築物等の雷保護—基本原則」が発行されている。

　雷現象は一般に1 ms以下の短時間で終わり，自然現象であるために発生条件によって雷パラメータ（電流値，放電電荷量，極性，持続時間等）が著しく異なること，自然雷を同じ地点で繰り返し観測測定するために数十年もの長年月を要したこと，信頼度の高い人工的な再現実験が極めて困難であったこと等が雷研究の最大の難点であったが，電子技術の顕著な発達と国際的な技術交流の結果，最近50年間に長足の進歩を遂げている。

　雷保護技術に関する国際会議，ICLP（International Conference of Lightning Protection）が隔年，主としてヨーロッパ各地で開催され，世界各国から多くの研究論文が提出されている。しかしこれらの論文が国内で公開されていないために，一般の技術者には国際的な技術動向に触れる機会が少ない。

一方で，日本の建物構造，電力，信号配線構造，接地構造等は新しい雷保護規格の制定前に決定されているため，最近の雷研究成果から見れば多くの矛盾点を含んでいる。例えば設備，機器の種類による，A～D種接地，通信用，弱電用接地等の分離接地は，落雷の際に各機器内部で大きな電位差を発生するために，雷保護の見地からは大変危険な接地構造である。これらの矛盾点は建築構造設計の初期段階で修正し，建築工程の各段階でチェックしなければならないので，新しい雷保護構造については広範な建築関係技術者の知識と理解を必要とする。

　また訳者らも含めて，従来の電子技術開発者は機器の性能，小型化，コストダウンには最大の関心を有したが，システムの安定な運営にかかわる雷保護技術に関してほとんど研究していなかったことも反省すべき点である。今後電子システムの普及度がますます高まり，経済，交通，電力，通信，生産運営の中枢部を担うことを考慮すれば，電子機器設計技術者にとっても雷保護は重要な課題である。

　本書はドイツにて約30年間，雷保護技術研究に携わり，この間にドイツの雷保護及び雷研究委員会の主要メンバーとして活動し，国際規格の制定にも重要な役割を果たした，Dr. Eng. P. Hasse, Prof. Dr. Eng. J. Wiesinger の共著によるもので，雷及び雷保護の歴史記述に始まり，最先端の雷研究成果と雷保護技術を詳述している。国際規格の根拠となった雷現象の解析，雷電流パラメータ，雷電流の熱的，力学的効果，電磁界及び誘起電圧，接地及び試験技術について定量的に，かつ具体的な計算例を示して理解しやすく解説してある。

　近く，国際規格IEC 1024-1が日本にも導入される。この規格を正しく適用し，信頼性の高い社会構造基盤を構築するために，多くの関連技術者が雷保護技術に対する理解を深めることが不可欠である。

　訳者らの力量不足から，訳文に理解し難い点もあろうかと思われる。改訂版発行の機会をとらえて，より完成度の高い参考書としたいので，ご指摘頂ければ幸甚である。

2003年3月

訳　　者

目 次

1 雷研究と雷保護の発展　*1*

- **1.1** 雷研究の歴史　*1*
  - 1.1.1　摩擦電気の実験　*1*
  - 1.1.2　雷雨中の棒と紐の実験　*3*
  - 1.1.3　磁鋼片を用いた測定　*6*
  - 1.1.4　クリドノグラフによる測定　*7*
  - 1.1.5　雷研究に対するオシログラフの導入　*8*
  - 1.1.6　高い塔における測定　*9*
  - 1.1.7　雷計数　*12*
  - 1.1.8　ロケットトリガ雷の測定　*14*
  - 1.1.9　LEMP 測定　*16*
  - 1.1.10　実験室における雷放電模型　*18*
  - 1.1.11　保護空間決定のためのモデル実験　*19*
  - 1.1.12　実験室における雷電流シミュレーション　*20*
- **1.2** 雷保護の歴史　*22*
  - 1.2.1　気象装置と突針　*23*
  - 1.2.2　接地した避雷針　*24*
  - 1.2.3　ドイツにおける最初の雷保護指針　*26*
  - 1.2.4　ABB の設立と発展　*31*

2　雷セルの発生　　35
2.1　雷気象学　35
2.2　雷セルの構造　36

3　雷 放 電　　39
3.1　雷のタイプ　39
3.2　雲−大地雷　40
3.3　大地−雲雷　47
3.4　トリガ雷　47

4　落雷頻度と警報　　50
4.1　雷雨日数レベル　50
4.2　雷計数　51
4.3　雷位置検知　57
4.4　落雷頻度　59
4.5　雷警報　60

5　落雷の電流特性値　　64
5.1　基本的な雷電流波形　64
5.2　雷電流の作用パラメータ　66
5.3　雷電流の最大値　67
5.4　雷電流の電荷　69
5.5　雷電流の固有エネルギー　72
5.5.1　導線の温度上昇　73
5.5.2　導線に対する力作用　75
5.6　雷電流の峻度　78
5.7　雷電流波形解析　80

6 磁 界 84

- **6.1** 近傍領域の磁界　*84*
- **6.2** ループの相互インダクタンスの計算　*87*
  - 6.2.1　矩形ループに対する解析方法　*90*
  - 6.2.2　任意のループに対する計算方法　*96*
- **6.3** 電磁誘導電圧及び電流　*96*
  - 6.3.1　誘起電圧　*97*
  - 6.3.2　誘起電流　*102*

7 雷チャネルの電磁界 107

- **7.1** 雷チャネルエレメントの電磁界　*107*
- **7.2** 雲−大地雷主放電中の電磁界　*109*
- **7.3** LEMP の危険値　*111*

8 建物雷保護の原理 114

9 雷捕捉装置 123

- **9.1** 寸 法　*123*
- **9.2** 捕捉装置の保護範囲　*124*
  - 9.2.1　保護空間モデル　*124*
  - 9.2.2　基本的な雷捕捉装置の保護空間　*129*
  - 9.2.3　任意の配置における保護空間　*136*
  - 9.2.4　保護空間些事　*137*

10 避雷導線 139

11 接地　　　140

11.1 定義の説明　140
11.2 大地抵抗率及びその測定　142
11.3 雷保護接地設備　145
 11.3.1 広がり抵抗　145
 11.3.2 インパルス接地抵抗　149
  11.3.2.1 接地有効長　149
  11.3.2.2 土中放電　154
11.4 表面接地　158
11.5 深打ち接地　160
11.6 環状接地　161
11.7 基礎接地　162
11.8 電位調整　163
11.9 接地材料と腐食　163
 11.9.1 定　義　164
 11.9.2 ガルバニック電池の構成，腐食　165
 11.9.3 接地材料の選定　172
11.10 異なる材料からなる接地電極の接続　174
11.11 その他の腐食防止対策　176
11.12 電圧分布と広がり抵抗の測定　177
 11.12.1 電圧漏斗　178
 11.12.2 小規模接地の広がり抵抗　178
 11.12.3 大規模接地の広がり抵抗　179

12 雷保護等電位化　　　182

12.1 接続，連結部品，等電位母線　184
12.2 保護空間に導入される無電圧の設備の接続　189
12.3 保護空間に導入される電圧の加わる設備の接続　189
12.4 保護空間内の設備の接続　190

13 磁気遮蔽 193

13.1 建物，部屋，キャビン，装置の遮蔽 193
- 13.1.1 閉じた金属板遮蔽 194
- 13.1.2 遮蔽格子 198
- 13.1.3 遮蔽開口部 200

13.2 電流の流れるシールドパイプ 201

14 接 近 209

15 雷保護部品及び保護装置の試験方法とインパルスジェネレータ 213

15.1 雷インパルス電流試験装置の基礎 213
15.2 C-L-R インパルス電流回路の基本式 215
- 15.2.1 周期的ダンピングの場合の電流 216
- 15.2.2 臨界非振動の場合の電流 218
- 15.2.3 非振動ダンピングの場合の電流 220
- 15.2.4 インパルス電流ジェネレータにおけるクロウバー火花放電ギャップ 221
- 15.2.5 正弦半波電流 222
- 15.2.6 非ダンピングインパルス電流の非振動ダンピングインパルス電流への移行 224

15.3 接続部品及び分離用火花ギャップの試験方法 225
15.4 磁気誘導の試験方法 229
15.5 過電圧保護装置の試験方法 231

16 人身に対する雷保護　　　235

- **16.1** 落雷の危険　235
- **16.2** 雷保護対策　241

17 ドイツ連邦共和国における雷保護規定　　　253

- **17.1** 一般的規定，基準　253
  - 17.1.1　雷保護対策基準　253
    - 17.1.1.1　雷保護　253
    - 17.1.1.2　過電圧保護，絶縁協調，等電位化及び接地　256
  - 17.1.2　部品，保護機器，試験に関する規格　264
    - 17.1.2.1　DIN規格　264
    - 17.1.2.2　DIN VDE規格　266
  - 17.1.3　建築工事発注規則（VOB）　267
  - 17.1.4　標準工数ブック（StLB）　267
  - 17.1.5　州規定　268
  - 17.1.6　雷保護式と危険度指数　269
- **17.2** 特別なケースに対する規定　269

文　献　277
索　引　285

1 雷研究と雷保護の発展

　ここに記述した雷研究及び雷保護の概略の歴史は，主観的に書かれており，本書の枠内で適切と思われる範囲内に限定され，またテーマ選択肢が極めて多いために，決して完全なものとはいえない。実験的活動を優先させたために，特に，多様な理論的雷研究，例えば，落雷確率，電磁界理論，気体物理学的考察等に関してはほとんど取り扱われていない。有効な避雷器を開発するための，多くの理論及び実験についても同様である。

　挫折することのない，魅力的な研究の世界の印象画の輪郭を描くことが目的であり，それは物理的根拠のある雷保護対策の開発，及び特に今日のエレクトロニクスによって高度に技術化された社会に対する大切な前提である。

1.1　雷研究の歴史

1.1.1　摩擦電気の実験

　雷現象を理解するための，太古の人類の努力は，特に近年行われている古代バビロニア，古代ギリシャ時代の神話紹介の中に，かなり広範に描かれている。その中で雷の破壊作用は，神または女神が天上から投げ，物に火をつける火光及び物を打ち砕く矢石によって説明されている（図1.1）。

　神話による説明の後，摩擦電気を用いた実験から自然科学に基づく雷現象認識の顕著な進歩が起こった。確かに，紀元前600年頃から，ギリシャ人は摩擦された琥珀の電気作用を知っていた。しかし，明るい光を出し，明瞭な音を立てる火花を観察することができたのは，電荷発生機として，二つの異なる物質

図 1.1 メソポタミア南部シュメールの寺院から出土した約4500年前の雷神ザルパニットの図

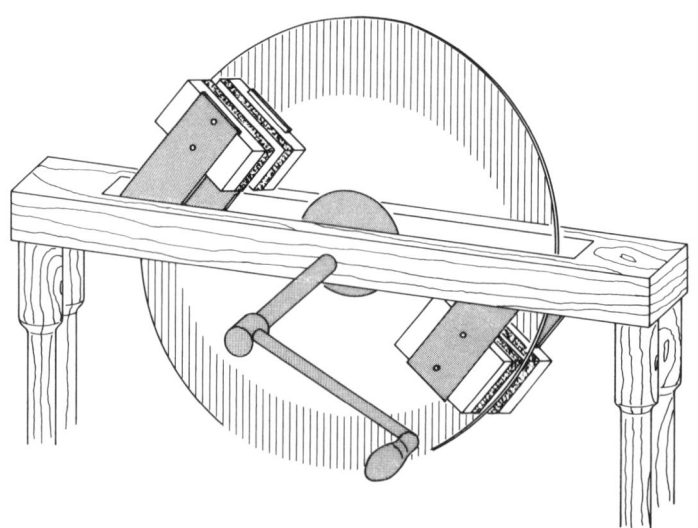

図 1.2 静電気発生機

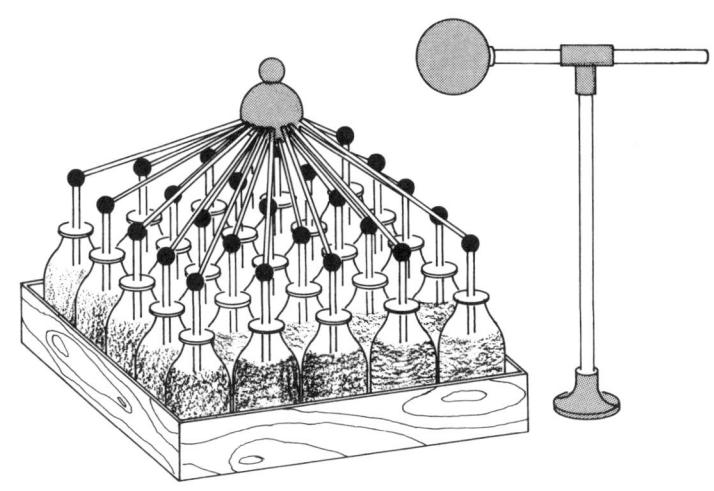

図1.3 ライデン瓶と火花ギャップ

からなる絶縁物が連続的に摩擦される回転式静電気発生機（図1.2），及電荷，したがってエネルギーの蓄積器であるライデン瓶（図1.3）が発明されて，静電気作用が強められてからのことであった。スウェーデンの物理学者，技術者で，ザクセン選帝候に仕えたOtto von Guericke（1602〜1686）は，1670年にマグデブルグにおいて，硫黄球を用いて最初の電荷発生機を作り，実験室における静電放電と雷放電の類似性を多分最初に認識した。

　これを補完して，1698年にイギリスのWilliam Wallは，次の仮説を立てた。「もし十分な大きさの琥珀を摩擦すれば，雷と同様な電光と雷鳴を生ずるに違いない」その後，1746年にライプチヒの物理学教授Johann Heinrich Winklerは，「雷雲の電気放電が雷の原因であり，電光を介して大地に放電する」という見解を発表した。

1.1.2　雷雨中の棒と紐の実験

　雷の電気的性質に関する仮説を初めて実験的に証明しようとしたのは，政治家，文筆家であり自然科学者でもあった，フランクリン（Benjamin Franklin，1706〜1790）であった。彼は1750年7月29日に，フィラデルフィアからロン

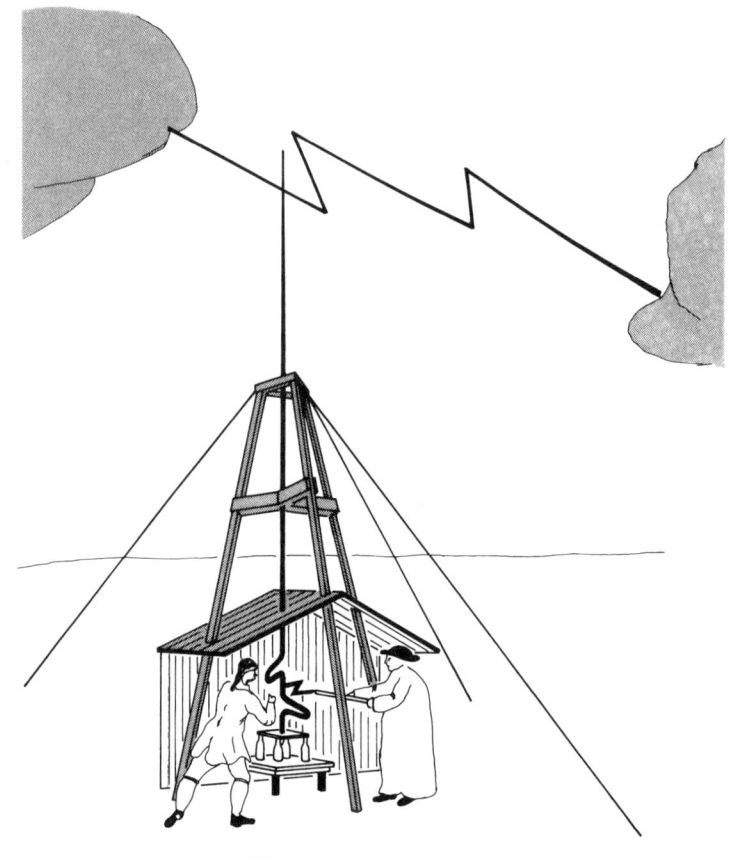

図 1.4 Dalibard の雷実験

ドン王立学士院の Peter Colinson あての手紙に，彼の有名な哨舎実験（雷電界の中に絶縁して立つ人が金属棒を用いて帯電すれば，放電が発生する）を提案した。これを修正した実験は1752年5月10日，パリ近郊 Marly La-Ville において実現された。フランスの植物学者，物理学者であった Thomas Francois Dalibard は，フランクリンの提案を取り上げ，高さ約12 m の金メッキした尖端をもつ鉄の棒を大地から絶縁して立てた。村の司祭 Raulet が立会い中に，雷雲の下で地上に立っていた Dalibard の助手の理髪師に対して，棒の根元から数 cm の火花が起こった（図1.4）。この火花は，あらゆる見地から，摩擦電気を

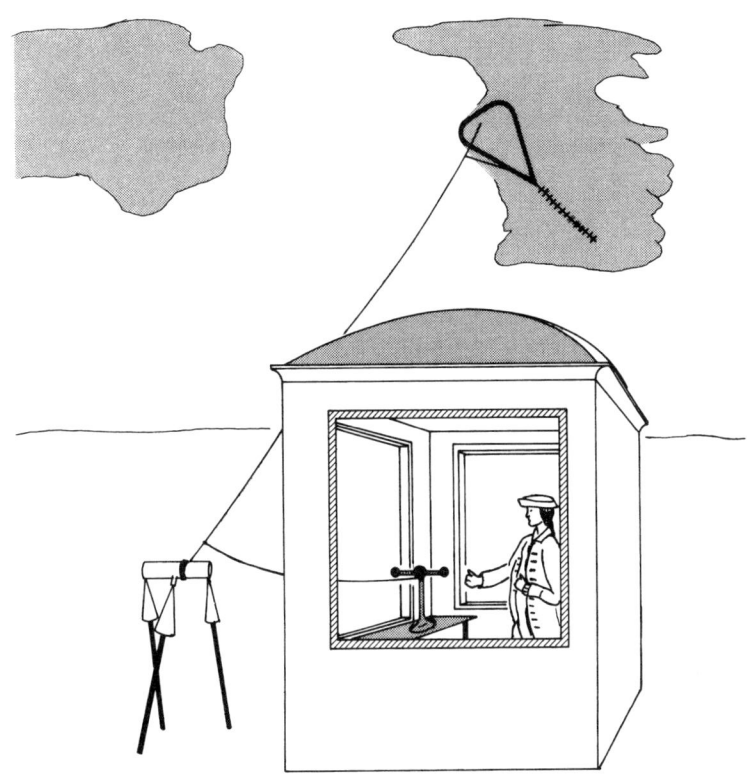

図 1.5 「凧-展望台」における雷実験

用いた実験の火花と同じであった．これによって雷が電気的性質をもつことが実証された．

　フランクリン自身は1カ月後に類似の方法で雷の電気的性質を確認した．雷雨中に揚げた凧の濡れた紐から彼に向かって小さな火花が起こったのである．当時この実験が流行となり，多くの人々が「凧-展望台」で追試した（図1.5）．

　フランクリンが既に彼の哨舎実験の際に，起こり得る危険について警告したにもかかわらず，雷実験における不注意が遂には重大な事故につながってしまった．1753年8月，ペテルブルグの物理学教授，Georg Wilhelm Richmannが死亡した．屋外に突き出した金属棒に落雷し，この研究者の身体を経由して大地に放電したのである（図1.6）．

図 1.6 Richmann の雷実験における死亡事故

　それによって，棒の実験は1年で終わった。しかし，これらの実験によって自然科学的基礎が築かれ，18世紀中頃には，雷に対する人体及び建物の保護のために，物理学的に根拠のある対策が提案されたのである。

1.1.3　磁鋼片を用いた測定

　雷電流ピーク値を磁鋼片の磁化によって求める方法の起源は，1897/1898年のF. Pockelsの発見にさかのぼる。実験室における研究により，磁界によって玄武岩の一片に誘起される残留磁気は，磁界の最大値，そして間接的に磁界を発生した電流の最大値のみに依存することがわかった。それに基づいてPockelsは，落雷によって破損した樹木の近くにあった玄武岩片の測定及びアペニン山脈のチモーネ山観測塔上の避雷針から数cm離れた所に置いた玄武岩片を用いて雷電流を調査した。

　1925年，M. Toeplerは，この測定法の実用上の重要性に気づき，1921年に設

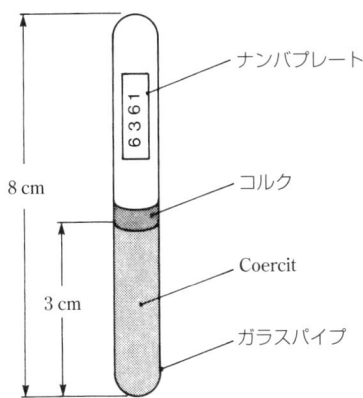

図 1.7 雷電流測定用磁鋼片

立された高圧電気設備研究協会に，避雷導線の近くに磁鋼片を設置することを提案した。1926年の最初の実験に対し，クルップ社のCoercit Aを用いた磁鋼片が適用された（図1.7）。

1934年，H. Grünewaldは，架空配電線の接地線及び電柱に流れる雷電流尖頭値の最初の測定結果を公表した。1933年にはちょうど1万個の高残留磁束をもつ磁鋼片が設置されていた。1951年，H. Baatz教授は，1933年から1940年の間にドイツの配電線網で行われた測定結果を発表した。最大雷電流値として，60 kAが測定された。更にこの測定から，配電線は故障回数よりもずっと多く落雷にあっていること，架空接地線は雷捕捉装置として適していることがわかった。

1.1.4 クリドノグラフによる測定

電気エネルギー需要の増加とともに，広範な高圧配電線の設置が必要となり，直撃雷でも近傍雷でも絶縁物の貫通破壊が生じ，更に電源からの電流供給によって，短絡アークが発生することがわかった。この問題に対処するために，電力会社は，貫通破壊の原因となる雷過電圧を測定する目的で雷研究を進めた。

1924年，J. F. Petersにより，最初の実用可能な雷過電圧表示装置が作られた。これは，ゲッチンゲンの物理学教授G. C. Lichtenbergの発明を更に発展，改良

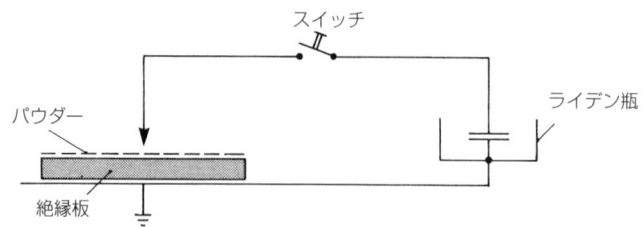

図 1.8 G. C. Lichtenberg による最初のクリドノグラフ（1777年）

したものである（図1.8）。

　この測定装置は，原理的には尖った高電圧電極と，平らな接地電極の間にある写真乾板からなる。インパルス電圧を加えると，写真現像後に特徴的な図が認められ，その形状と大きさから電圧の振幅，極性及び概略の時間経過を知ることができる。

1.1.5 雷研究に対するオシログラフの導入

　1897年に発明されたブラウン管をベースとして，第1次世界大戦中にフランスのA. Du Fourにより行われた陰極線オシログラフの開発は電気測定，特に雷研究に革命的変化をもたらすものであった。信号をオシログラフのスクリーン上に画像として描くことにより，短時間に急速に変化する電圧でも，その時間的経過を測定することができる。

　ウプサラ大学教授 H. Norinder は，1921年にパリの Du Four を訪問してこの発明の重要性を知り，帰国後，架空線の雷過電圧測定用にこのオシログラフを改良し，オシログラフのトリガリングが測定信号自体で行われるようにした。

　4年後には既に，スウェーデンの王立河川局研究所で，20 kV 送電線の雷過電圧がオシログラフに記録された（図1.9）。オシログラフのスケールオーバのために全振幅は測定されず，雷電流に比例する，主過電圧と導線上の反射電圧とを分離することはできなかったが，測定の少し前，1926年に R. Rüdenberg が推定したとおり，雷電圧及びそれにより発生する雷電流は，非振動減衰性で，1/1 000秒以下の持続時間の単極性インパルスであり，振動放電ではないことを実証した。

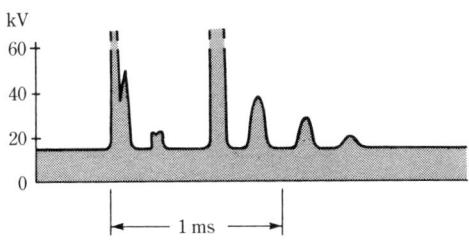

図 1.9 20 kV 送電線で測定された雷過電圧の最初のオシログラム（1925年）

雷研究長老の一人で，画期的な研究によりミュンヘン工科大学から名誉博士号を授与された K. Berger 教授も，1928年の雷雨期に，スイス，カントン州チューリッヒ電力会社の1，2 kV 送電線で，オシログラフを用いて雷過電圧を測定した。1930年代の終わりまでに，架空線と大地間で行われた測定により，雷過電圧の振幅は数十万 V から，数百万 V に達し，その立ち上がり時間は μs の範囲であり，波尾半減時間は数十 μs であることを示した。これらの測定は，標準雷インパルス電圧 1/50 μs，すなわち立ち上がり時間 1 μs，波尾半減時間 50 μs の標準波形の基礎となった（今日でも，標準雷インパルス電圧 1.2/50 μs が通用している）。

これらの結果にもかかわらず，送電線における骨の折れる，高価につく，オシログラフ測定は，主要な擾乱値である雷電流値に関しては不満足な結果しかもたらさなかった。H. Noringer 教授は，雷電流の時間的経過がわかれば送電線の過電圧も計算できることを知った。この見解は後に証明された。すなわち，最新のコンピュータ技術により，あらかじめ雷電流が与えられれば，任意の高電圧送電網の各点での過電圧波形が求められる。

1.1.6　高い塔における測定

K. Berger 教授は，ある一つの測定拠点に対して，十分に多くの雷撃は高い塔でしか期待できないことを知り，彼の計画した雷測定のために，スイスのルガン湖の周辺で雷の多い地域を探した。

1942年，彼はスイス電気技術協会（SEV）の委嘱を受け，サンサルバドール

山上の電波塔に，伝説的になった雷測定所を設けた（図1.10）。彼の助手，特にH. Binz及びE. Vogelsangerの類のない協力を得て，そこで30年間，雷電流をシャントに導き，オシログラフにより記録した。同時に落雷は，1900年にCh. V. Boys卿が開発した，可動レンズを装備したカメラによって撮影された。それによって，撮影した映像の時間的経過分析が可能となった。後になって，可動レンズはB. J. SchonlandとK. Bergerにより，回転ドラムに巻いたフィルムが映像付近で急速に移動する方式に置き換えられた。絞り開放で回転フィルムを用いれば，夜間，塔に落ちる雷の雷道を撮影することができる。Boys自身は，彼のカメラを用いて成功した雷撮影のために生涯を捧げて努力した。1936年にニューヨーク市のエンパイアステートビルディングで初めて1回の落雷が時間的に分解して撮影されたことが有名である。このとき，K. B. McEachronは，1回の落雷が連続した11回の部分雷をもつ，いわゆる多重雷であることを最初に立証した（図1.11）。

1973年まで実施されたBergerの測定は，1969年から1978年までイタリアのフォリグノ及びヴァレーゼ（ともに標高約900 m）の40 mの高さのテレビ塔で

図 **1.10** サンサルバドール山電波塔の K. Berger 教授が指揮した雷観測所

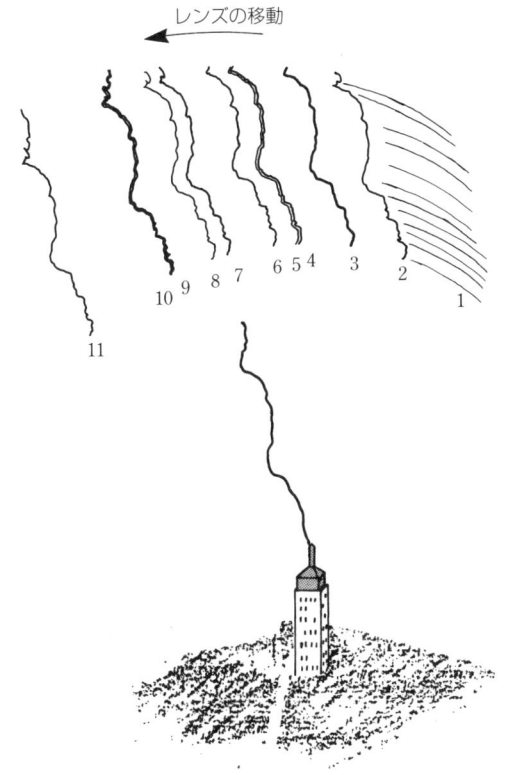

図 1.11 エンパイアステートビルへの落雷写真の時系列的表示

行われた自動測定によって補完された。

　我々の今日の雷現象メカニズムの紹介は，上述の塔への落雷の写真撮影及び電気的測定に基づいており，今日の雷保護技術における設計基準となった，雷電流パラメータ（ピーク電流値，電荷，固有エネルギー，電流峻度）がここで得られた。

　これらの雷測定の伝統はドイツではミュンヘン工科大学の高電圧研究所により，70年代の終わりから運営されている，前アルプス地方パイセンベルグの送信塔の完全自動測定所によって継続されている。この場合，インパルス電流シャントの代わりに，塔先端の避雷導線の近くの決められた場所に誘導コイルが設置されている。これによって直接に雷電流の時間的変化が測定され，これら

の測定結果は電気，電子設備の実際の雷保護課題にとって極めて重要である。雷電流の時間的経過は信号の数値積分法により，測定値処理コンピュータに格納される。

1.1.7 雷計数

当初，人々は気象学で用いられている概念，「年間雷雨日数」（雷鳴が聞こえた日数の合計，雷雨日数レベル）を落雷頻度の基準として導入しようとした。しかし雷雨の強度や持続時間が考慮されていないので，客観的な電気的測定法が試みられ，できるだけ正確に限定された地域で，雷放電によって放射された電界強度変化を電気的に測定するシステムが開発された。アンテナと狭帯域受信機を用いて記録し，年間の落雷密度を測定することができる。

ダルムシュタット工科大学の高電圧研究所では，1960年代にE. T. Pierce, R. H. Goldeの提案に基づいて，西ドイツ内に雷カウント網を作った。5 mの高さの水平アンテナで捕捉した，雷による電界強度変化のうち，500 Hzの成分を抽出し，5 V/mの閾値を超えた場合にカウンタを作動させる（図1.12）。注意深い分析の結果，このようなカウンタ1台の検出範囲は約 1 000 km^2 であることが

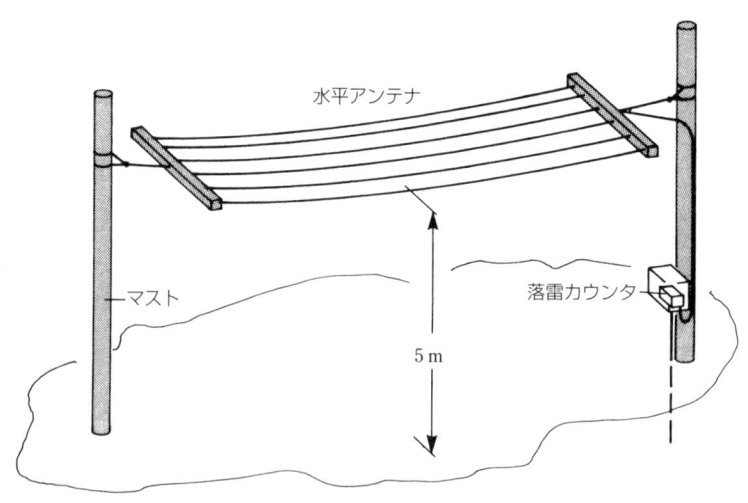

図 1.12 落雷計数装置

わかった。

カウンターステーションは更に，CIGRE (International Conference on Large High Voltage Electric Systems) の責任でフィンランド，スウェーデン，ノルウェー，デンマーク，イギリス，イタリア，ポーランド及びチェコスロバキアに多数設置され，中央及び南アフリカ，日本，オーストラリア，インド，シンガポール及びニュージーランドにおける測定によりバックアップされている。

多年の測定の結果，特に中部ヨーロッパでは，$1\ km^2$ 当り年間 $2 \sim 3$ 回の落雷が見込まれる。

60年代の雷カウントの代わりに，70年代の終わりには雷位置検知システムが出現し，約100万 km^2 の領域を少数のステーションで監視することができるようになった。

USAのアリゾナ大学，スウェーデンのウプサラ大学高圧研究所が関与している方位測定システムでは，少なくとも3方向選択可能の磁気アンテナが設置され，データ線によって中央測定値処理装置に接続されている。

Atlantic Scientific 社によって開発された方位測定システムでは，少なくとも3方向独立の電気アンテナを備え，それぞれのアンテナに発生する信号間時間差（約 $0.1 \sim 1\,000\ \mu s$）が位置測定の判断基準として用いられる。

なお言及しなければならないことは，人工衛星を用いた世界的な雷活動記録である（図1.13）。1977年から1982年の間に，防衛気象衛星計画の枠内で，世界的な雷放電の光信号記録が行われた。この記録から平均毎秒100回の雷放電

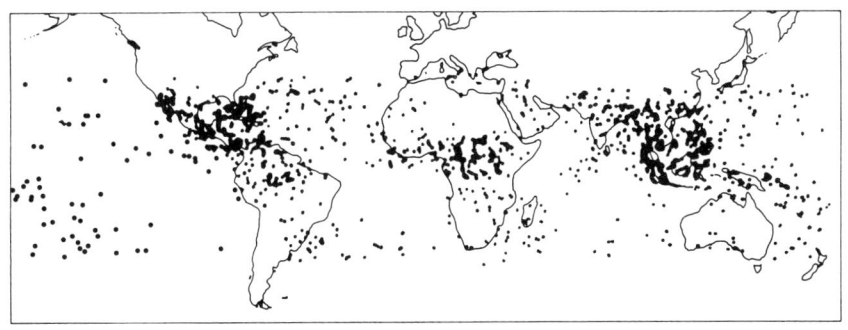

図 1.13　衛星から観測された約1000回の夜間落雷

があると結論づけられた。80年代はじめに，イオン電離層探査衛星Bを用いて雷の電磁ノイズインパルスを記録し，世界中で毎秒300回の放電が行われているとの結論が得られた。

1.1.8 ロケットトリガ雷の測定

60年代中頃から高い塔における雷測定は，いわゆるロケットトリガ雷の測定によって補完された。

1958年，Newmann教授は，1753年10月に，チューリンでBeccaria教授が最初に実行した技術（ロケットによって導線を引き上げ，雷電荷を雷雲から地上

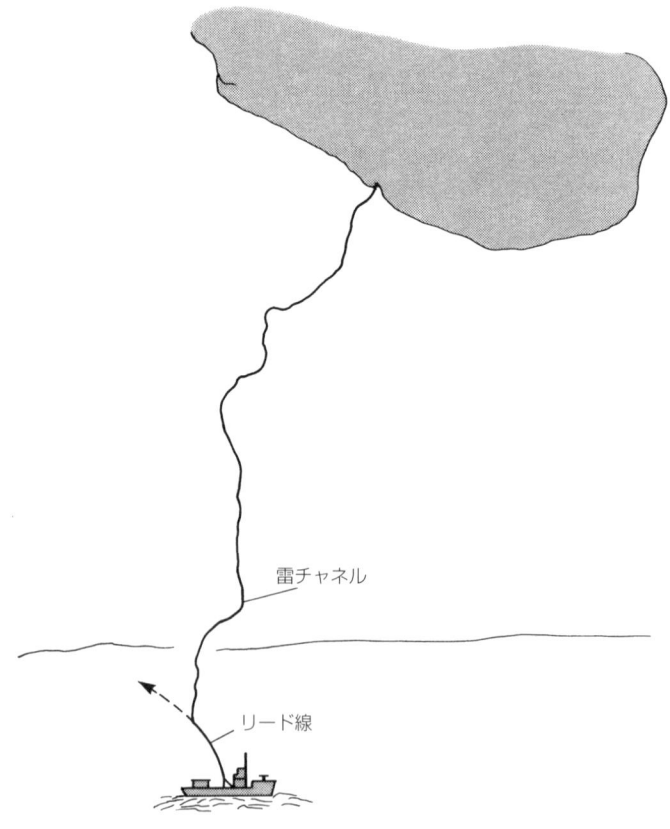

図 **1.14** トリガ雷

に導く技術）を，地上で最も雷の多い地域の一つである，フロリダで再度取り上げた。彼は研究船サンダーボルト号に装備を整え，1966年に細いスチール線を後ろに引くロケットを打ち上げて，目的とする落雷をトリガし，落雷点で電流波形を測定した。この場合，雷雲下でスチール線を数百 m 打ち上げれば十分である。それによって，高い塔で起きるようにまず上向き雷が発生し，リード線は蒸発する（図1.14）。引き続いて自然の多重雷の場合と同様に，形成されたチャネルを通って，数回の下向き雷が起こる。

最初，Newmann 教授は，海上では地上に比べて雷電界強度が大であるため，雷トリガは海上においてのみ可能であるとの意見を主張した。しかしこの主張はフランスの実験によって否定された。フランス電気学会（EdF）は落雷時の送電鉄塔とその接地設備の関係を調べるために，陸上では初めて St. Privad de Allier im Massive Central に，高さ26 m のマストを有するロケットトリガステーションを設置した。1973年以後，多くの雷トリガと測定に成功した。

その後，雷トリガステーションは，更にボルドー，ニューメキシコ，象牙海岸及び日本において稼動した。ドイツにおいても，1976年から1981年までミュンヘン工科大学の高電圧実験室，ミュンヘン防衛大学（雷研究グループミュンヘン）によって，同様な実験が行われた。そのために，前アルプス地方のシュタインガーデンに6基のリード線つき雹害防止用ロケット発射台が設置された。発射台から約100 m 離れてファラデーケージに囲まれた測定車が配置さ

図 **1. 15** 雷研究グループミュンヘンの雷トリガステーション

図 1.16　トリガ雷によって蒸発したリード線
（雷研究グループミュンヘンのトリガステーション）

れた（図1.15）。トリガ雷によって蒸発したリード線を図1.16に示す。

　トリガ雷の測定の結果，重要な放電物理学上の知識が得られたほかに，特に雷電流の立ち上がり部分で，今まではあり得ないと考えられていた，高い電流峻度を示すことがあることがわかった。

　更にこの実験の際，雷電流と同時に測定した雷チャネルから放射された電磁界及び雷電磁インパルスの関係式が得られた。

1.1.9　LEMP 測定

　雷電磁インパルス（LEMPs）は，70年代終わりから，特に急速なテンポで導入された電子技術（雷による擾乱に対して特に敏感な部品を有する）に対する危険の見地から，予想外の関心がもたれた。そのために，LEMPsの研究が雷研究の現実の目標となった。雷鳴の聞こえる範囲内（雷鳴は距離の評価に役

立つ）での自然界の電界測定が1983年に西ドイツミュンヘン防衛大学にて開始された。

高電圧研究所の屋根に電，磁界センサが取り付けられた。LEMPsの広帯域

図 1.17　ミュンヘン防衛大学LEMP–ステーションのデータロガー

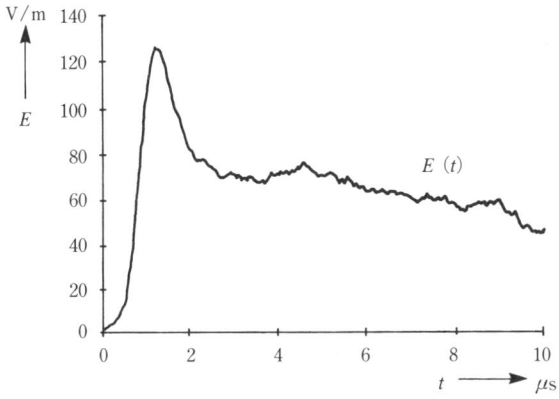

図 1.18　距離2～3kmの雷による100V/mを超える過渡電界ノイズ
　　　　（トランジェントレコーダによる記録）

表示のために，ナノセカンド領域の時間分解能をもつ過渡現象レコーダが，高能力の測定データ処理装置とともに設置された（図1.17，1.18）。

広範な構想をもったLEMP測定についてはアメリカからも報告されている。

1.1.10　実験室における雷放電模型

1790年代に，談話や啓蒙のために，雷現象を実験室で展示することが流行となった。1781年，ハンブルグの商人で市会議員であった，Nikolaus Anton Johan Kirchhoffは，大地と雷雲間に生ずる引力及び避雷針の必要性を証明する装置について次のように記述している。スズ箔で覆われた机上に厚紙で作った塔または教会及び住宅が置かれ（図1.19），雷雲は金属板で模擬され，回転可能な天秤の棹に取り付けられている。この金属板を摩擦したガラス球によって充電した後，「地上の」物体に近づければ，特に突出した物体に落雷する。その際避雷針のない塔に落雷すれば，塔の中の暖めたアルコールに浸した亜麻布に着火する。

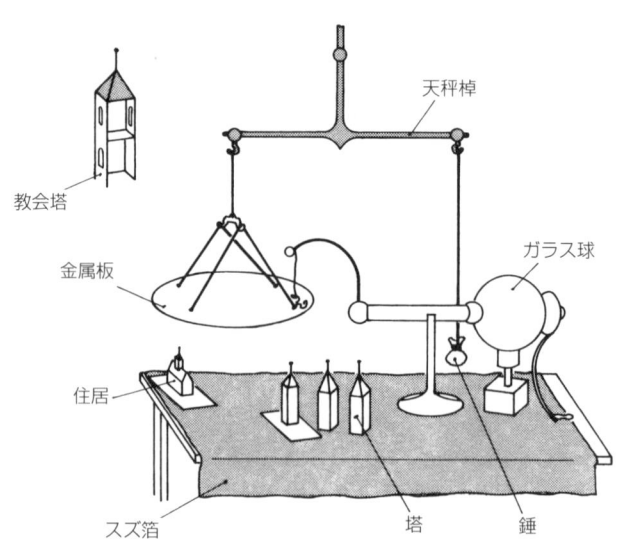

図1.19　N. A. J. Kirchhofによる雷実験

1.1.11 保護空間決定のためのモデル実験

今世紀の30年代に，架空接地線，または建物の雷捕捉装置により保証される落雷保護範囲を確定するために，実験による保護空間調査用として，当時使用可能であったマルクス型インパルスジェネレータが導入された。このインパルスジェネレータでは，コンデンサが並列に充電された後，火花ギャップを介して突発的に直列に接続される。これにより数百万Vの領域までのインパルス電圧が得られ，数mの長さの火花放電を発生させることができる（図1.20）。このインパルス電圧を地上付近の，雷チャネルを模擬した金属棒に加えれば，火花放電の際，接地したモデルにおける落雷点を観測することができる。

自然雷放電の観測に比して，この実験では任意に再現ができるメリットがあるが，縮尺度の点で多くの議論が残された。1936年，Anton Schwaiger教授は，

図 **1.20** 長さ約10mの火花放電雷シミュレーション（日本）

インパルス電圧火花放電から導き出した，新しい1/4円周型保護範囲限界に関する理論を発表した。この理論は，雷チャネルは落雷点決定前に，最悪のケースでは雷捕捉装置の高さまで地上に接近するという考えに基づいている。これによって，それまで主張されてきた，円錐型またはくさび型保護範囲に疑問が生じた。

保護空間決定のためのモデル実験は，Akopian (1937)，Matthias (1939)，Wagner (1942)，Drexler (1961)，Bazelian (1967)，Dertz (1969) 及び Rühling (1972) によって継続され，これらの論文には，この分野における歴史が詳細に示されている。

1.1.12　実験室における雷電流シミュレーション

インパルスジェネレータや静電発電機による放電では，確かに目視し得る雷放電に似た火花を発生させることができるが，これらの装置では自然雷の強いインパルス電流を流すことはできない。ピーク値で100 kAオーダのインパルス電流，100 Asオーダの電荷量，10 MJ/Ωオーダの固有エネルギーは，インパルス電流ジェネレータを用いて発生される。インパルス電流ジェネレータは並列に接続されたコンデンサからなり，それらのコンデンサはまず，約100 kVに充電され，次いで火花ギャップ，被試験体を介して急激に放電する。

多分，最初の大電流容量の雷電流ジェネレータは，E. B. Steinmetzにより，1921年に作られた。彼は200枚のメタライズしたガラス板を，高圧トランスと整流管を用いて120 kVまで充電し，火花放電ギャップを介して種々の試料に放電させた。その結果，試料には振動状のインパルス電流が流れた。1922年の冬，Steinmetzはエジソン (Thomas A. Edison) も参加していたグループで，人工の雷電流により木片が砕かれる有様を極めて効果的に展示した。

1934年に，P. L. Ballaschi 及び S. W. Roman も同じ原理をインパルス電流実験に用いた。彼らはマルクス型インパルスジェネレータのコンデンサを並列に接続して15 μFの容量とし，75 kVまで充電した。そして，試料に約20 kHzで振動する最大値約100 kAのインパルス電流を流した。これらの実験は電線の溶融，蒸発，及び変形，電極の表面破壊，機械的破壊及び，磁気効果の研究に役立った。

今日用いられているインパルス電流ジェネレータは上述の二つのジェネレータと同じ基本原理で構成されている。それらの最も重要な構成要素は，電気的，すなわちキャパシティブエネルギー蓄積器である。クロウバー技術（15.2.4項，15.2.6項参照）の導入により，利用電荷を数倍にすることができるようになり，エネルギー蓄積器の効率が著しく改善された。

現在，ドイツにおける最大電力容量の装置は，ミュンヘン防衛大学の高電圧研究所にある（図1.21）。この装置によって，自然雷の平均値をはるかに超える雷インパルス電流を発生させることができる。すなわち，その波形は自然雷と同等であり，その作用パラメータ値を超える自然雷は全体の1％以下である。この装置は，今日では雷保護装置部品の開発と試験のために不可欠である。破断することなく雷電流を導くために必要な避雷用電線断面積の確認と同様に，タンクの溶融や航空機の破損も確認することができる。

1980年代のはじめに行われた特別な試験方法の一つは，インパルス電流発生器を建物上に設置し，小電流も含めて落雷をシュミレーションすることであっ

図 1.21 インパルス電流発生装置
（ミュンヘン防衛大学高圧研究所）

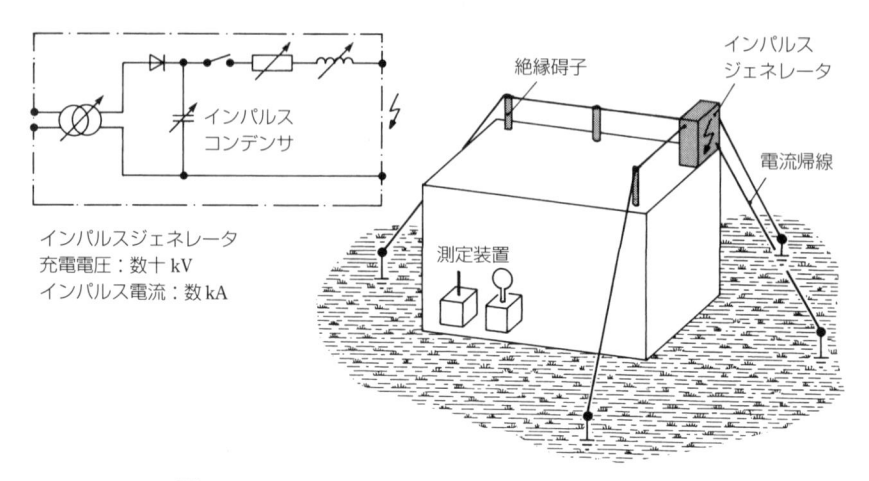

図 1.22 落雷に対する建物内部のシミュレーション

た（図1.22）。これによって，特に建物内部の様々な電磁ノイズを測定，分析することができる。しかし，この装置ではその最大能力を用いても，雷保護技術で設定された雷電流極値を発生させることはできないので，測定データは，対応した高い値に換算しなければならない。

1.2 雷保護の歴史

　雷の電気的性質が知られるよりもずっと以前に，火花放電に対する金属籠の奇跡的な保護効果についての記述がある。ユダヤの立法者モーゼ（紀元前1300年頃）の伝説に，「実験者」として，次のように叙述されている。
　特に放電のショックのよる刑罰を与えるために，大きな蓄電器が大気中の電気により充電されていた。特別な祭日に，モーゼは金箔で覆った，律法を納めた柩をもって金属の籠の中に座っていた。その籠に充電した蓄電器を近づけると放電が起こったが，モーゼは無事であった。
　Josephus Flavius（紀元後37～100）は「ユダヤの歴史」の中で次のように述べている。ソロモンの寺院の壁と屋根はおびただしい金板で飾られていた。雨

水は，数多くの金属管で屋根から貯水池に導かれていた。この寺院は特に落雷の危険にさらされていたにもかかわらず，紀元前925年から587年までの存続期間中，1回の雷害にも遭わなかった。

17世紀になって，雷が電気放電であろうという推論が出現し，50年後にイギリスの物理学者Stephan Gray（1670～1736）が非導体派の最初のリーダとして認められたが，その後間もなく物理学教授Heinrich Winkler（1703～1770）が1753年，ライプチヒ市で避雷針構造計画を詳しく記述した。雷保護の歴史の最初にProkop Divisch（1696～1765）とフランクリンの名前がある。

1.2.1　気象装置と突針

アメリカの政治家であり，著述家でもあったフランクリンは1749年に，長さ3 mのパイプに金箔をまきつけ，絹の紐で絶縁して吊り下げて充電し，約6 cmの尖端放電の実験を行った。

ボヘミアのプレモントレ修道会士で自然研究者であったP. Divischも，ほぼ同じ時期に尖端放電の実験を行った。彼はここで得られた知識に基づいて1754

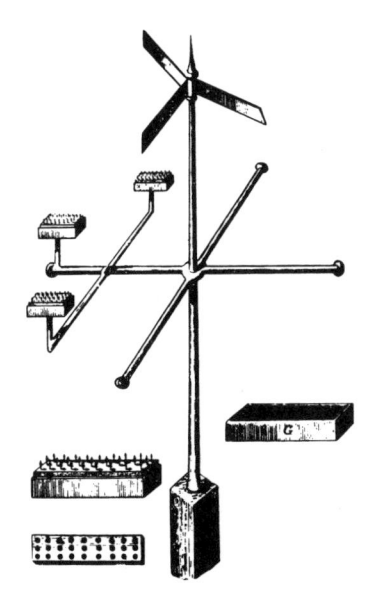

図 1.23　P. Divischの気象装置

年に「気象装置」(図1.23)を組み立てた。気象装置は基本的には木枠に立てた216本の突針からなり、14 m(後には40 m)の高さで、野外に配置されていた。突針は鎖を介して大地と結ばれていた。これらの突針は雷雲の静電荷を放電させる役割をもっていた。これはヨーロッパにおける最初の雷保護装置に関する試みであった。

フランクリンの雷放電の観察は、これからあまり遠くない時期であった。しかし彼は1750年の模型実験から自身で次のような別の課題を設定した。家屋、教会、船には、その最も高い場所に、先端を尖らせた竿を立て、建物外部で金属線を用いて大地に接続する。船の場合は、マストの先から両船側への支索に沿って金属線を張り、水中に導く。

1.2.2 接地した避雷針

1755年に、フランクリンは初めて「先端を尖らせた竿の目的は、雷雲の静電荷放電のみではなく、避雷装置として雷電流を引き受け、危険なく湿った大地に導くことである」と強調した。しかし、その2年前に「比較的長い建物は、6〜8フィート(1.8〜2.5 m)の2本の突針と、これに接続された1本の棟上げ

図 1.24 エディストーン灯台のフランクリン型避雷針

線によって守られねばならない」と指摘していることから，当時既に突針の保護範囲があることに気づいていたことも明らかである。

1760年，フィラデルフィア西部の商人の家に，多分最初のフランクリン型避雷針が取り付けられた。間もなく起こった落雷の際には，避雷針の一部が溶けただけであった。フランクリンの助手は，「この方法が落雷の恐るべき結果を回避するために有効であることの，極めて説得力ある証拠である」と書いている。

同年，Smeatonによってイギリスのプリマスに建設されたエディストーン灯台がヨーロッパで最初のフランクリン型避雷針を装備した（図1.24）。フランクリンが，彼の鉄棒の有用性を，当時の危険な航海の安全確保に置いていたという点で，まず灯台，次に船にフランクリン型避雷針が装備されたのは理解しやすい事柄である。

1766年，ヴェニスのサンマルコ鐘塔に避雷針が取り付けられたが，それ以前のこの塔の歴史には雷による事故が多発していた。この塔は1388年以来，9回の落雷に遭い，繰り返してかなりの被害を受けた（図1.25）。

図 **1. 25** ヴェニスの鐘塔への落雷

ドイツではハンブルグの医師，J. A. H. Reimarus が避雷針の設置を推奨していた。1769年には最初の「気象避雷装置」がハンブルグのサンヤコビ教会に取り付けられた。同年，アウグスチノ修道会士 J. H. von Felbinger（1724～1788）は，シュレージエン北西部のサガンの市聖堂区教会の塔頂に鉄線を取り付け，塔下部の深い穴に埋めた大きな鉄板に接続した。

ミュンヘンでは，1776年，キリスト教牧師で学者の P. von Osterwald の指示に従って，ワイン店の主人 K. Albert が，料理店 "Schwarzer Adler" に最初の避雷針を取り付けた。1798年春，イエーナ市の詩人 F. von Siller の邸宅に，彼の著作を出版した，当時進歩的な出版社 Cotta から避雷針が寄贈，設置された。

1.2.3 ドイツにおける最初の雷保護指針

1769年，J. A. H. Reimarus は初めて完全な雷害の原因説明書を発表した。Ph. P. Guden はミュンヘンのクール-バイエルン科学アカデミーの提案により，雷保護指針をまとめ，それによって金メダル賞を受けた。

1778年，哲学者で実験物理学者であった G. Ch. Lichtenberg は「近傍雷の場合の行動指針」を発表した。彼は，鉄または銅製で，金メッキした受雷突針を推奨した。避雷導線は湖，沼または地下水中に導かれなければならない。もし不可能の場合は，避雷導線は約2 m の深さの地中で放射状に配置する（図1.26）。

J. A. H. Reimarus は，1794年に最初の「避雷のための規定」を発表した。その中で例えば次のように規定されている。

第一に，屋根全体を末端に至るまで，例えば，屋根上の突出し部分，煙突，切妻，小塔，高所に突き出したバルコニー等をつながりのある金属で覆うこと。それによって，これらの場所のどこかに落雷した場合に，どこでも確実な外部避雷ができる。金属は建物の状態によるが，3～6インチ幅の鉛板が最も適切であろう。

建物上に突針を立てることは必ずしも必要ではない。なぜなら，経験によれば，雷は突針がない場合でも特別な障害なしに，上部，末端の鉛板に落雷し，下方に流れるからである。

避雷のための全体の通路は，できれば建物に沿って上から下まで外部で，布

図 1.26　G. Ch. Lichtenbergによる建物避雷装置

設しなければならない。避雷には，約3～6インチ幅の鉛または銅製の板が最適である。鉛板の場合，各片は折り重ね1回で接続され，銅版の場合は，折り重ね1回後リベット止め，または2回折り重ね継ぎによって布設される。そのほか，金属板は石材のみでなく，木材であっても，健全であり朽木でなければ，密着して設置し，釘で固定してよい。なぜなら雷電流は外側に空間があれば，下部の部材を損なうことなく，下方に流れるからである。

　特に注意すべき点として，次のことに言及しなければならない。雷電流が分路を作り，建物内に流入することがあるかどうかについてである。このことは，どこかに下向きの比較的長い金属パスがあり，下方にジャンプする雷電流の分路がこれに容易に到達し得る場合に起こる。したがって，避雷導線をこの金属パスから離れた所で引き下げるか，または金属パスの上下で避雷導線に接続しなければならない。避雷導線の接続は全長にわたって，ろう付け，リベット接続，折り曲げ接続等で，できる限り緊密に行わなければならない。また，少なくとも毎年春，どこかで連携が切断していないかどうかについて，十分に点検させなければならない。

最終的に建物下部で，雷電流の放流路を作るために，可能な場所で避雷導線を開放水面下まで導く。たとえそれが街路の側溝であってもよい。しかし地中深く引き入れてはならない。それによって雷電流ジャンプの原因になることがある。また，可燃性ガスに点火することがあり得るような電流放電路も避けなければならない。良好な放電路が見出せない場合，避雷導体を露出した地表面に，約1フィート角の終端で接触させる。

更に，J. A. H. Reimarusは，教会，火薬庫，わら屋根，風車，クレーン，哨舎，羊飼いの車，小住宅，旅行用馬車及び船の雷保護についても述べている。

1770年代の中頃になって，南ドイツ地方でも，有用で他に優れた気象避雷装置の発明に関心がもたれ始めた。1776年，マンハイムに設立された選帝侯物理学会議のリーダーであったJohan Jakob Hemmerは当時，国外にも有名な科学者で，気象避雷装置の支持者であり，加えて工夫に富む技術者でもあった。彼は数多くの実験，鑑定を通じて彼の知識を深め，20件の教会牧師あての説明書によってその知識を広めることに努力した。その中で，「気象避雷装置はすべての建物に，確実な方法で設置されねばならない（1786年，フランクフルトにて）」と表現されている。選帝侯Carl Theodorが関心をもったために，70年代に既に，市内の公的建物，教会，市役所，火薬庫及び多くの貴族の邸宅に「気象装置」が取り付けられるようになった。雷に対して暴露された位置にあり，突出度が高いために特に危険な建物や，その重要性，価値のために保護しなければならない建物も対象となった。

J. J. Hemmerの論文の中の正確な指示と，様々な図（図1.27）によって，普通の鍛冶屋でも金具細工人と協力して避雷針を作ることができた。多すぎる仕事のため，外国からの注文に個々に対応することができず，多様な建物の様式に対して，主として2種類の綿密に複製された気象避雷針及び付属の避雷システムを作ったと伝えられている。

ドイツの王侯の中では初めて，バイエルン選帝侯Karl Theodorが，その領地に「気象避雷装置」を導入することを決めた。彼はまず，ミュンヘンの居城に，それからニンフェンブルグの夏城に取り付けようとした。しかしこれに対する住民の反対を受けたため，工事は武器による護衛の下に行われた。1785年，クールパルツィッシューバイエリッシュインテリゲンツ紙が次のように報じたと

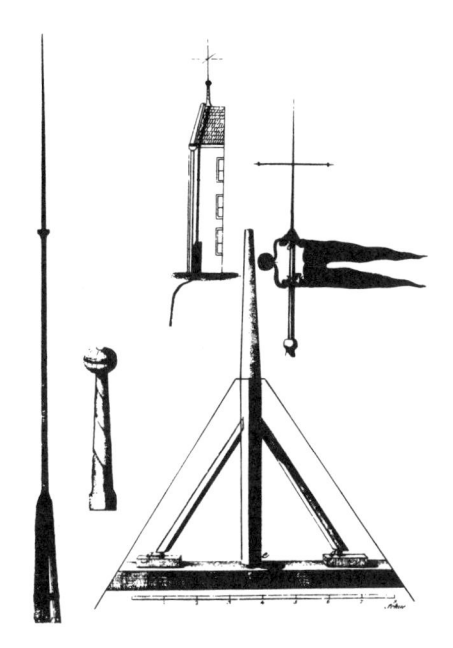

図 1.27　J. J. Hemmerによる気象避雷装置

きに人々の考え方の進歩が起こった.「オーバパイエルン地方ヴェヤーンにて今月5日の夕方, 7時30分頃ものすごい雷が発生し, 最初の2回の雷が約3分の間隔で, 昨年秋, 塔に設置した避雷針に落雷した. 修道院には被害がなかった」

選帝侯は1791年に「バイエルン一般火災規則」を発布した. その中で定められた一条項で, 次のような緊急勧告が行われている.「落雷による災害を, 人力の及ぶ限り回避するために, 逐次, 少なくとも主要な建物, 教会, 城, 修道院, 市役所及び同様な場所には, 有能であり, 寡欲で経験豊かな人に避雷針を設置させること, そしてそれを, 民衆に理解しやすくすることが, 間違いなく地方官吏と牧師の大きな功績である」

徐々にではあったが, しかし定常的に, すべての地方で, 特にすべての火災保険会社が避雷針設備の効用を理解するようになった.

例えば, ビュルテンベルグ州では, 鉱業監督官 Dr. Hehlが, 1827年, 王室内務大臣の委任を受け, 構造手引き書を作成し, 適切な宣伝を行った. 1782年に

はホーエンハイムで最初の避雷針が建設された。1827年には全王国内で既に1253の建物に避雷針が設置され，このうち，シュツットガルトのみで392件であった。これらの避雷針は毎年試験された。各避雷針の保護空間は，半径40フィート（約12.5 m）の円とみなされた。接地には避雷針ごとに大地に垂直に埋められた，4〜5フィート（1.3〜1.7 m）の鉄棒が用いられた。

シュレスウィッヒホルシュタイン州では，最初の装置が1825年から1840年の間に藁葺屋根に取り付けられ，特にシュタインブルグ，ピンネブルグ，ディスマルシェン地方の低湿地地帯に多く設置された。1874年には全体で1182の農家に雷保護設備が取り付けられた。1874年にキールに州火災保険局が開設され，同年，保険局から雷保護指針が発行された。

19世紀後半の雷保護技術の状況は，グリフスワルド大学物理学研究所のDr. Holtzの論文に最もよく再現されている（図1.28）。以下この論文を引用する。

捕捉突針：「良好な避雷針は雷を引き寄せる。保護空間は避雷針先端と頂点が一致する保護角45°の円錐である。保護すべき最も重要な点は，下側の屋根の角，棟，及び屋根の突起部である。上述の各点の最寄りの捕捉突針の下方への延長線との水平距離が，避雷針先端から測定した垂直距離よりも小さくなければならない。通常の建物では2本の避雷針で十分である」

避雷導線：「シャープな折り曲げを避けること。折り曲げの程度は，その中に挿入できる円の大きさで最もよく表現される。その直径が40 cm以下であってはならない。—— 導線は建物，特にその金属部分から木製の台で離して支持する。導線の太さは6 mmとする。（中空でない銅線が最もよい）捕捉突針が1本のみの場合，導線の太さは7〜8 mmとする。高い教会の塔の場合も同じ。

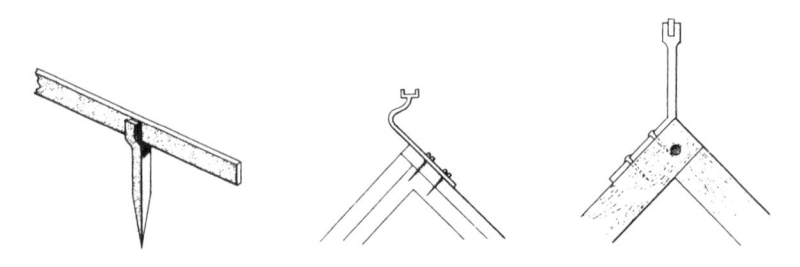

図1.28 Dr. Holtzによる避雷針材料

導線の接続は半田スリーブによって行うこと。── 最少4本の避雷導線を用い，建物の角に1本ずつ配置する」

接地：「避雷導線の下端は雷電流が最も流れやすい吸引点に接続する。主な吸引点は引下げ線内にある次のような個所である」

a）ガス及び水道管。
b）比較的大容量の水，例えば湖，川，運河，ただし大容量の水とつながっていれば溝でもよい。
c）池，泉及び10～15 m以上深くなければ一般の地下水。
d）特に雨水がしみ込む場所。

避雷導線と水道またはガス管との接続は建物外側で行う。水道管の1個所に接続するが，水道管は建物に専用ではなく，かつ建物から10 m以内がよい。水道管まで20 m以上離れているが，20 m以内のところに河川湖沼がある場合，避雷導線をそこまで引く。両方ともにない場合，20 m以内に池または泉があれば避雷導線はそこで終端とする。これらの可能性がない場合，避雷導線を地下水中に布設する。終端に接地板を用いた場合，特に水に濡れていれば，接地抵抗を低減することができる。銅線を用いる場合は接地板も銅（例えば0.5 m角，2 mm厚）でなければならない。

避雷導線と建物金属部分との接続はできる限り制限する。建物内部のみにある部分は接続してはならない。工場で，高さがかなり高い接地した金属部分，例えば梁，鉄製フレーム等は接続しなければならない。金属屋根は接続する。比較的大きな金属屋根部分は雨どいとともに接続する」

1.2.4 ABBの設立と発展

1871年1月18日，第2ドイツ帝国が設立され，法律と経済が統合されることになった。経済界ではそれ以後，すべての技術分野で，帝国全体で単一の規格を作る努力を続けてきた。電気技術の分野では当時，特にベルリン電気技術組合が優れていた。ハノーバの避雷装置メーカであったSiemsenの提案で，この組合は1885年，「雷リスク研究小委員会」を設立した。ベルリンの天文台長Geheimrat Foersterが議長を務めた。

この小委員会には重要なメンバーが所属していた：強電技術の創始者で電気

力学の発見者であったWerner von Siemens（1816〜1892），物理，生理学者でベルリン大学教授Hermann Ludwig Ferdinand von Helmholz（1821〜1894），ブレスラウ大学教授Dr. Leonhard Weber，物理学者でベルリン大学教授Gustav Robert Kirchhoff（1824〜1887），キール大学教授Dr. G. Karsten，電信技術者Pr. M. Toepler, Pr. von Bezold, Pr. Neesen，更にAron, Brix, Dr. Holtz, Paalzowらである。

1886年，この小委員会により，「雷のリスク　第1部，建物に対する避雷装置に関する告示及び助言」が作成され，電気技術者連盟出版社から出版された。その当時，建物の雷保護に関して二つの競合する基礎原理があった：Gay-LussacシステムとMelsensシステムである。

上述の刊行物にはそれについて，次のように述べている。「従来の経験に基づいて十分な避雷装置の構成は次のようにして得られる。

a) 1部はフランクリン自身により，1部はEpp, Hemmer, Reimarus, Imhofらによって示された仕様書により1823年，Gay-Lussacが完成させ，パリ科学技術アカデミーにより発表されたシステムに基づく。次のような特徴を有する。建物には1本または少数の，非常に高い雷捕捉避雷針を設置する。避雷針から1〜2本または数本の，しかし太い導線を，通常，建物下部または近傍にある地下水の位置まで導く。接地線に空間的な広がり面を作ることによって地下水とできるだけ良電導性の接続を作る。

b) ブリュッセルのMelsensによって用いられ，推奨されたシステムに基づく。特徴として，避雷針を多重化し，建物の突き出した部分の保護確率を高め，雷電流を分岐させて，比較的弱く軽く加工しなければならない建物構造部品の利用可能性を引き出す。Melsensの場合，雷捕捉突針は低い，しかし数多くの先端の尖ったブッシュに置き換えられた。多数の比較的細い架空線を，できるだけ建物の全側面に沿って引下げ，地面との接続は，建物の全側面で行うか，または水道管，ガス管によって更に雷電流の分岐システムを構成させる。したがってMelsens式避雷装置は，導線網と大地の湿気間の導体接続が十分に低抵抗であれば，建物を包む金属網に近いものである」

Melsens式の原理は，今日不可欠と認められている雷保護等電位化，すなわ

ち建物に導入されるすべての金属導線及び建物の内部のすべての大型の金属部分を雷保護装置に接続する技術内容を含んでおり，この間に世界的に実施されている．1918年，電気技術組合の小委員会は変更され，独立した避雷装置構造委員会（ABB）となった．

1922年，ABBはベルリン電気技術組合を離れ，固有の定款をもつ独立した団体となり，1924年，ベルリンに独自の事業所を設立した．ABB事業所の課題は，書籍「雷保護」の発行であった．第1版は1924年に，第8版は1968年に発行された．1945年，ABBは占領軍の命令により，解散された．

1949年6月，ヴッパータールにてABBは，保険業者組合，金属，機械加工業者主要組合，ダイナマイトAG，ガス，水道専門技術者組合，電気職業労働者組合，当時のソビエト占領地域技術局（その中に専門委員会8a「建物の雷保護」があった）の代表者出席の下に，新たに設立された．

新しいABBは，西側3カ国の占領地域でのみ活動的であったため，「経済連合地域のための雷保護装置委員会（ABBW）」と称した．

ABBWの議長として，H. F. Schwenkhagen教授，事業リーダー，総支配人として，C. D. Beenken（キール），VDEの代表者，規格部長として，Dr. Jacottet（フランクフルト）が選ばれた．

ABBWは新規設立後直ちに，国際的な交流に尽力した．1951年，バードライヒェンハールにて，スイス連邦工科大学教授Dr. K. Berger（チューリヒ），地球電気学及び雷保護の国立研究所長Dr. V. Fritsch（ウィーン），オーストリア政府商工部顧問，工学士W. Kostelecky（ウィーン），及びABBより，Pr. Dr. H. F. Schenkhagen，工学士P. Schnellが会合した．この会合を契機に，雷保護国際会議（International Conference on Lightning Protection: ICLP）が誕生した．

最初のグループに対し，後に更に他国の代表者が加わった．デンマークからE. Kongstad，フランスからJ. Fourestier，イギリスからR. H. Golde，オランダからQuintus，及びT. G. Brood，イタリアからT. Riccio，ルーマニアからG. Dragen，スウェーデンからD. Mueller-Hillebrand，及びS. Lundquist，ユーゴスラビアからZ. Krulc，ハンガリーからT. Horvathであった．

1977年9月，ABBとVDEとの間に協力契約が締結され，その後ABBは，「雷保護及び避雷設備のための職業団体」と称する．同年，DIN及びVDEのド

イツ技術委員会に，VDE委員会K251「雷保護設備の設置」が設立された。

1978年，ダルムシュタットにABBの技術諮問委員会が設置され，Pr. Dr. J. Wiesinger, Pr. Dr. W. Boeck, Dr. A. Fischer, Pr. Dr. Mühleisen, 及びPr. Dr. H. Steinbiglerが所属した。

ABBとVDEの協力作業により，VDE-指針の形で雷保護規定が完成し，VDE-規格集の中に採用された。

この規定に対する解説と注意書がABBにより作成され，VDEにより発表され，その出版部から出版された。委員会K251の委員ABB，VDE及びDKEの合意の下に任命された。1978年，これらの合意に基づいて，委員会K251はドラフト「雷保護装置」DIN57 185／VDE 0185第1部，第2部を発行した。

1982年11月，規格DIN VDE 0185／11.82：雷保護装置 Part 1：設置に関する一般事項，及びPart 2：特殊な設備の設置，が発行された。これらの規格に対して，工学士Hermann Neuhausにより，VDE規格シリーズ44巻が作成され，ABBにより発行された。

1984年2月8日，「雷保護及び避雷装置構造のための職業組合」(ABB)は解散し，これをVDE (ABB)の「雷保護及び雷研究委員会」に移管することが決定した。この委員会のほかに，雷研究振興会がある。この会には，個人，会社，機関及び官庁が会員として参加することができる。

2 雷セルの発生

2.1 雷気象学

雷発生の前提条件は，十分高い湿度の暖かい気団が，高々度に運ばれることである．このことは次の三つの様式で起こり得る．

- 熱雷の場合，大地が局部的に，強い太陽光によって加熱される．これによって大地付近の空気層が暖められ，比較的軽くなって上昇する．
- 前線雷の場合，寒冷前線の進入の結果，冷たい空気が暖かい空気の下に入り，暖かい空気を押し上げる．
- 地形雷の場合，地上付近の暖かい空気が傾斜した地表面の上向き気流によって持ち上げられる．

気団を垂直方向に押し上げる力は，次の二つの効果によって強められる．

- 上昇気流は冷えて水蒸気の飽和温度に達する．これによって水滴と雲が生ずる．水蒸気の凝縮により放熱が起こり，空気が再び加熱されて軽くなり，更に上昇させられる．
- 0℃ 限界で，水滴が凍り始める．これによって再び凝結熱が放出され，空気を再度加熱し，上昇させる．

垂直速度が約 100 km/h に達すると，上昇気流が形成され，力強く押し上げられ，金床*型の，高さ 5〜10 km，直径 5〜10 km の積乱雲が発生する．

---

*訳注：鍛冶職人が金属を打ち鍛える台に似た形により「かなとこ雲」ともいう．

図 2.1 雷セルの発生

　静電的な電荷分離プロセス，例えば，摩擦及び飛散により，雷雲中の水滴と氷の粒が帯電する。正に帯電した部分は，負に帯電した部分よりも比較的軽い。すなわち，正に帯電した部分の上昇気流に対する接触面積は比較的大きく，重量は比較的軽い。それによって，垂直方向の気流が大規模な電荷分離作用を引き起こす。すなわち，雷雲の上部には正電荷をもつ粒子，下部には負電荷をもつ粒子が集積される。雲の底部には更に小さな正の電荷中心がみつかる。それは多分，雷雲の下の地上の電界強度により，地上の尖端，例えば樹木等から正のコロナ放電によって生じ，風によって高所に運ばれたものである（図2.1）。
　電気物理学の見地からすれば雷雲は，水滴と氷粒子を電荷キャリヤ，上昇気流を電荷移送手段，太陽をエネルギー供給源とする巨大な静電発電機である。太陽は熱線によって地上付近の空気層を加熱し，水の蒸発によって湿気を供給する。ついでに述べておくと，最近の雷観測や，雷計数の結果，いわゆる雷の巣があるという根拠はない。その多くは地形上の不規則によるものと推定される。

2.2　雷セルの構造

　雷雲の構成は通常，数kmの直径の多くの雷セルを含む。その場合，各セルは約30分間だけ活動的で，この間毎分2〜4回の雷を生ずる。雷セルには種々の成熟期があって，成長期，活動期及び減衰期が交互に存在する。

2. 雷セルの発生   37

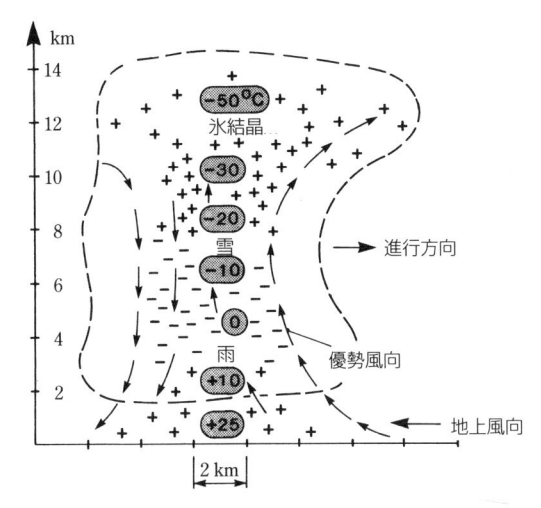

図**2.2**　熱雷の代表的なセル

　雷セルの代表的な構造に関して，場所的に固定した熱雷の発達状態を図2.2に示す。雷セルはしばしば，10 km以上の高さに達し，一方雲の下部限界の高さは多くの場合，1～2 kmである。温度は高さとともに低下し，雲底の温度は約+25℃，雲頂の温度は約-50℃である。

　セルの上部には，主として氷の結晶上の正電荷があり，雲の下部には，主として雨滴上の負電荷がある。前線雷及び地形雷の場合には，雷セルの電荷分布は熱雷のそれと全く異なっていることがある。図2.2から導かれた極めて図式的な雷セルの電荷構造を図2.3に示す。

　正及び負の空間電荷密度は，数 nC/m^3（$1\,nC = 10^{-9}\,As$）に達し，直径数百 m の範囲で数十 nC/m^3 に達することがある。図2.3は，理想的な球体の正負の電荷領域に，$1.5\,nC/m^3$ の電荷密度（正コロナ放電を無視）であるとした場合に生じ得る，仮想の地上電界強度の位置的推移を示す。この場合，$50\,kV/m$ 以上の最大電界強度に達する。しかし，地上の電界強度が数 kV/m に達すると，特に地上植物の草や木の葉の先端から正のコロナ放電が起こる。その表面電流密度は，電界強度が急速に増加する場合，$10\,nA/m^2$ の値に達する。（$1\,nA = 10^{-9}\,A$）この，約 $1\,nC/m^3$ の電荷密度の正のコロナ放電はセルフバランスプロセスにより，地上電界強度を約 $10\,kV/m$ に低減する。これに対して水上で

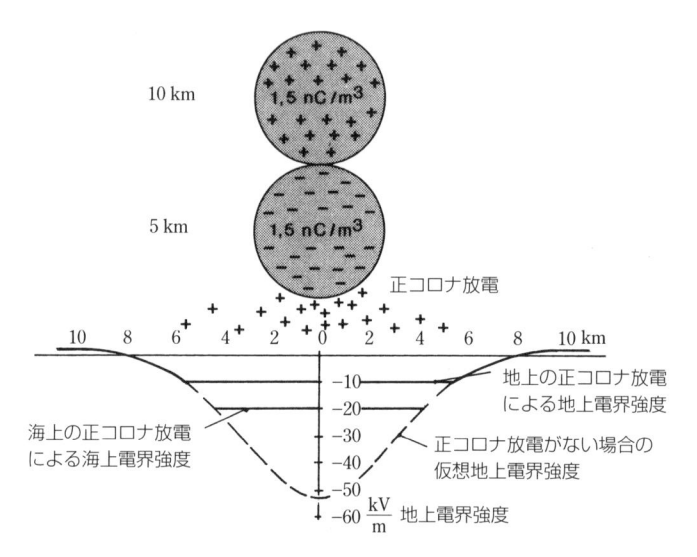

図 2.3 雷雲セル構造の図式表示と地上電界強度推移

は波の動きにより,水面電界強度は数十kV/mに上昇する。なぜなら,この場合は地上よりも比較的高い水面電界強度で,波の先端がコロナ放電を起こすからである。

3 雷放電

3.1 雷のタイプ

　雷セル中の電荷密度は部分的に大きな差がある。たまたま起こる空間電荷の集中によって，部分的な電界強度値が数百 kV/m に達すると，雨滴または氷粒子から出発し，いわゆるリーダ放電ないしは先行放電が発生して，雷放電を開始する。

　雲–雲雷では雷雲中の正負の電荷中心間の中和が起こる。

　雲–大地雷では雲の電荷と地表面に誘起された電荷が中和する。

　雲–大地雷は，リーダ雷が大地に向かって分岐していることによって判別される（図3.1）。最も頻繁に起こるのは，負極性雲–大地雷で，この場合，負の雷雲電荷の充満した電荷管が，雷雲から大地に向かって進む。正極性雲–大地雷は，雷雲下部の正電荷領域から発生する。雷雲上部の正電荷中心からの雲–大地雷は比較的まれであり，多分，雷セルの活動終期にのみ起こる。この場合，負電荷中心の消滅後，正の電荷中心が，1回の強い雷によって大地に放電することがある。

　山頂や高い塔，例えばテレビ塔等から，雲に向けられた分岐を有する大地–雲雷がスタートすることがある（図3.2）。この場合，地上からリーダ雷が雲に向かって成長する。発生し得る雷のタイプをまとめて図3.3に示す。

　落雷を受ける物体には，雲–大地雷の場合の方が，大地–雲雷の場合よりも過酷な負荷が加わる。そのため，雲–大地雷が雷保護対策を決定するための基礎

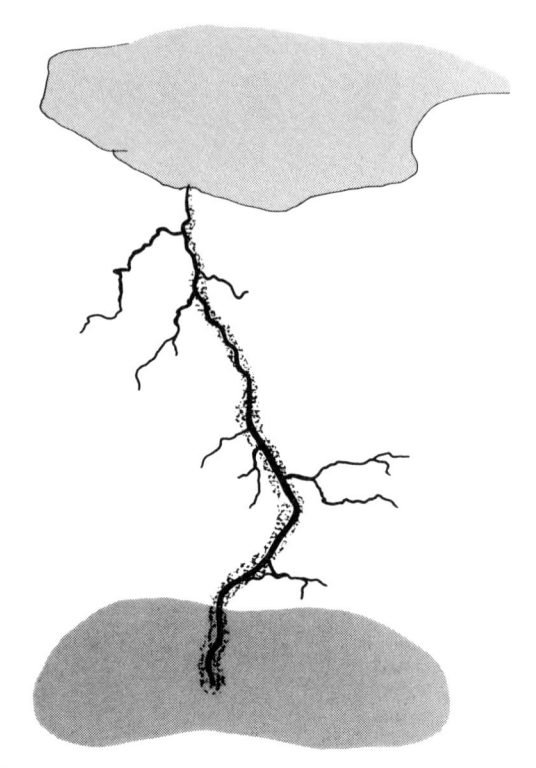

図3.1 雲−大地雷　大地に向けられた分岐によって判別できる。
（サンサルバドール山雷研究所の塔への落雷写真による）

とされる。

　雲−雲雷の場合であっても，電磁インパルス放射（LEMPs）があるので，電気設備（例えば計算センター等）のリスクを考慮しなければならない。

3.2 雲−大地雷

　雲−大地雷の発生を，最も頻繁に発生する負極性雷の例によって説明する。雷雲の負の電荷中心から，直径2〜30 mの，雷雲電荷によって満たされた円柱形の管と，直径約1 cmの細い，強くイオン化されたプラズマ核が間歇的に地上に向かって進展する（図3.4）。このいわゆるリーダ雷は光速のおよそ

図 3.2 大地-雲雷　雲に向けられた分岐により判別ができる。
（サンサルバドール山雷研究所の塔への落雷写真による）

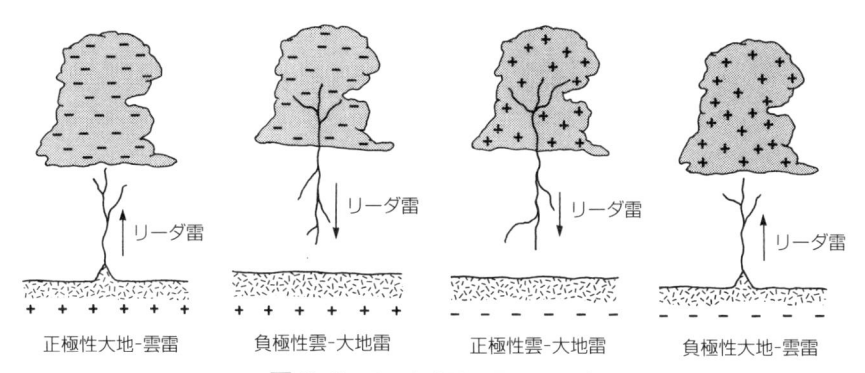

| 正極性大地-雲雷 | 負極性雲-大地雷 | 正極性雲-大地雷 | 負極性大地-雲雷 |

図 3.3 雲と大地間の雷のタイプ

雷雲の負電荷中心

プラズマ核
及び電荷管
をもつ
リーダ雷

捕捉放電

誘起された正電荷

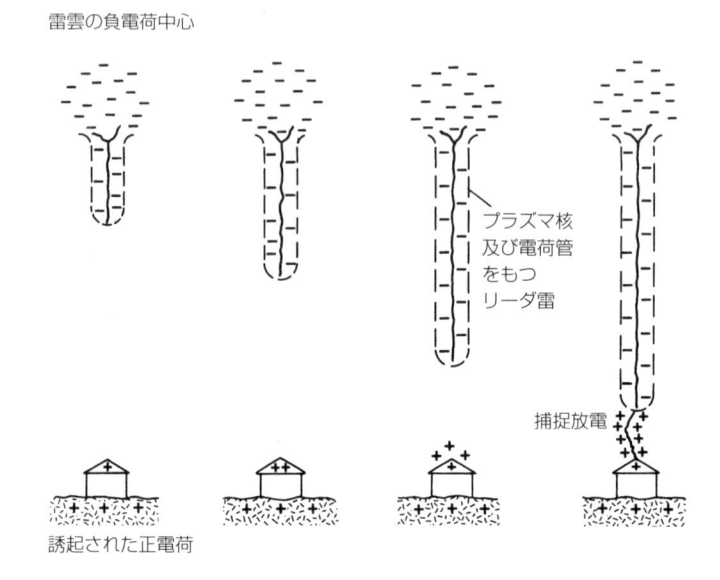

図3.4 負極性雲-大地雷のリーダ雷から捕捉放電への経過の図示

1/1 000，したがって300 km/sの進展速度を有する。リーダ雷は間欠的に数十mのステップで進展し，間歇段階間の休止時間は数十μsに達する（図3.5）。

リーダ雷が地上から数十mの距離に近づくと，その先端付近にある樹木や，建物の切妻屋根の先端の電界強度が強くなり，遂には空気の電気的耐圧を超え，ここからリーダ雷に似た，数十～数百mの長さの，いわゆる捕捉放電が突発してリーダ雷に向かって伸長し，最終的にはリーダ雷の先端と会合する。それによって落雷点が決定し，リーダ雷は接地される（図3.4，図3.5）。

次いで，捕捉放電は光速のおよそ1/3，すなわち100 000 km/sの速さで，リーダ雷の電荷の充満した管の中を流れ，数十～数百μsの間に蓄積された電荷を地上に放出する（図3.6）。この過程は独特の，まばゆく輝く雷放電として目視できる。このとき，リーダ雷によって作られた火花チャネルは，数万℃の温度に加熱される。このときの圧力は通常の気圧の数百倍に上昇する。

リーダ雷管のインパルス状放電は主放電と名づけられる。この主放電によって，落雷対象物には極めて大きな，短時間のインパルス電流が流れる。

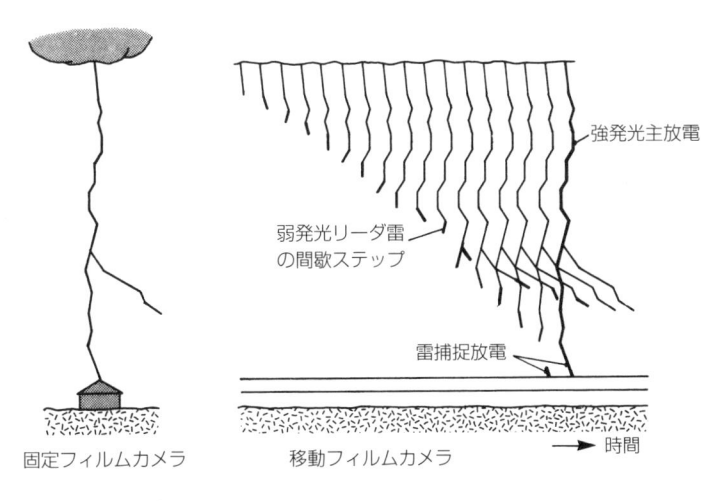

図 3.5 リーダ雷，雷捕捉放電，主放電への経過

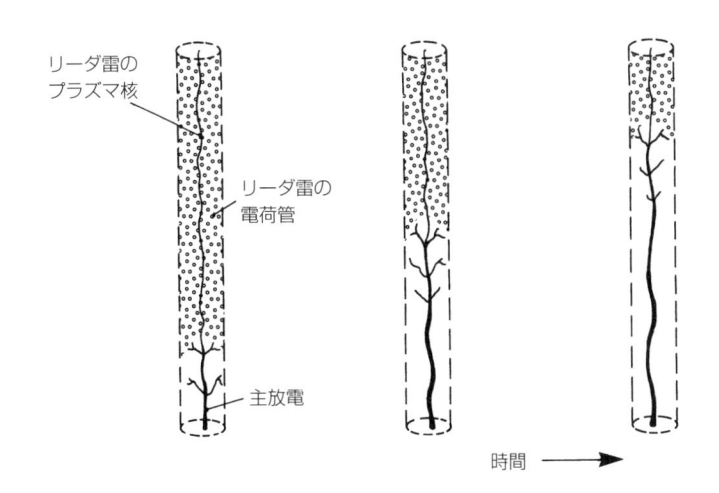

図 3.6 主放電によるリーダ雷管の放電

　雷鳴は，火花チャネルの爆発の際の過圧力によって生ずる。
　負極性の雲-大地雷の場合，雷放電のインパルス電流 i は，数 μs で，代表値数十 kA のピーク値に到達し，代表値数十 μs の半減衰時間で，ほぼ指数関数状で減衰する。このインパルス電流で移行する電荷は，代表値数 As になる。こ

のような雷電流の例を図3.7に示す。

　正極性の雲-大地雷のインパルス電流も，基本的には類似の経過を示す。確かに，雲の上方の正電荷中心からの放電の際の正のインパルス電流は，負のインパルス電流に比し，平均してちょうど10倍長く継続し，本質的により多くの電荷を運ぶ（図3.8）。したがってこの雷は，落雷対象物に対して特に危険である。

　負極性の雲-大地雷の特殊形式として多数回の放電，いわゆる，多重放電がある（図3.9）。これは，10〜100 msの休止後，なおイオン化されて残っている，最初の火花放電路を通って，新しい雲からのリーダ雷が地上に向かって進展することによって発生する。このリーダ雷は，既に描かれている経路がある

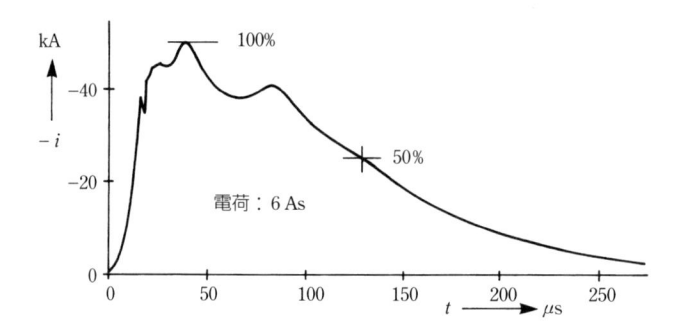

図 3.7 平均以上の負極性雲-大地雷インパルス電流の時間的経過
（Berger教授による）

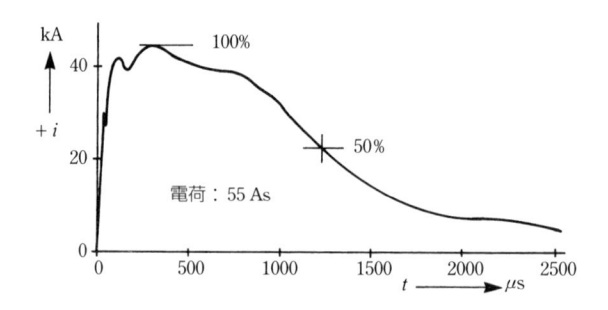

図 3.8 正極性雲-大地雷インパルス電流の時間的経過
（Berger教授による）

ために，間歇段階がなく，極めて速い速度，光速の約1/100で進展する。引き続く主放電の結果，新たなインパルス電流が落雷点に流れる。2～30回の部分雷撃が記録されている。この場合，多重雷放電の全持続時間は1秒を超すこともある（図3.10）。

多重雷の際，一つの部分インパルス電流に引き続いて，いわゆる，テール電

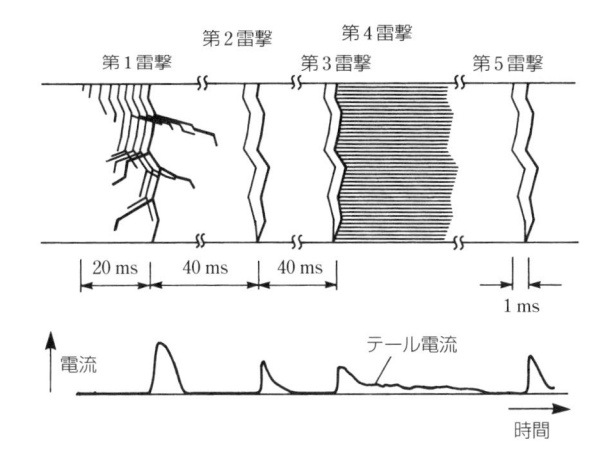

図 3.9 多重負極性雲-大地雷

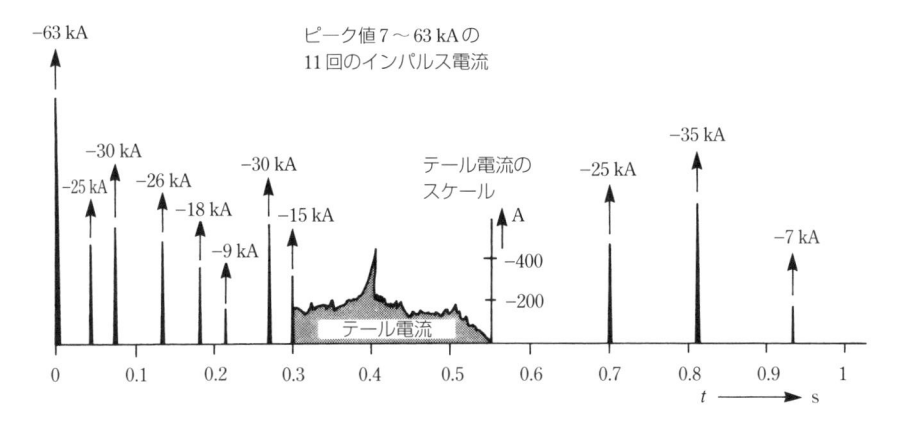

図 3.10 多重負極性雲-大地雷の電流経過
（Berger教授による）

流が流れることがある。この場合，数百Aの電流が2〜300 ms流れ，特に火災の点火原因となることがある（図3.9及び図3.10）。このテール電流は，原理的には恐らく，雲-大地雷中にはさまれた大地-雲雷であろう。大地-雲雷については3.3節で説明する。多重雷は，しばしば普通のカメラで検出される。なぜなら，雷雨の際の風が，個々の部分雷の火花放電路を空間的に互いに分離するからである。（図3.11：図左方，第1雷撃の下方に向けられた分岐は，負極性多重放電，雲-大地雷であることを示している。従属雷は分岐がない。第1，第2雷撃間の休止時間が長いため，第2雷撃は下部の地上付近で，新たな放電路を求めたようである。図の右，最後の部分雷撃の光跡にはカブリが認められる。これはテール電流が引き続き流れたことを示している。）

雷雲上部の電荷中心からスタートする正極性雲-大地雷の場合，数十〜数百

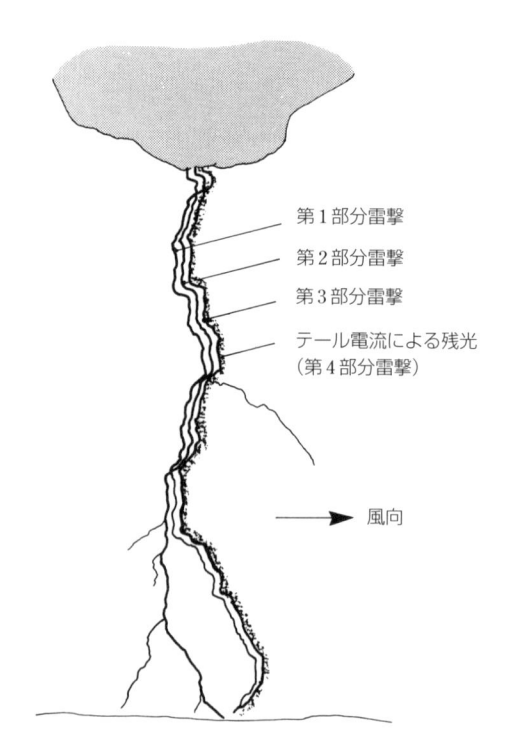

図 3.11 風によって分離された放電路をもつ負極性雲-大地雷の多重放電

msの間，数十～数百Asのかなり大きい電荷量を運ぶテール電流がよく認められるが，今まで多重雷は認められていない．

3.3 大地-雲雷

非常に高い物体，例えば教会，無線塔または山頂では，上述の，雷雲から大地にリーダ雷が進展する雲-大地雷（3.2節）とは反対に，大地-雲雷が発生することがある（図3.2）．この場合，リーダ放電のレリーズに必要な高い電界強度には，雲の中ではなく，地上の突出した物体の先端で，極度の電界歪効果により到達し，電荷管を有するリーダ雷がここから雲に向かって進展する．この場合，物体から数百msの間，代表値数百Aの電流が流れる（雲-大地雷のテール電流に類似）．

このような，大地-雲雷によって作られた火花放電路に従って，3.2節で述べた雲-大地雷が続く．大地-雲雷のこのようなレリーズメカニズムのために，高い物体は1回の雷雨中に多数回の落雷に遭うことがある．

3.4 トリガ雷

現在，いくつかの国で雷トリガステーションが運営されている．これらのステーションは，Newman教授の実験に基づいている．彼は最初にフロリダ沖で研究船からロケットを用いて，細いスチール線を雷雲に向けて打ち上げ，代表値数百mの長さのスチール線で雷をレリーズ（トリガ）して，船に導いた（1.1.8項参照）．Newmanは，海上で雷雨の際の電界強度約20 kV/mで雷をトリガしたが（図2.3参照），地上でも6～10 kV/mの電界強度で，トリガされる．雷雲と大地間の十分に高い電界強度中で，ロケットを用いて導線を数十～数百m打ち上げれば，ロケットの先端の十分に高い電界強度により，非常に高い塔の場合と同様に，大地-雲雷が発生する（3.3節）．上方に向けられたリーダ雷の開始後，細いスチール線は蒸発し，雷チャネルはトリガステーションに達する．多くの場合，この大地-雲雷に，単独または多重の雲-大地雷が追従する（3.2節）．

図 **3.12** ミュンヘン雷研究グループの雷トリガステーションに設置された6台のロケット発射台

図 **3.13** ミュンヘン雷研究グループの雷トリガステーションロケット発射台の電流測定装置

3. 雷放電 49

図 3.14 ミュンヘン雷研究グループの雷トリガステーションの測定，制御センター

　これらのトリガステーションの最初の課題の一つは，発生の時点と場所が決まっている雷を測定して，放電メカニズムを解明することであった。雷電流は落雷点で測定され，雷放電路の進展は光学的方法で撮影される。

　その他の課題の一つは雷電流チャネルによって形成される電磁界（Lightning Electromagnetic Impulse: LEMP）を，雷電流チャネルの近傍で，特に電気，電子機器の危険と保護の見地から測定することであった。このために，電気，磁気アンテナが設置され，また，強電，情報技術の試験線がトリガステーションの近傍に設置された。

　図3.12～図3.14は，80年代はじめまで，南ドイツ，シュタインガーデンで運営された，ミュンヘン雷研究グループ（ミュンヘン工科大学及びミュンヘン防衛大学）の雷トリガステーションを示す。スチール線の引き上げには雹害保護用ロケットが用いられ，上昇終期に自ら破壊する。

4

落雷頻度と警報

4.1 雷雨日数レベル

　地形学的な研究においては，年間の雷雨日数（Keraunic level）は，その地方の落雷頻度の目安となる。同じ雷雨頻度の地域を結ぶ線は，いわゆる等雷雨日数レベルである。この場合の雷雨日は，観察ステーションで雷鳴が聞こえた日と定義される。ヨーロッパにおける年間雷雨日数の概観を図4.1に示す。ドイツの北部は長期間の平均で，約15～30日，南部は約20～35日と記録されている（表4.1）。

　年間，1 km^{2}当りの雲-大地雷数は雷雨日数を10で割れば概略数を求めることができる。

　雲間雷（雲-雲雷）の数n_wと，雲-大地雷の数n_eとの間には，PrenticeとMackerrasによる，次式の関係がある。

$$\frac{n_w}{n_e} = (4.16 + 2.16 \cdot \cos 3\lambda)\left(0.6 + \frac{0.4\,d}{72 - 0.98\lambda}\right)$$

　　　λ：緯度（$\lambda \leq 60$度）
　　　d：年間雷雨日数

　年間雷雨日数が不明の場合，上式の2番目の括弧内数値を，近似的に1としてもよい。ドイツの緯度を50度，平均的な年間雷雨日数を23とすれば，n_w/n_e = 2.29となる。このことはすべての雷のうち約30%が雲-大地雷であることを意

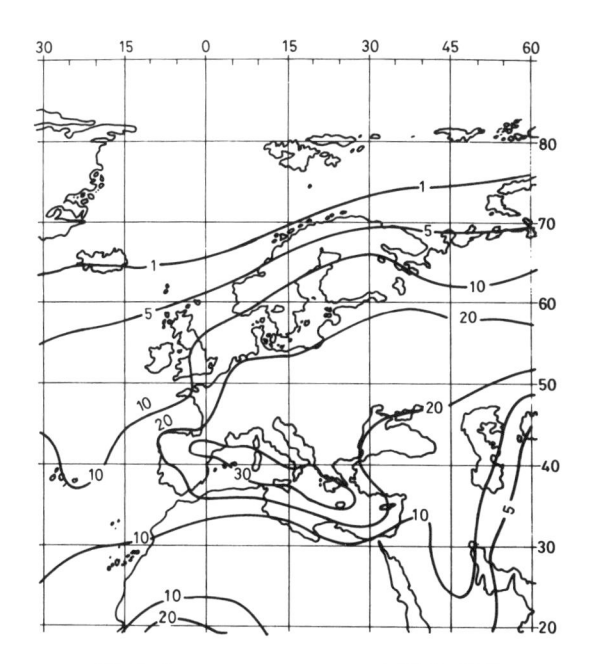

図 4.1 ヨーロッパにおける年間雷雨日数
("World Distribution of Thunderstrom Days" WMO／OMM-No.21.TP.21, 1956 より)

味する。

別の文献執筆者の観察によれば，$40° \leq \lambda \leq 60°$ の間では次のように見積もられる。

$$\frac{n_w}{n_e} \fallingdotseq 5 - \frac{\lambda}{20} \qquad \lambda：緯度$$

4.2 雷計数

約 1 000 km^2 の地域の大地雷密度を測定するために，現在 CIGRE (International Conference on Large High Voltage Electric Systems) により推奨されたカウンタが導入されている。この CIGRE カウンタは，その設置場所で，VLF バンド (Very Low Frequency Band)，選択周波数 500 Hz で 5 V／m の大地電界

表 4.1 ドイツの年間雷雨日数
（ドイツ気象庁中央局発行「地域記録総括」(1951～1970) より）

20日未満	20～24日	25～29日	30日以上
フレンスブルグ	アーヘン	アウグスブルグ	フライブルグ
ハノーバ	バート・キッシンゲン	ブレーメン	ケンプテン
キール	バイロイト	カールスルーエ	ミュンヘン
リューベック	ビーレフェルト	コンスタンツ	ローゼンハイム
	ドルトムント	ランツフート	シュトゥットガルト
	ギーセン	マンハイム	
	ハンブルグ	ニュルンベルグ	
	ハイデ	レーゲンスブルグ	
	メシェーデ	ザールブリュッケン	
	カッセル	シュバービッシュ・ハール	
	コブレンツ	ウルム	
	ケルン	バイデン	
	レール		
	ミュンスター		
	ロットバイル		
	ジーゲン		
	ウェルツェン		
	ビュルツブルグ		

強度が発生すれば，計数機構により，落雷と記録する。以前は，この電界強度を高さ5mの水平アンテナで検出したが，現在ではPrentice, Mackerras及びTolmieの提案により，5mの高さのロッドアンテナ（実効長3.3 m）に置き換えられた。カウンタケースを含めたアンテナの全体構造を図4.2に示す。図4.2のアンテナと組み合わせるための，改良された電子式カウンタ装置の回路図を図4.3に示す。ポテンショメータP_1は入力感度の調整のために用いられる。このために，アンテナ入力端子に57 pFの直列コンデンサを介して，500 Hz, 10.6 V_{eff}（15 V_{peak}）の電圧を加え，この点でカウンタが応答するように調整する。ポテンショメータP_2は，最大カウント周波数設定用に用いられる。毎秒1回のカウントが可能となる設定が推奨される（調整のためには500 Hzの電圧を10.6 V以上に上げる）。カウンタ装置を図4.4に示す。

4. 落雷頻度と警報 | 53

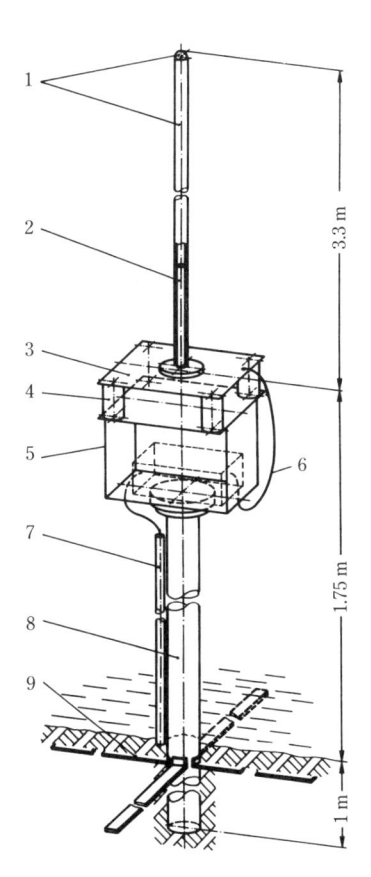

1. アルミニウムパイプ，外径 32 mm，半球終端
2. スチールパイプを用いた固定部
3. スチール板 300×300×3～5 mm
4. 4×絶縁スペーサ，高さ：80 mm，径：50 mm
5. 雷カウンタ用保護ケース
   300×300 mm，高さ 210 mm，板厚：3～5 mm
6. 絶縁電線
7. 接地線，データ線用樹脂パイプ
8. 溶融亜鉛メッキ鋼管，外径 76 mm
9. 4×溶融亜鉛メッキ放射線状アース，
   長さ約 4 m，深さ約 10 cm に設置

図 4.2 改良された CIGRE カウンタ

このカウンタは，雲−大地雷及びある程度までの雲間雷をとらえる。以下の考察では，特に露出度の高い物体（例えば電波塔）から出る大地−雲雷は考慮しない。

このカウンタの雲−大地雷の捕捉範囲は最終的に確認されていないが，中部ヨーロッパではおおよそ 1 000 km^2 である。雷捕捉範囲は，強さの非常に異なる雷の平均的な捕捉範囲と解釈されるべきであり，遠方の強い雷は弱い雷として検出される。したがって約 10% の雷に対して 7 000 km^2，約 90% の雷に対して 110 km^2 が検出範囲となる。すなわち，10% の雷は約 50 km 離れた所で検出されている。

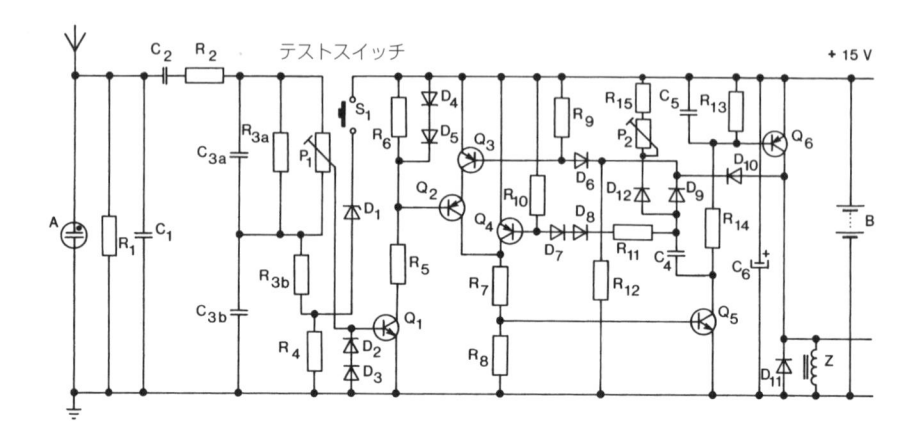

回路図の部品諸元

No.	R	D	Q	C	P
1	5.2 MΩ ± 1%	ツェナダイオード 9.1 V	BC 141/16	140 pF ± 1%	100 kΩ ± 1%
2	560 kΩ ± 1%	1 N 4148	2 N 4250 A	10 nF ± 1%	1 MΩ ± 10%
3	a： 1 MΩ ± 1%	1 N 4148	2 N 4250 A	a : 12 nF ± 1%	
	b : 910 kΩ ± 1%	1 N 4148		b : 1.2 nF ± 1%	
4	220 kΩ ± 1%	1 N 4148	2 N 4250 A	2 μF ± 10%	
5	100 kΩ ± 10%	1 N 4148	2 N 3643	0.1 μF ± 10%	
6	220 kΩ ± 10%	1 N 4248	2 N 3644	1 mF ± 10%	
7	4.7 kΩ ± 10%	1 N 4148			
8	10 kΩ ± 10%	1 N 4148			
9	470 kΩ ± 10%	1 N 4148			
10	15 kΩ ± 10%	1 N 4148			
11	47 kΩ ± 10%	1 N 4001			
12	1.5 MΩ ± 10%	1 N 4148			
13	2.2 kΩ ± 10%				
14	470 Ω ± 10%				
15	56 kΩ ± 10%				

A：ガス入り放電管アレスタ，300 V
B：バッテリー，約 15 V，1 AH（例えば 4.5 V バッテリー IEC3R12 の直列接続）（最低電圧：13 V）
Z：インパルスカウンタ，タイプ E2000，
　　定格データ：最低オン継続時間 50 ms，10 インパルス/s，12 V_{dc} 140 mA（約 550 Ω）

図 4.3　改良形 CIGRE カウンタの回路図

4. 落雷頻度と警報　55

図 4.4 CIGRE カウンタ

CIGREカウンタの計数に対して，年間，km²当りの雲-大地雷数は，次式により計算される（図4.5参照）。

$$\dot{n}''_e = \frac{\dot{n}}{r_e^2 \cdot \pi \left[1 + \frac{n_w}{n_e}\left(\frac{r_w}{r_e}\right)^2\right]} \quad (1/\mathrm{km}^2 \cdot 年)$$

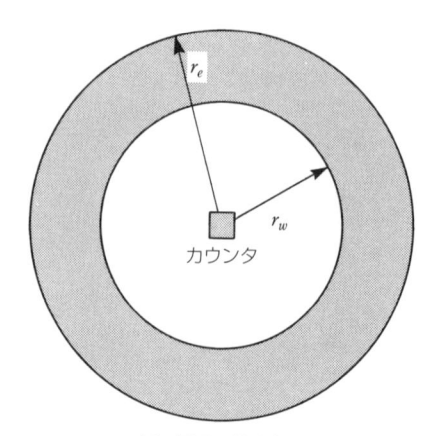

r_w：雲−雲雷の検出半径
r_e：大地−雲雷の検出半径

図 4.5 CIGRE カウンタの検出半径

$\dot{n}$：CIGRE カウンタの年間計測数（1/年）
n_w/n_e：雲−雲雷と雲−大地雷の比（4.1節参照）
r_e：雲−大地雷平均検出半径（km）
r_w：雲−雲雷平均検出半径（km）
CIGRE カウンタに関して，近似的に $r_w/r_e \fallingdotseq 2/3$

異なる地方の，2〜3人の報告者により示された r_e 値は，12〜30 km の間にあり，したがって検出範囲は 450〜2 800 km^2 の間である。

中部ヨーロッパでは，r_e 値が約 20 km，検出範囲約 1 250 km^2 が最も確度の高い値である。

表4.2に，西ドイツ内に広範囲に設置された CIGRE カウンタを用いて，多年にわたって得られた測定データを示す。

ここに示された，年間，km^2 当りの値は，雲−大地雷の平均検出半径 20 km，$r_w/r_e = 2/3$，$n_w/n_e = 2.3$ を前提としている（4.1節参照）。

この間に類似のカウンタも設置された。それらは，最大感度 10 kHz にて大地電界強度を記録する。このカウンタでは雲−雲雷の計数が少ないことが期待される。

表 4.2 ドイツにおける雷計数結果

地域	1カウンタの年間平均カウント数 $\dot{n}$	年間 km^2 当りの雲-大地雷 $\dot{n}_e''$
Schleswig-Holstein	2 860	約 1.1
Franken	5 630	2.2
Donaugebiet	6 110	2.4
Oberpfalz	6 210	2.4
Voralpenland	7 580	3.0

4.3 雷位置検知

　約100万km^{2}の地域における雷の位置と時点を記録するために，雷位置検出システムが開発された．それらは，それぞれ約数百km離れて設置された，少なくとも3個所のアンテナステーションからなり，アンテナステーションからのデータを電話または電波で，データ処理装置及び種々の表示装置を有する中央ステーションに送る．アンテナステーションでは雷によって放散された雷-電磁インパルス（LEMPs）を検出する．基本的に異なる，2種類の雷位置検出原理がある．一方のシステム［磁界方向検出システム］は交差した磁界方位アンテナを設置したアンテナステーションを用い，検出したLEMPから方向線を求める（図4.6）．3本の交差線から「方向検知三角形」ができる．その中，またはその近くに雷放電点がある．

　他の一つのシステム［到達時間検出システム］では，方向性のない電界アンテナを用い，個々のステーションでのLEMPsの出現時間の差（概略0.1～1 000 μs）を測定する（図4.7）．

　これらの値から，複雑な球-双曲線式と，半径が到達時間に比例する雷放電位置までの距離に等しい方向探知円を用い，「方向探知三角形」を求める．その中またはその近傍に雷放電点がある．これらの雷位置検出では，もちろん方位誤差を考えねばならない．図4.6，図4.7からわかるように，記録された雷位置が「方向探知三角形」の外側であることも起こり得る．誤差は信号測定精度，またはアンテナ周辺の電界歪の影響及び大地構造に依存するLEMPの減衰によ

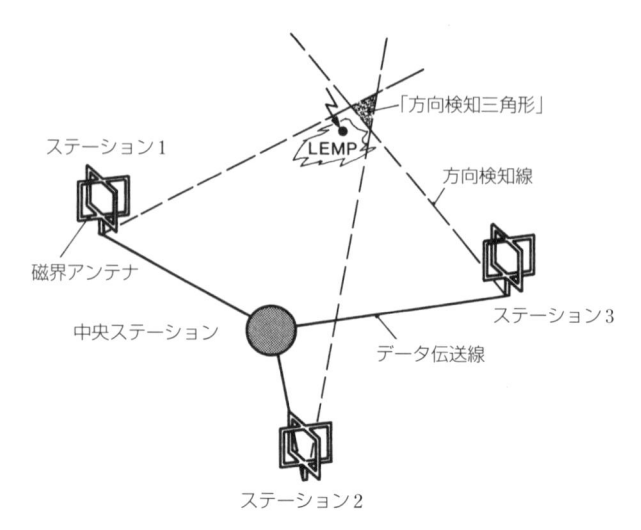

図 4.6 交差した磁界方位アンテナによる雷位置検知（磁界方向検出システム）

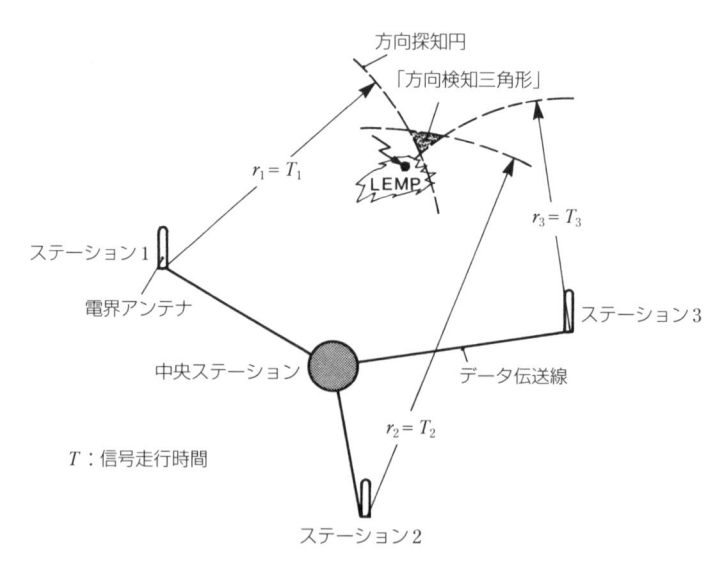

図 4.7 無方向性電界アンテナを用いたステーション間信号走行時間差測定による雷位置検知（到達時間検出システム）

って生ずる。

　LEMPの減衰は特にLEMPの伝播速度と光速とのずれを引き起こす。誤差を小さくするために，各位置のアンテナを非常に注意深く調整する。実際には，3個所以上の最少所要アンテナステーションを設置し，それらの信号から最も確実な落雷点をより高い精度で計算する。中でも，磁界方位システムは数年来，スウェーデンとメキシコで，電界方位システムはフロリダとオランダで試験されている。

　雷方位測定を用いて，様々な目標が追求される。例えば，雷雨の進行方向と速度が図式的に表示され，雷セルからの雷発生度を研究し，雷の巣を探り出し，特に大きな領域で予期される年間落雷密度の統計が得られる。電力供給会社，電話会社，及び保険会社は，例えば検知し得る弱点において，保護対策目標を明らかにするために，損害発生または運転障害と雷活動の間の関係を求めることに関心を有している。

4.4 落雷頻度

　年間，km^{2}当りの雲−大地雷数は，国際標準化されたCIGREカウンタステーション（4.2節参照）を用いるか，または近似的に，その地域の雷雨日数レベルを10で割って得られる（4.1節参照）。中部ヨーロッパでは雲−大地雷の年間平均数はkm^{2}当りおよそ1〜3回である。

　Eriksonにより示された式を用いて，約100 mまでの高さの建物が落雷を受ける頻度を見積もることができる。

　平均して予期される年間落雷数は次式で示される。

$$\dot{n}_h = 2.4 \cdot 10^{-5} \cdot \dot{n}_e'' \cdot h^{2.05} \quad （年間）$$

　　　$\dot{n}_e''$：年間km^{2}当りの雲−大地雷数
　　　h：建物の高さ（m）

　予期される最大，最小落雷数は平均値に対して係数3以下の範囲で異なる。平地における，高さ約100 m以上の物体，及び山頂のような著しく暴露された

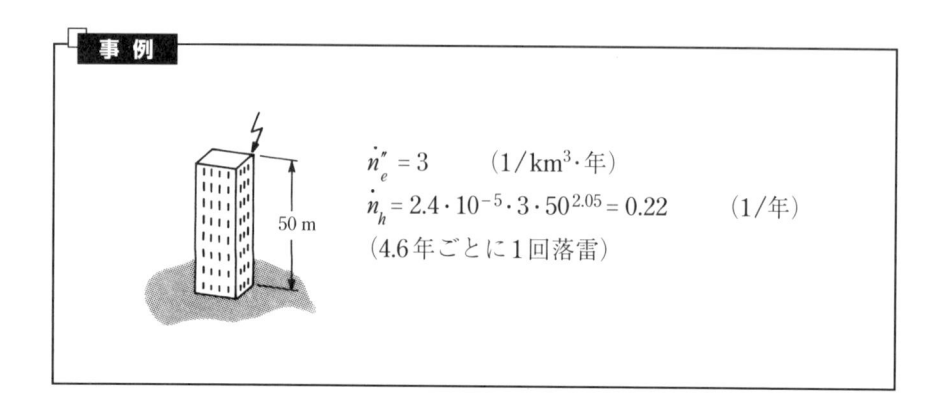

事例

$\dot{n}_e'' = 3$ (1/km³·年)
$\dot{n}_h = 2.4 \cdot 10^{-5} \cdot 3 \cdot 50^{2.05} = 0.22$ (1/年)
(4.6年ごとに1回落雷)

50 m

場所では雲–大地雷のほかに大地–雲雷も考慮に入れなければならない。したがって高さ150 m以上の送信塔では年間数十回の落雷を予期しなければならない。これは上式で得られる値よりもはるかに大きな落雷回数である。

4.5 雷警報

　現在の技術レベルでは，雷位置検出システム（4.3節）により，例えば空港，爆発物取り扱い工場，軍事施設等に関係のある最も広範囲の雷警報が得られる可能性がある。いくつかの国では，顧客に対して適切な情報を提供するシステムが既に構成され，または建設中である。これらの大きな空間の，高価な雷観測と雷警報とは別に，例えば爆発物工場等で雷により危険にさらされる作業を適切な時期に中止することができるようにするために，発生する可能性のある雷を，雷鳴の聞こえる範囲内で，客観的に通報するローカル雷警報装置についての要求がしばしば提起される。

　ローカル雷警報の最も簡単な方法は，観測者に雷を観測させ，時計を用いて雷光と雷鳴の間隔を計ることである。雷から15 kmまでの距離は，雷鳴の可聴範囲である。雷光と雷鳴間の時間（秒数）に音の速度330 m/sを掛ければ，雷の距離がm単位で得られる。雷雲の進行速度を考慮すると，この方法による警報時間は通常30分以下である。ケネディ宇宙センターでは，雷鳴の聞こえた雷の80%が観測者により検出されなかったことが確かめられた。このことから，

4. 落雷頻度と警報

観測される雷のうち，距離が大となるほど誤警報の確率が高くなることがわかる。雷警報は電子式測定器の導入によって，客観的なものとなる。次に，最も頻繁に実用化され，比較的わずかな費用で実現される組合せについて述べる。

・フィールドミル（図 4.8）を用いた電界測定
・500 Hz の CIGRE カウンタを用いた雷記録

フィールドミルを用いた電界測定においては，観測地点の地上電界強度の時間的経過から，確実な推定を引き出すことが可能である。正に帯電したイオン電離層によって誘起される，晴天時地上電界強度は，地表にて約 + 130 V/m である。この弱い正電界強度が 0 点を通過し負になると，比較的大きな確度で雷の接近を推定し得る（2.2 節参照）。通常，電界が反転してから，10 〜 20 分後に観測点の雷を予測することができる。

雷セル下の大地電界強度は，陸地では負または正で約 10 kV/m に達する。+ 500 V/m の電界強度は，晴天時電界強度を既に著しく超えており，近傍に雷

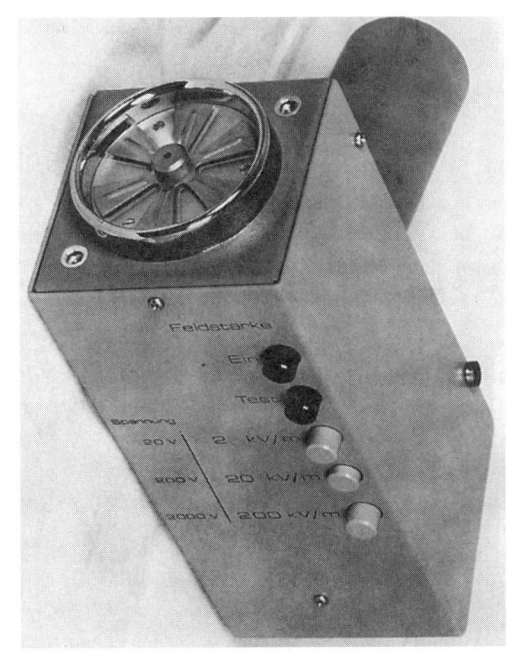

図 **4.8** フィールドミル（Kleinwächter 社）

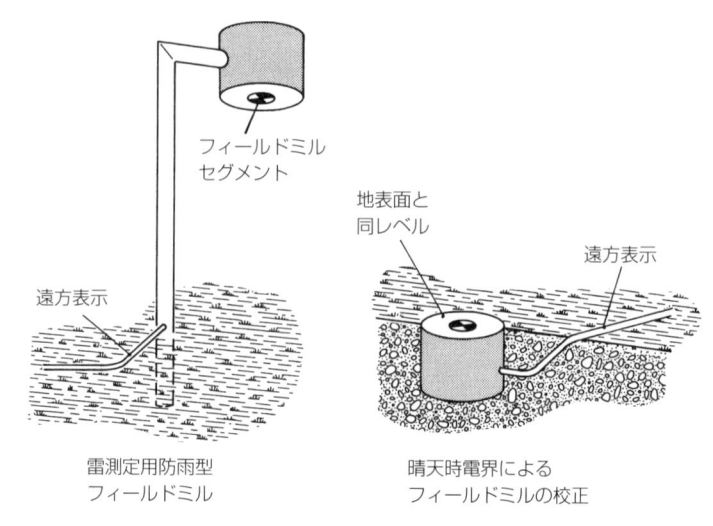

図**4.9** フィールドミルの校正

セルが存在することを判断する基準となる。図4.9はフィールドミルの，目的に適した，合理的な防雨構造の設置方法を示している。フィールドミルの最も簡単な校正方法は，晴天時の電界を用いて行われる。この場合，校正するフィールドミルの指示値を，地中に埋設して平坦な地表面と同一平面にそろえたフィールドミルの指示値に合わせる。

CIGREカウンタ（4.2節参照）による雷計数の場合，雷によって惹起される過渡的な電界強度のうち，500 Hz成分を選択，測定する。カウンタの平均的な検出距離は，約20 kmであり，雷鳴が聞こえる距離よりやや大きい。最初の雷は通常，雲雷であるため，雲雷のカウント率が比較的高いCIGREカウンタは雷警報のために適している。

上述の測定装置（フィールドミルと雷カウンタ）を用いて，個々の要求に適した警報装置を構成することができる。ウプサラ大学高電圧研究所の提案に従い，次のような仕様とすることも可能であろう。

・第1警報は電界強度が±1 kV/mを超えた段階
・第2警報は電界強度が±2 kV/mを超え，毎分1回または毎分2回以上の雷計数を超えた段階

終わりに，次の点に言及しておかねばならない。すなわち，どんな警報システムでも予期されない落雷（いわゆる青天の霹靂）を確実に除くことはできない。ただ，予期されない落雷数を著しく低減することができる（代表的な概略値で100分の1）。

5 落雷の電流特性値

落雷の中には，雲-大地雷及び大地-雲雷が含まれる。

5.1 基本的な雷電流波形

雲-大地雷は，図5.1にまとめられた代表的な雷電流波形を示し，次の要素からなる。

- 正または負のインパルス電流で，代表的な電流最大値 i_{max} が数十kA，継続時間 $T_s < 2\,\text{ms}$（部分図①）
- 約100A，持続時間 $T_l < 500\,\text{ms}$ の持続電流を伴った，部分図①によるインパルス電流（部分図②）
- 部分図①による最初の負パルス電流と，代表的な電流最大値 i_{max} が約10 kA（この値は最初のインパルス電流の i_{max} より小さい）の従属インパルス電流を含む，比較的多くの部分雷撃からなる負の連続インパルス電流（多重雷）部分雷撃間の休止時間 T_p は100 msより小さい（部分図③）。
- 部分図③による負の連続インパルス電流であって，部分図②に示すように持続電流が重畳される（部分図④）。

高い建物や，山頂にのみ発生する大地-雲雷は図5.2にまとめた代表的な雷電流波形を示し，次の要素からなる。

- 代表値約100 Aで，継続時間 $T_l < 500\,\text{ms}$ の正または負の持続電流（部分図⑤）
- 部分図⑤による持続電流に図5.1の部分図①～④による雲-大地雷の一つが

5. 落雷の電流特性値 65

①
i_{max}, $\pm i$, T_s, t

② インパルス電流 $\pm i$　持続電流 $\pm I$　T_l

持続電流を伴う正または負極性インパルス電流

③ インパルス電流1 $-i$　インパルス電流2 $-i$　インパルス電流 n $-i$
休止期間 T_p

負極性多重雷

④ インパルス電流1 $-i$　インパルス電流2 $-i$　インパルス電流3 $-i$
持続電流 $-I$

持続電流を伴う負極性多重雷

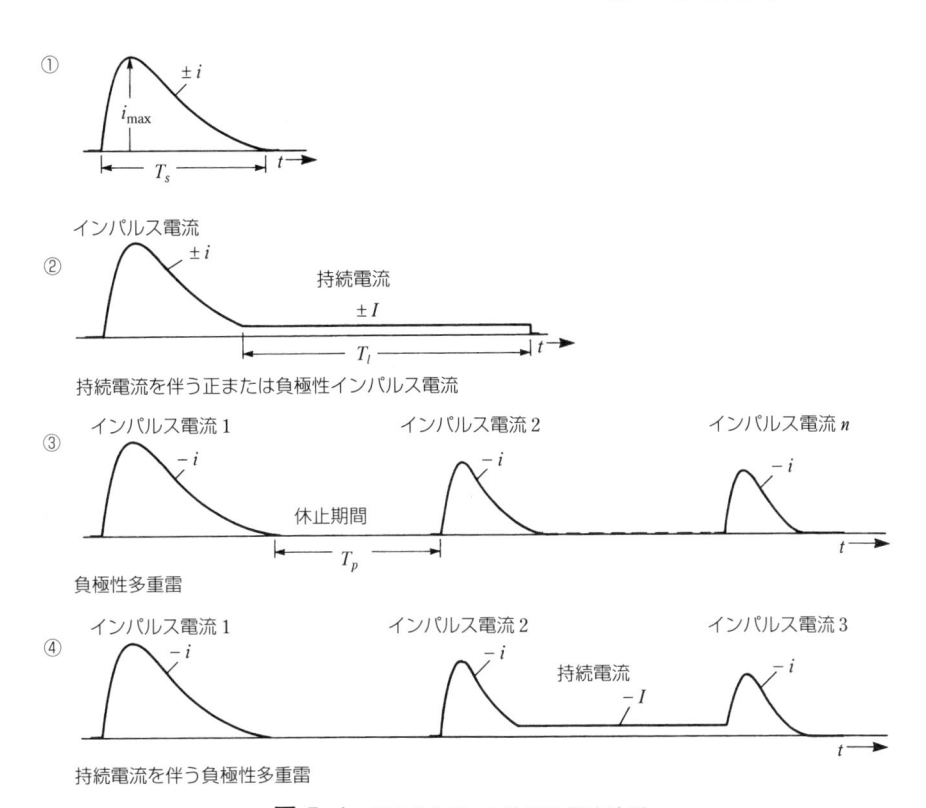

図5.1 代表的な雲-大地雷の電流波形

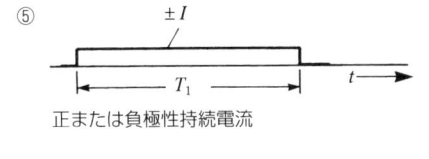

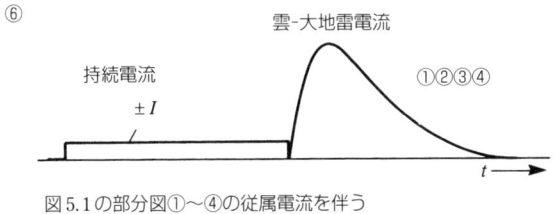

⑤ $\pm I$　T_1　t

正または負極性持続電流

⑥ 持続電流 $\pm I$　雲-大地雷電流　①②③④　t

図5.1の部分図①〜④の従属電流を伴う
正または負極性持続電流

図5.2 代表的な大地-雲雷の電流波形

| 正または負極性インパルス電流 | 負極性従属電流 | 正または負極性持続電流 |

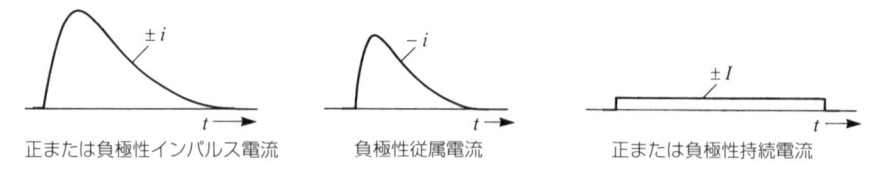

図5.3 研究室でシミュレートされる雷電流の要素

従属する。

研究所での試験の目的で発生される雷電流（15章参照）の代表的な波形は図5.3に示されるものの単独，または組合せである。

- 図5.1の部分図①及び②のインパルス電流，または部分図③及び④の最初のインパルス電流をシミュレートするための，正または負のインパルス電流
- 図5.1の部分図③及び④の従属雷インパルス電流をシミュレートするための負の従属電流
- 図5.1の部分図②及び④，図5.2の部分図⑤及び⑥の持続電流をシミュレートするための，正または負の直流電流

5.2 雷電流の作用パラメータ

インパルス電流及び，場合によっては持続電流から構成される雷電流は著しく「型にはまった」電流であって，被雷物体にはほとんど影響されない。次に，図5.1及び図5.2に分類される極めて多様な雷電流波形から，雷保護技術に特に重要な四つの作用パラメータを取り上げる。

1) A単位の雷電流最大値 $i_{\max}$ で，負極性多重雷では，インパルス電流が最初に到達する値である。
2) Asないしは C単位の雷電流の電荷であって次のように分類される。
    - インパルス電流電荷 Q_s；これは雷のインパルス電流要素の時間積分によって求められる。
    - 持続雷電流電荷 Q_l；これは雷の持続電流要素の時間積分によって求め

られる。

3) 雷電流の固有エネルギー W/R，これは電流 2 乗インパルス積分 $\int i^2 dt$ と同義で，J/Ω または $A^2 s$ の単位で示される。
この作用パラメータは，雷のインパルス電流要素の電流 2 乗積分によって求められる。持続電流の影響は無視できる。

4) 電流立ち上がり部分の電流峻度 $\Delta i/\Delta t$，これは A/s の単位で示され，Δt の時間作用する。この作用パラメータは，波形上でそれぞれ微小な電流差 ΔI を，それに対応する時間差 Δt で割った商として得られる。負極性雷では第 1 雷撃と従属雷撃の電流峻度は異なる。

以下，それぞれの作用パラメータがどのような効果に影響を有し，雷保護装置のどの寸法の限界値の根拠となっているかについて示す。この場合，雷保護装置の保護効果要求レベルを，通常，高度，及び極度に区別する。通常レベルは例えば住宅，農家，通常の工場設備において妥当とされる。高度レベルは爆発性の設備，または爆発性材料を扱う設備において妥当とされる。極度レベルは制御されない雷によって予想もつかない結果が生ずる，高度の技術設備，例えば原子力発電所において妥当とされる。

確率図の X 軸を指数関数尺度とすれば，雲-大地雷の作用パラメータの分布は，ほぼ正規分布に従うことが実証される。

5.3 雷電流の最大値

雷電流の最大値 i_{max} は特に雷撃を受けた建物の接地抵抗 R_E に発生する最大電圧降下 U_{max}，すなわち遠方の接地に対する建物の電位上昇の尺度となる（図 5.4）。

$$U_{max} = i_{max} \cdot R_E \quad (V)$$

i_{max}：雷電流の最大値（A）
R_E：接地抵抗（Ω）

R_E の計算については，11 章で述べる。雷保護設備の設計に対して表 5.1 にま

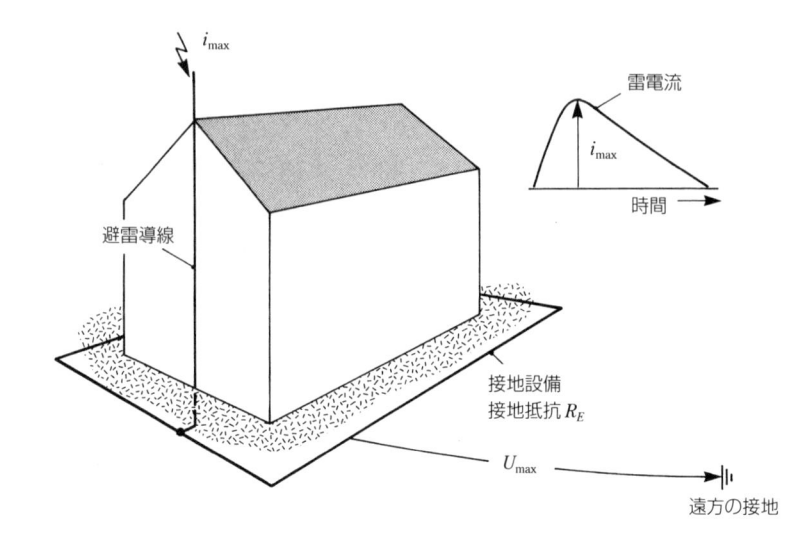

図 5.4 雷電流最大値による遠方接地に対する電位上昇

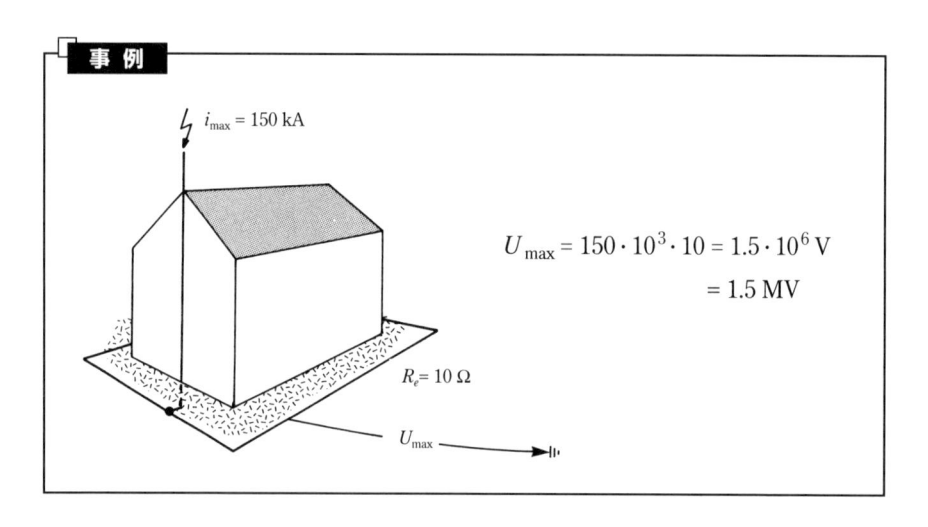

事例

$i_{max} = 150 \text{ kA}$

$R_e = 10 \text{ Ω}$

$$U_{max} = 150 \cdot 10^3 \cdot 10 = 1.5 \cdot 10^6 \text{ V}$$
$$= 1.5 \text{ MV}$$

とめた雷電流最大値の限界値が用いられる。この値は，正または負極性インパルス電流（第1雷撃）と等しい（図5.1及び図5.2参照）。これらの値は特にCIGRE–Organ Electra（4.2節参照）によりまとめられた測定結果から得られた。これらの値はまた，国際電気技術委員会の技術委員会81（IEC TC81）の規定

5. 落雷の電流特性値

表 5.1 雷電流最大値 i_{max} の限界値

要求レベル	i_{max} の限界値
通常	100
高度	150
極度	200

の根拠となった値，及び防衛機器規定 DIN VG 96 901 Part 4 のデータと合致する。

5.4 雷電流の電荷

雷電流の電荷，$Q = \int i dt$ は，落雷の際に，雷電流がアークの形で落雷点及び絶縁された経路を通過するときに発生するエネルギー量 W の重要な尺度である。この電荷は，例えば避雷針尖端，航空機のアルミニウム外板，または保護用火花放電ギャップの電極を溶融する作用がある。アーク放電の基点に発生するエネルギー量は，電荷とミクロンオーダの微小領域に発生するアノードまたはカソード電圧降下 $U_{A,K}$ の積である。アノードまたはカソード電圧降下 $U_{A,K}$ は雷電流の電流値と電流波形によって決まり，平均して数十 V である（図 5.5）。

$W = Q \cdot U_{A,K}$ （J）

Q：雷電流電荷（As）
$U_{A,K}$：アノードまたはカソード電圧降下（V）

雷保護装置の設計には表 5.2 にまとめた電荷限界値が用いられる。これらの値は，特に CIGRE-Organ Electra（4.2 節参照）によりまとめられた測定結果から得られた。これらの値はまた，国際電気技術委員会の技術委員会 81（IEC TC81）の規定の根拠となった値，及び防衛機器規定 DIN VG 96 901 Part 4 のデータと合致する。インパルス電流電荷の作用時間は 2 ms 以下で，持続電流電荷の作用時間は約 0.5 s である。

「アークエネルギー W がすべて金属の溶融に消費され，溶融金属が概略 10

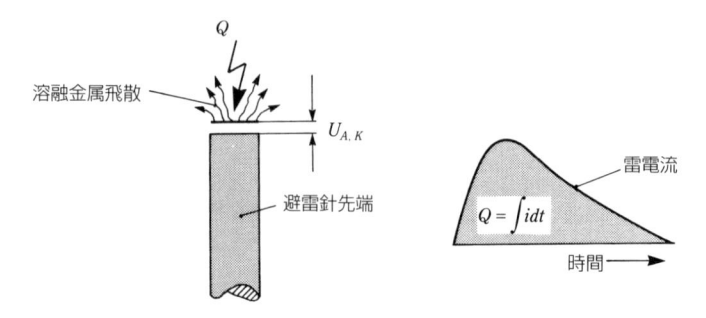

図 5.5 雷電流電荷による落雷点のエネルギー量

表 5.2 雷電流の電荷 Q の限界値

要求レベル	Q の限界値（As）	
	インパルス電流電荷	持続電流電荷
通常	50	100
高度	75	150
極度	100	200

MPaに達するアーク圧力によって飛散する」という簡略化した仮定を用い，アノードまたはカソード電圧降下 $U_{A,K}$ が一定とすれば，溶融金属の体積 V は次式により計算される。

$$V = \frac{W}{\gamma} \cdot \frac{1}{c_w \cdot (\vartheta_s - \vartheta_u) + c_s} \quad (\mathrm{m}^3)$$

W：アークエネルギー（J）
γ：密度（kg/m³）
c_w：熱容量（J/kg·K）
ϑ_s：融点（℃）
ϑ_u：周囲温度（℃）
c_s：融解熱（J/kg）

雷保護技術に関して特に重要な金属，アルミニウム，鉄，及び銅について，

5. 落雷の電流特性値

表5.3 金属の特性値

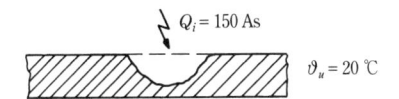

特性値	アルミニウム	鉄	銅
γ (kg/m^3)	2 700	7 700	8 920
ϑ_s (℃)	658	1 530	1 080
c_s (J/kg)	$397 \cdot 10^3$	$272 \cdot 10^3$	$209 \cdot 10^3$
c_w (J/kg·K)	908	469	385

事例

Q_i = 150 As
ϑ_u = 20 ℃

$U_{A,K}$に対して平均値30 Vを用いた。

$W = 30 \cdot 150 = 4\,500$ J

アルミニウム $V = \dfrac{4\,500}{2\,700} \cdot \dfrac{1}{908\,(658-20)+397\cdot 10^3} = 1.7 \cdot 10^{-6}\,\mathrm{m}^3 = 1.7\,\mathrm{cm}^3$

鉄　　　　 $V = 0.60\,\mathrm{cm}^3$
銅　　　　 $V = 0.82\,\mathrm{cm}^3$

上述の計算式の計算に必要な特性値を表5.3にまとめた。

Brickの研究によれば，電荷Qによって最悪の場合，貫通孔の生じ得るアルミニウム板の限界材料厚さS_{limit}は次式で与えられる。この最悪のケースは，およそ10 msの電流継続時間において生ずる。

$$S_{\mathrm{limit}} = 2 \cdot \ln \dfrac{Q}{6} \quad (\mathrm{mm})$$

Q：電荷（As）

> **事例**
>
> アルミニウム　　$Q_{10\,ms}$ = 150 As
>
> $S \leq S_{\text{limit}}$
>
> $S_{\text{limit}} = 2 \cdot \ln \dfrac{150}{6} = 6.4 \text{ mm}$

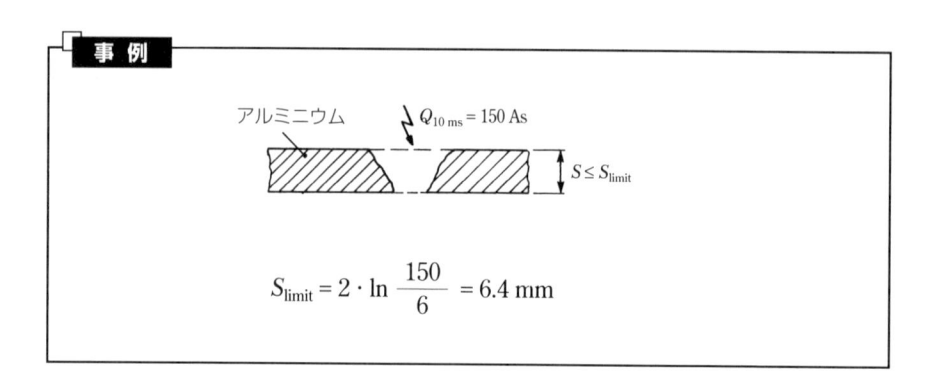

ミュンヘン防衛大学の高圧実験室における研究によれば，インパルス電流電荷Q_sではなく，作用時間約0.5 sの持続雷電流電荷Q_lが，金属板穿孔に対して決定的影響をもつ。この場合次の結果が得られた。

Q_l = 100 Asの場合，1.5 mm厚のスチール板，真鍮板，銅板，2 mm厚のアルミニウム板は常に穿孔された。この場合，孔径は4～12 mmとなる。Q_l = 200 Asの場合，2 mm厚の鋼板，真鍮板，銅板及び2.5 mm厚のアルミニウム板は常に穿孔された。この場合，鋼，真鍮及び銅板の孔径は約4～12 mm，アルミニウム板では約7～13 mmであった。アルミニウム板は3 mm厚でも，約25％が，溶融貫通した。

5.5　雷電流の固有エネルギー

抵抗値Rの導線に電流iを流したときの消費エネルギーは$W = R \cdot \int i^2 dt$であり，$\int i^2 dt$を雷電流の固有エネルギーと名づけ，雷電流が流れることによる金属導体の温度上昇及び電磁力学的作用の尺度とする（図5.6）。

雷保護装置設計のために，表5.4にまとめた固有エネルギー限界値が用いられる。これらの値は特にCIGRE-ORGAN Electra（4.2節参照）によりまとめられた測定結果から得られた。これらの値はまた，国際電気技術委員会の技術委員会81（IEC TC81）の規定の根拠となった値，及び防衛機器規定DIN VG 96 901 Part 4のデータと合致する。

5. 落雷の電流特性値　　73

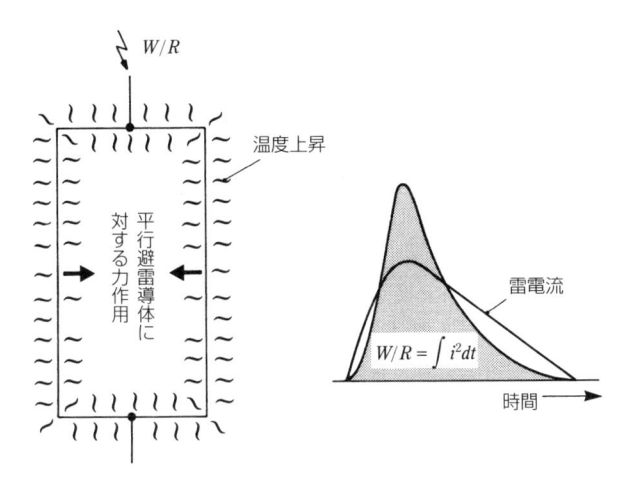

図 5.6 雷電流の固有エネルギーによる温度上昇と力作用

事例

$W/R = 5.6\,\mathrm{MJ}/\Omega$

$R = 1\,\Omega$

抵抗で変換されるエネルギー

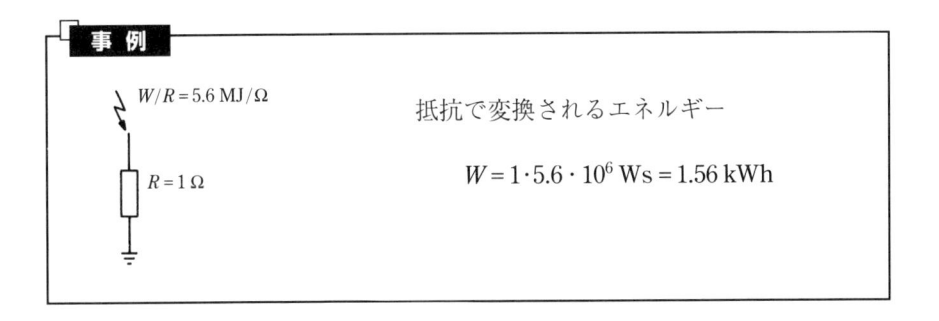

$W = 1 \cdot 5.6 \cdot 10^6\,\mathrm{Ws} = 1.56\,\mathrm{kWh}$

表 5.4 雷電流固有エネルギー W/R の限界値

要求レベル	W/R の限界値（MJ/Ω または $(\mathrm{kA})^2 \cdot \mathrm{s}$）
通　常	2.5
高　度	5.6
極　度	10

5.5.1　導線の温度上昇

抵抗値 R の導線で変換されるエネルギーは次式による。

表5.5 材料特性値

特性値	アルミニウム	鉄	銅
ρ (Ωm)	$29 \cdot 10^{-9}$	$120 \cdot 10^{-9}$	$17.8 \cdot 10^{-9}$
α (1/K)	$4.0 \cdot 10^{-3}$	$6.5 \cdot 10^{-3}$	$3.92 \cdot 10^{-3}$

$$W = R \cdot \frac{W}{R} \quad (\text{J})$$

R:(温度に依存する)導線の直流抵抗(Ω)

W/R:固有エネルギー(J/Ω)

雷電流またはその分岐電流による導線温度上昇の計算には,Steinbiglerが実証したように,表皮効果は十分無視できる。すなわち,あらゆる材料の導電導体の電流分布を均等とみなし得る。更に短時間の導体と周囲間の温度平衡は無視し得る。したがって任意の断面積の導線の温度上昇$\Delta\vartheta$は次式を用いて十分正確に決定し得る。

$$\Delta\vartheta = \frac{1}{\alpha}\left(\exp\frac{\frac{W}{R}\cdot\alpha\cdot\rho}{q^2\cdot\gamma\cdot c_w} - 1\right) \quad (\text{K})$$

α:抵抗の温度計数(1/K)

ρ:周囲温度における固有抵抗(Ωm)

q:導線断面積(m^2)

γ:密度(kg/m^3)

c_w:熱容量(J/kg・K)

表5.3,表5.5に,雷保護技術に関し特に重要な金属,アルミニウム,鉄,銅に対して,上述の計算に必要な特性値が示されている。

表5.6には,通常用いられる導線断面積に対し,W/Rの種々の値を用いて上式により得られた温度上昇をまとめた。

通常の場合,2〜300K程度の温度上昇は容認される。

事例

$W/R = 5.6 \text{ MJ}/\Omega$
$q = 16 \text{ mm}^2$
銅

$$\Delta\vartheta = \frac{1}{3.92 \cdot 10^{-3}} \left(\exp \frac{5.6 \cdot 10^6 \cdot 3.92 \cdot 10^{-3} \cdot 17.8 \cdot 10^{-9}}{\left(16 \cdot 10^{-6}\right)^2 \cdot 8920 \cdot 385} - 1 \right) = 143 \text{ K}$$

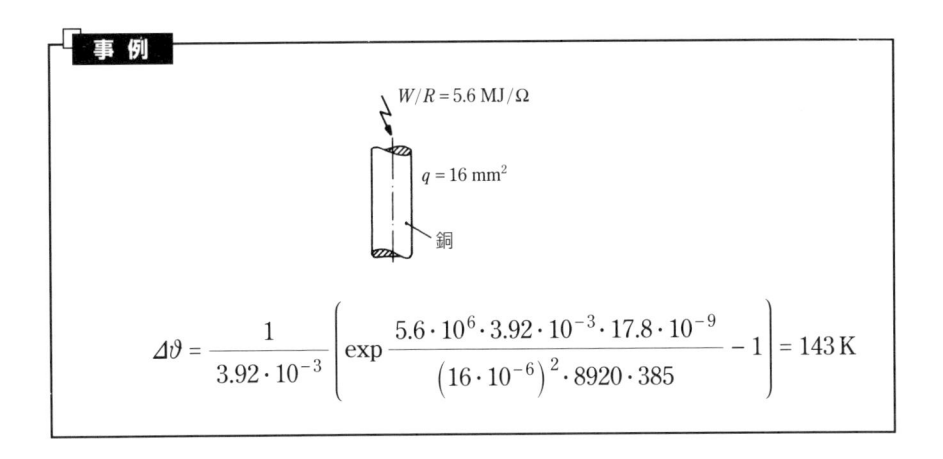

表 5.6 種々の導線材料における温度上昇 $\Delta\vartheta$ (K)

q (mm^2)	アルミニウム W/R			鉄 W/R			銅 W/R		
	2.5	5.6	10	2.5	5.6	10	2.5	5.6	10
4	*	*	*	*	*	*	*	*	*
10	564	*	*	*	*	*	169	542	*
16	146	454	*	1 120	*	*	56	143	309
25	52	132	283	211	913	*	22	51	98
50	12	28	52	37	96	211	5	12	22
100	3	7	12	9	20	37	1	3	5

*溶融または蒸発

5.5.2 導線に対する力作用

持続電流が流れているときは，電流の2乗に比例する電磁力が電流の流れる導線に加わるが，インパルス電流のように，導線の機械的振動周期に対して非常に短時間の電流作用の場合には，電流2乗インパルス $\int i^2 dt$，したがって雷電流の固有エネルギー W/R に比例するインパルス力が重要となる。

例えば平行に配線された導線には，それぞれに，雷電流の1/2が流れ，したがって電流2乗インパルスは1/4となり，長手方向インパルス力 $\left(\int F \cdot dt\right)'$ に

よって互いに引き寄せられる（図5.7）。

$$\left(\int F \cdot dt\right)' = \frac{10^{-7}}{S} \cdot \frac{W/R}{2} \qquad (\text{Ns/m})$$

S：導線間隔（m）
W/R：固有エネルギー（J/Ω）

　雷電流の流れるループは広がろうとする傾向がある。支持されたロッドの長手方向に垂直な雷チャネルができると，雷チャネル軸を引き伸ばす方向のインパルス力が加わる（図5.8）。

　垂直の雷チャネルは物理的理由から，水平に支持されたロッドを含め，アーク半径rの弓形の形状で近似される。インパルス力に対し，次式が成り立つ。

$$\int F \cdot dt = 10^{-7} \cdot \frac{W}{R} \cdot \ln\frac{l+r}{r} \qquad (\text{Ns})$$

近似的に$r = l/100$とおけば，

$$\int F \cdot dt = 4.6 \cdot 10^{-7} \cdot W/R \quad (\text{Ns})$$

W/R：固有エネルギー（J/Ω）
l：ロッドの長さ（m）

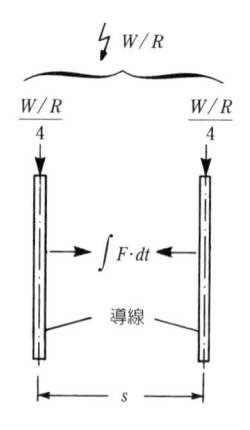

図 **5.7**　平行な，同方向電流の流れる導線間インパルス力

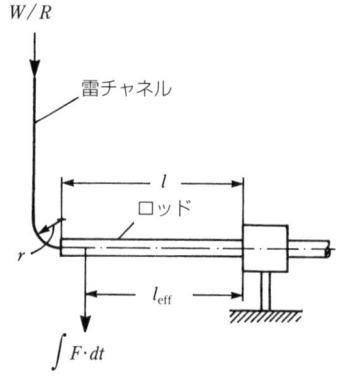

図 **5.8**　支持されたロッドに加わるインパルス力

5. 落雷の電流特性値

事例

$W/R = 5.6\ \text{MJ}/\Omega$

$1.4\ \text{MJ}/\Omega$ $1.4\ \text{MJ}/\Omega$

$\int F \cdot dt$

10 cm, 1 m

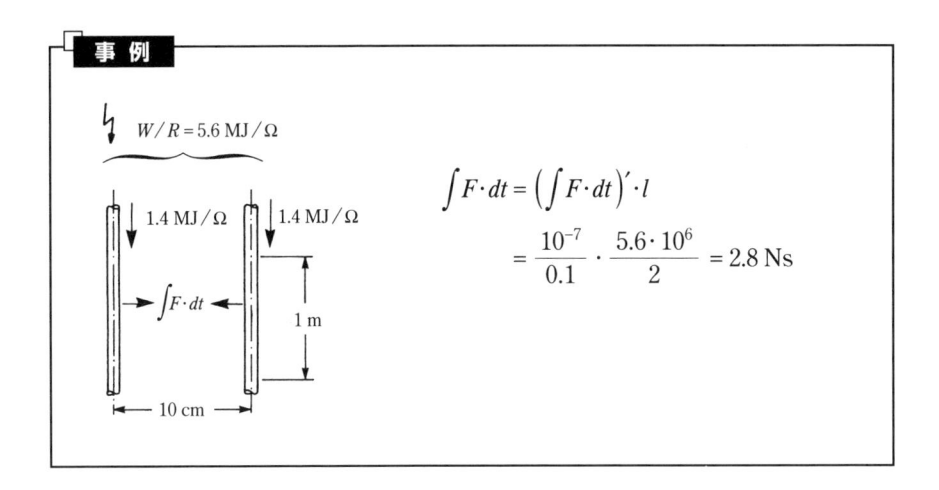

$$\int F \cdot dt = \left(\int F \cdot dt\right)' \cdot l$$

$$= \frac{10^{-7}}{0.1} \cdot \frac{5.6 \cdot 10^6}{2} = 2.8\ \text{Ns}$$

事例

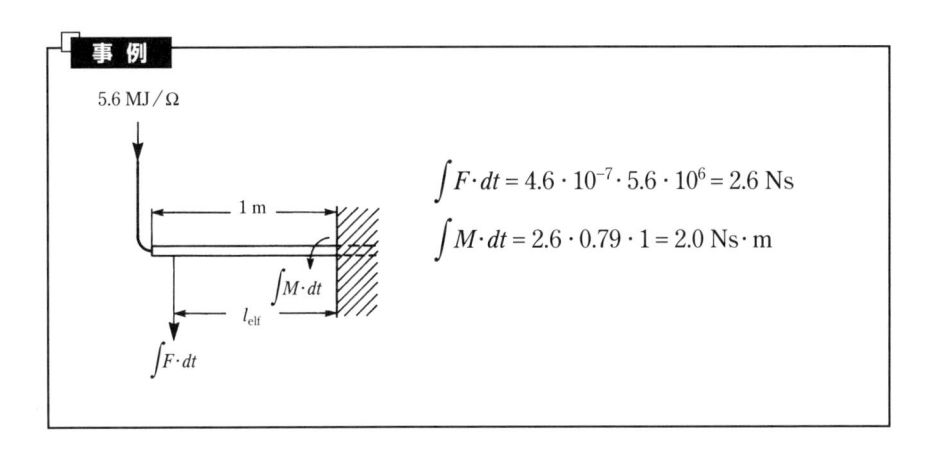

$5.6\ \text{MJ}/\Omega$

1 m, l_{eff}, $\int M \cdot dt$, $\int F \cdot dt$

$$\int F \cdot dt = 4.6 \cdot 10^{-7} \cdot 5.6 \cdot 10^6 = 2.6\ \text{Ns}$$

$$\int M \cdot dt = 2.6 \cdot 0.79 \cdot 1 = 2.0\ \text{Ns} \cdot \text{m}$$

$r =$ アーク半径   (m)

結果的には,このインパルス力はレバーアームの支点に加わる。

$l_{\text{eff}} = 0.79 \cdot l$

したがって,次のインパルス状回転モーメントが発生する。

$$\int M \cdot dt = \left(\int F \cdot dt\right) \cdot l_{\text{eff}} \quad (\text{Ns} \cdot \text{m})$$

事例

$$l_{\text{eff}} = 0.79 \cdot l = 0.79 \text{ m}$$

$$h = \frac{\left(\int Fdt\right)^2}{m^2 \cdot 2 \cdot g} = \frac{2.6^2}{1^2 \cdot 2 \cdot 9.81} = 0.345 \text{ m}$$

$\int F \cdot dt = 2.6$ Ns

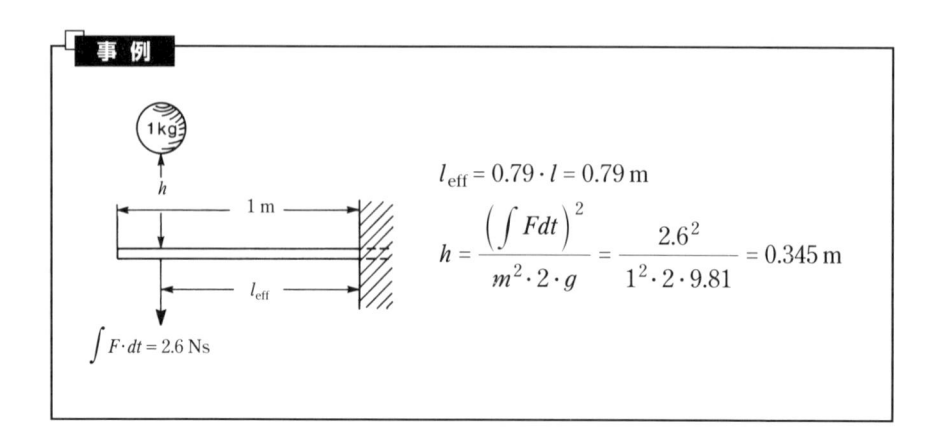

$\int F \cdot dt$：インパルス力（Ns）
l_{eff}：レバーアーム（m）

以下，インパルス力の概念について，機械的な類似のケースを用いて説明する。質量 m の物体が高さ h から自由落下して，衝突すれば，次のインパルス力が発生する。

$$\int F \cdot dt = m\sqrt{2 \cdot g \cdot h} \quad \text{(Ns)}$$

m：質量（kg）
g：重力加速度　9.81 m/s^2
h：落下高さ（m）

したがって，試験の目的で，固有エネルギーの電磁力の作用を落下する錘で模擬することができる。普通は，電磁力の作用は，あまり重要な意味をもたない。

5.6　雷電流の峻度

雷電流の立ち上がり部分の，時間 Δt の間の電流峻度 $\Delta i / \Delta t$ は，雷電流の流れる導体の周辺にある設備内の開路，または閉路に電磁誘導による高電圧を発

5. 落雷の電流特性値

生する原因となる。

時間 Δt の間，金属ループに磁気的に誘起される矩形波電圧 U は次式で示される（図5.9）。

$$U = M \cdot \frac{\Delta i}{\Delta t} \quad (\text{V})$$

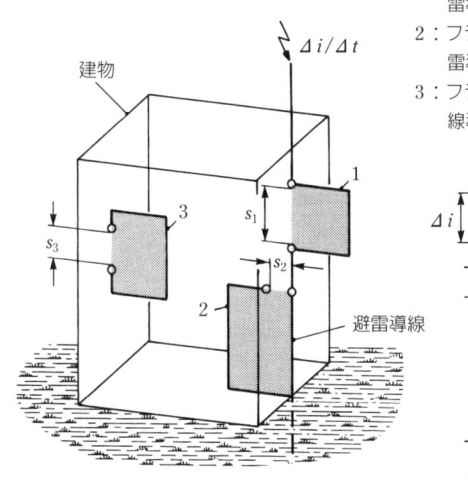

1：フラッシュオーバの可能性のある区間 s_1 を含む避雷導体のループ
2：フラッシュオーバの可能性のある区間 s_2 を含む避雷導体と設備導体からなるループ
3：フラッシュオーバの可能性のある区間 s_3 を含む配線導体のループ

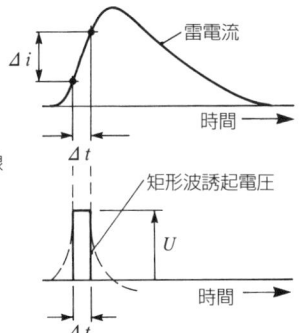

図5.9 雷電流の峻度 $\Delta i / \Delta t$ により導体ループに誘起される矩形波電圧

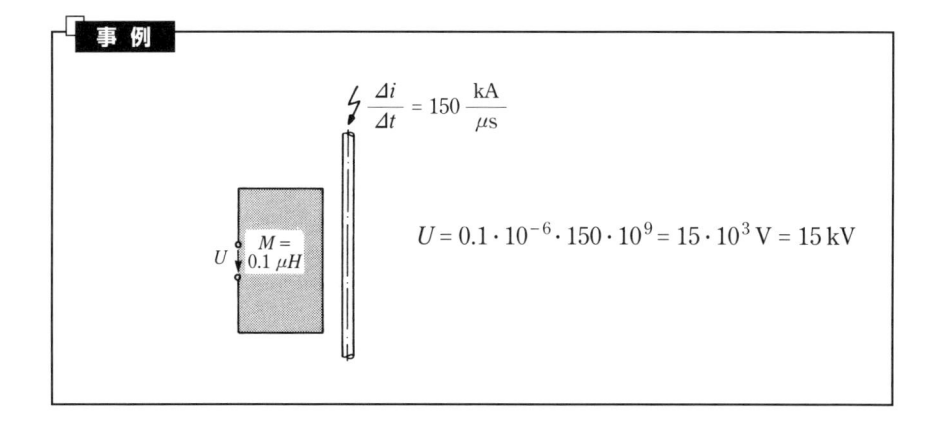

事例

$$\frac{\Delta i}{\Delta t} = 150 \frac{\text{kA}}{\mu\text{s}}$$

$M = 0.1\ \mu H$

$$U = 0.1 \cdot 10^{-6} \cdot 150 \cdot 10^9 = 15 \cdot 10^3\ \text{V} = 15\ \text{kV}$$

表5.7 雷電流峻度 $\Delta i/\Delta t$ の限界値

要求レベル	$\Delta i/\Delta t$ の限界値（kA/μs）	
	第1雷撃	負極性従属雷撃
通常	10 ⎫	100 ⎫
高度	15 ⎬ $\Delta t = 10\ \mu$s	150 ⎬ $\Delta t = 0.25\ \mu$s
極度	20 ⎭	200 ⎭

M：ループの相互インダクタンス（H）
$\Delta i/\Delta t$：電流峻度（A/s）

Mの計算については6.2節で述べる。

雷保護装置の設計のために，表5.7に示す，時間Δtの間有効な，電流峻度$\Delta i/\Delta t$の限界値が用いられる。

これらの値は特にCIGRE-ORGAN Electra（4.2節参照）によりまとめられた測定結果から得られた。これらの値はまた，国際電気技術委員会の技術委員会81（IEC TC81）の規定の根拠となった値，及び防衛機器規定DIN VG 96 901 Part 4のデータと合致する。

5.7 雷電流波形解析

5.3～5.6節に示された電流特性値をもつ正または負の部分雷電流，及び負の従属雷電流のインパルス電流成分iは，Heidlerの提案により，次の関数として示される。

$$i = \frac{i_{\max}}{\eta} \frac{(t/T)^{10}}{1+(t/T)^{10}} \cdot e^{-t/\tau} \qquad \text{(A)} \qquad t \geq 0$$

$i_{\max}$：雷電流最大値（A）
η：係数
t：時間（s）
T：波頭時定数（s）

τ：波尾時定数（S）

正または負の第1雷撃電流に対して，

$\eta = 0.930$
$T = 19.0~\mu\text{s}$
$\tau = 485~\mu\text{s}$

図5.10は，上式によるインパルス電流波形を示す。$i_{\max}$は要求レベルにより，100，150，200 kAとする（5.3節参照）。波頭長T_1は10 μs，波尾長T_2は350 μs

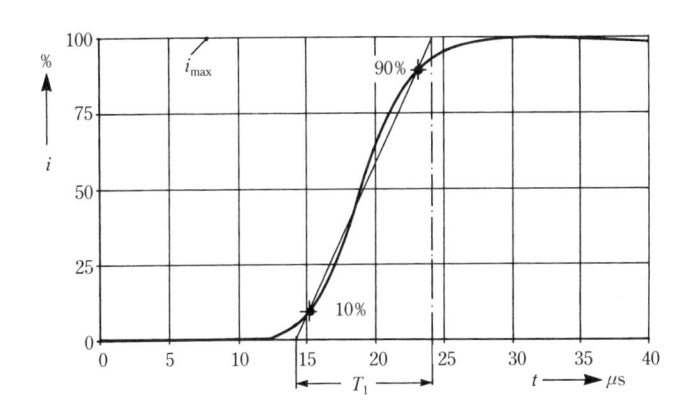

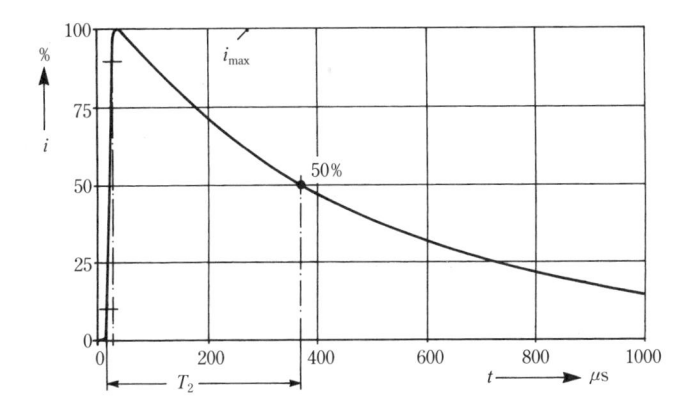

図 5.10 正または負極性第1インパルス電流の時間的経過

表 5.8 図5.7に示すインパルス電流の特性値

要求レベル	i_{max} (kA)	Q (As)	W/R (MJ/Ω)	$\Delta i/\Delta t = i_{max}/T_1$ (kA/μs)
通常	100	50	2.5	10
高度	150	75	5.6	15
極度	200	100	10	20

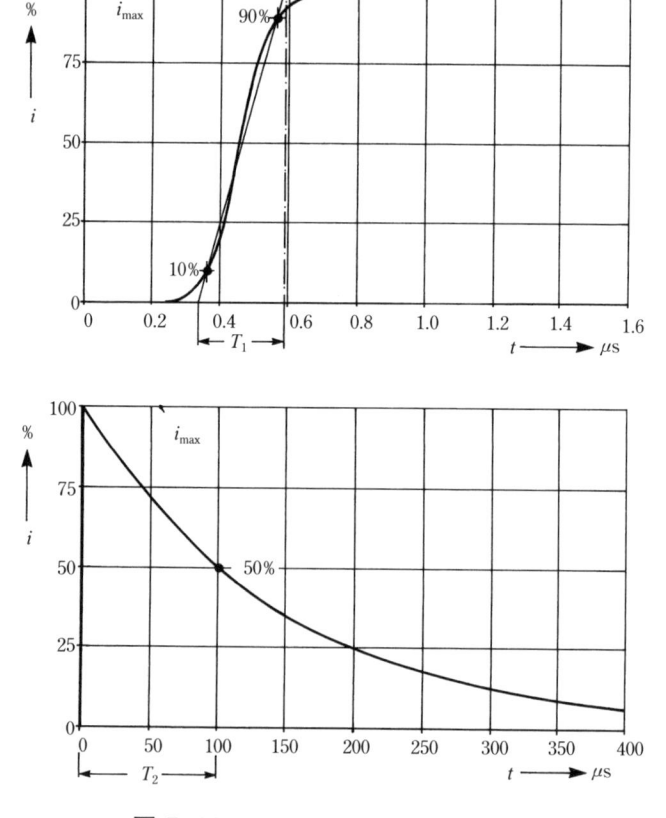

図 5.11 負極性従属雷電流の時間的経過

表5.9 図5.11に示すインパルス電流の特性値

要求レベル	i_{max} (kA)	$\Delta i/\Delta t = i_{max}/T_1$ (kA/μs)
通常	25	100
高度	37.5	150
極度	50	200

表5.10 持続電流の特性値

要求レベル	Q_1 (As)	i (A)	T (s)
通常	100	200	
高度	150	300	0.5
極度	200	400	

である(定義:図5.10)。

これらの電流特性値は表5.8にまとめられている。負の従属インパルス電流に対して,

$\eta = 0.993$

$T = 0.454 \ \mu$s

$\tau = 143 \ \mu$s

図5.11は,上式によるインパルス電流波形を示す。i_{max}は要求レベルにより,25,37.5または50 kAとする。波頭長T_1は0.25 μs,波尾長T_2は100 μsである(定義:図5.11)。これらの電流特性値は,電流峻度に関して,表5.9にまとめられている。

持続電流は持続時間Tの一定電流矩形波で近似される。特性値は表5.10に示される。

6 磁界

6.1 近傍領域の磁界

　雷電流の流れる導線の近傍には，雷電流の大きな最大値による比較的大きな磁界と，雷電流立ち上がり期間中の急速な電流変化による比較的大きな磁界変化が発生する。最悪のケースとして，雷電流の流れる無限長の垂直導体を仮定すれば，雷電流と磁界の関係は次のようになる。

$$H = i/2\pi s \quad (\text{A/m})$$

したがって，磁界強度最大値は，

$$H_{max} = i_{max}/2\pi s \quad (\text{A/m})$$

時間Δtの間有効な磁界変化$\Delta H/\Delta t$に関し，

$$\frac{\Delta H}{\Delta t} = \frac{\Delta i/\Delta t}{2\pi s} \quad \left(\frac{\text{A/m}}{\text{s}}\right)$$

　　　i：雷電流（A）
　　　i_{max}：雷電流最大値（A）
　　　$\Delta i/\Delta t$：雷電流変化（A/s）
　　　s：雷電流の流れる垂直導体からの水平間隔（m）

　この式を用いて，およそ100 mの間隔まで計算することができる。より大き

6. 磁界

な距離までこの数式を摘用すると，H_{max}と$\Delta H / \Delta t$に対してやや高い値が生ずる。磁界変化$\Delta H / \Delta t$は金属ループ中の磁気誘導作用の原因となる。誘起されるループ電圧は，ループと雷電流の流れる導体間の相互インダクタンスMにより決定される（6.2節参照）。

5.7節に示された，第1雷撃及び負極性従属雷撃のインパルス電流に対する解析電流波形を基礎とすれば，近接領域の，距離に関係する磁界の振幅密度スペクトラムを求めることができる。この場合，要求レベル"極度"における，第1雷撃インパルス電流に対し，

$$i_1 = \frac{200}{0.930} \cdot \frac{(t/19.0)^{10}}{1+(t/19.0)^{10}} \cdot e^{-t/485} \quad (\text{kA})$$

従属雷撃インパルス電流に対し，

$$i_2 = \frac{50}{0.993} \cdot \frac{(t/0.454)^{10}}{1+(t/0.454)^{10}} \cdot e^{-t/143} \quad (\text{kA})$$

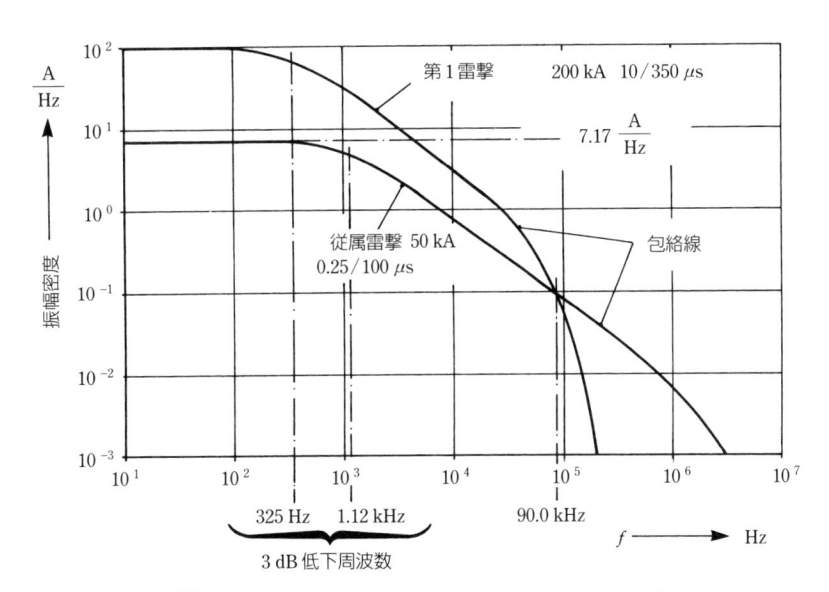

t：時間　（μs）

図 6.1 雷電流の振幅密度（第1雷撃及び従属雷撃）

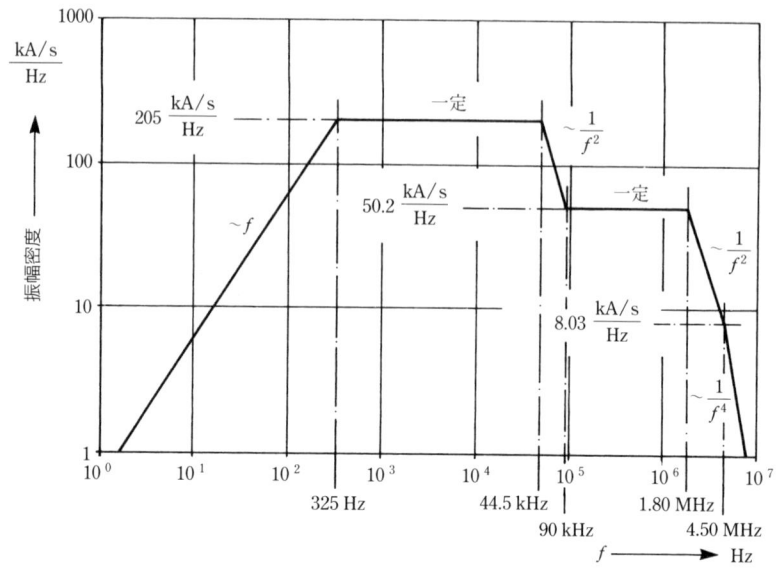

図 6.2 雷電流変化の理想化した振幅密度
（図 6.1 による第 1 雷撃電流 200 kA 10/350 μs，
従属雷撃電流 50 kA 0.25/100 μs の包絡線）

表 6.1 求められた雷電流変化の理想化した振幅密度スペクトラム特性値

周波数 f (Hz)	振幅密度 (kA/s/Hz)
< 325	$205 \cdot \dfrac{f}{325}$
$325 \cdots 44.5 \cdot 10^3$	205
$44.5 \cdot 10^3 \cdots 90.0 \cdot 10^3$	$205 \cdot \left(\dfrac{44.5 \cdot 10^3}{f}\right)^2$
$90.0 \cdot 10^3 \cdots 1.80 \cdot 10^6$	50.2
$1.80 \cdot 10^8 \cdots 4.50 \cdot 10^6$	$50.2 \cdot \left(\dfrac{1.80 \cdot 10^6}{f}\right)^2$
$> 4.50 \cdot 10^6$	$8.03 \cdot \left(\dfrac{4.50 \cdot 10^6}{f}\right)^4$

6. 磁界

図6.1に、要求レベル"極度"の場合の雷インパルス電流 i_1 及び i_2 ($i_{1/\max}$ = 200 kA；$i_{2/\max}$ = 50 kA) に対して、DIN VG 96 901 Part 4による振幅密度スペクトラム（fの関数 i/f）を示す。磁気誘導電圧は雷電流変化 di/dt に比例するので、電流変化（fの関数 $(di/dt)/f$）に対する振幅密度スペクトラムは特に重要である。このスペクトラムは、図6.1の電流に対する振幅密度スペクトラムに角周波数 $\omega = 2\pi f$ を掛けて得られる。図6.2に、要求レベル"極度"の場合の第1雷撃電流 i_1 及び従属雷撃電流 i_2 を合わせた想定波形の振幅密度スペクトラムを示す。表6.1は周波数区分ごとの振幅密度を示す。

6.2 ループの相互インダクタンスの計算

ループの相互インダクタンスがどのようにして計算されるかにつき、次に説明する。これらの計算は、金属導体ループに磁界によって誘起される電圧、電流を決定するための前提条件である。この方法は、ループに囲まれた面と、雷電流導線が同一の平面上にある最悪のケースに限定される。更に避雷導線とループの抵抗、インダクタンス値は一定値で時不変とする。これらの簡略化及び簡単な幾何学的構造の理想化した配置は、多くの場合、誘起電圧の評価に対して十分である。

第1段階で、避雷導線は直線状の部分片に分解される。オープンまたはクローズ状態の面 A は部分面 ΔA に分割される（図6.3）。第2段階で、各部分面

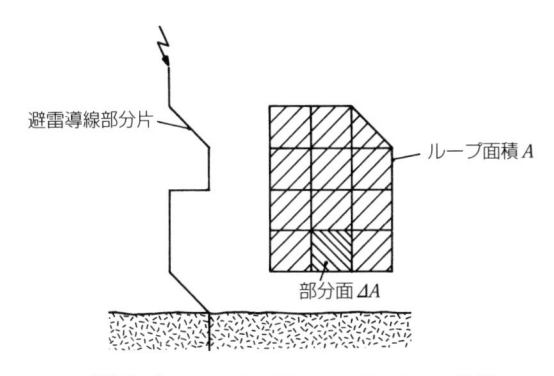

図 *6.3* ループの相互インダクタンス計算

ΔA とそれぞれの部分避雷導線で決まる部分面相互インダクタンス ΔM を求め，極性符号に従って加算する。個々の ΔM の極性符号を正しく指定するために，例えば次のように定める。

当該避雷導線を雷電流の方向に沿って見る。対象となるループの部分面が避雷導線部分片またはその延長線の左側にあるとき，ΔM の値を正とし，右側にあるとき，負とする。

X-Y 座標軸システムにて，長さ l の避雷導線部分片が，0点から X 軸に置かれ，部分面の面重心座標が x_0, y_0 の場合，部分面と避雷導線部分片との間の相互インダクタンスは次式で求められる（図6.4）。

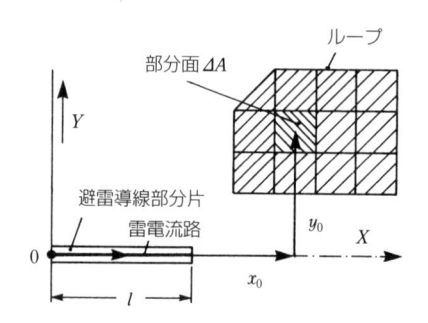

図6.4 避雷導線部分片によって決まる部分面インダクタンス ΔM の計算

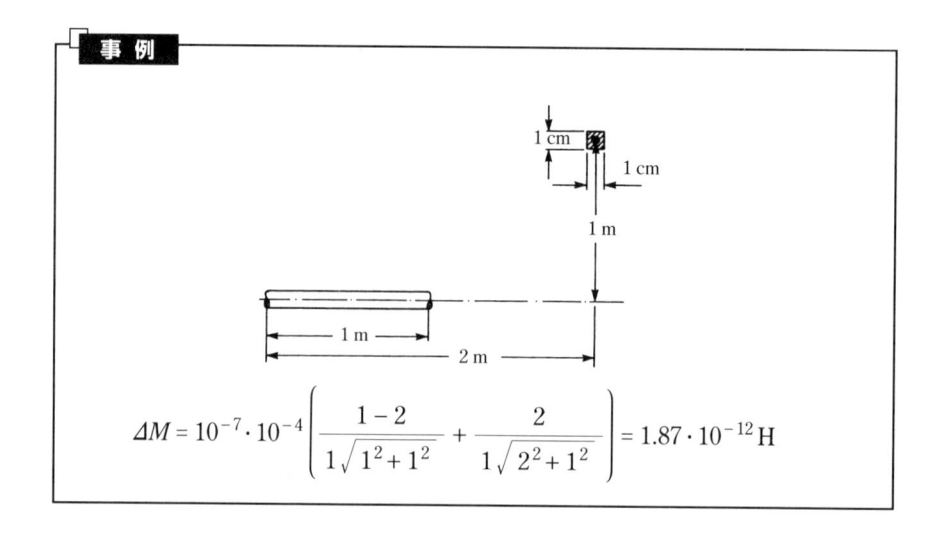

$$\Delta M = 10^{-7} \cdot 10^{-4} \left(\frac{1-2}{1\sqrt{1^2+1^2}} + \frac{2}{1\sqrt{2^2+1^2}} \right) = 1.87 \cdot 10^{-12} \mathrm{H}$$

$$\varDelta M = 10^{-7} \cdot \varDelta A \left(\frac{l-x_0}{y_0\sqrt{(l-x_0)^2+y_0^2}} + \frac{x_0}{y_0\sqrt{x_0^2+y_0^2}} \right) \quad \text{(H)}$$

$\varDelta A$：部分面積（m^2）

x_0, y_0：部分面$\varDelta A$の重心座標（m）

l：避雷導線部分片の長さ（m）

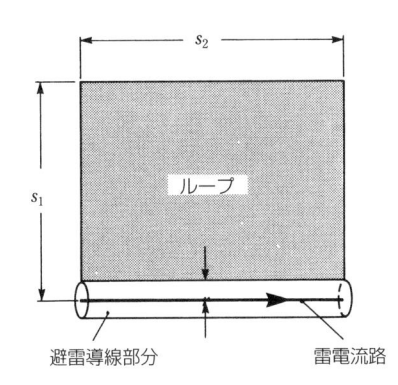

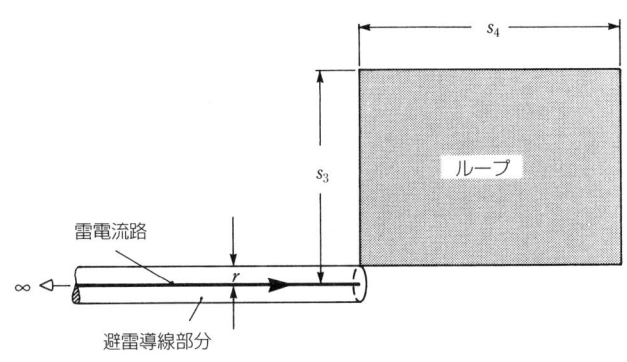

$$M_1 = 2 \cdot 10^{-7} \left(\sqrt{s_1^2+s_2^2} - \sqrt{s_2^2+r^2} + r - s_1 + s_2 \cdot \ln \frac{s_1\left(1+\sqrt{1+(r/s_2)^2}\right)}{r\left(1+\sqrt{1+(s_1/s_2)^2}\right)} \right) \quad \text{(H)}$$

$$M_2 = 10^{-7} \left(\sqrt{s_4^2+r^2} - \sqrt{s_3^2+s_4^2} + s_3 - r + s_4 \cdot \ln \frac{1+\sqrt{1+(s_3/s_4)^2}}{1+\sqrt{1+(r/s_4)^2}} \right) \quad \text{(H)}$$

図 6.5 重畳計算のための基本的ループ構造

第3段階で，すべての部分面ΔAとすべての避雷導線部分片との間で決まる，部分面相互インダクタンスΔMを加算し，ループの相互インダクタンスMを求める。

6.2.1 矩形ループに対する解析方法

矩形ループの相互インダクタンスの計算においては，図6.5に示す2種類の基本ループ構造から始めれば合理的である。これらのループを，導線とともに重畳することによって，任意の矩形ループの相互インダクタンスが得られる。ここでも極性符号に従う重畳が行われる。ループ面が，所属する避雷導線部分またはその延長の左側にある場合，M_1ないしM_2は正，ループ面が右側にある場合，負とする。

図6.6～図6.13に，一連の代表的なループ構造に対し，重畳法によって求めた相互インダクタンスをまとめた。これらの数値により誘起電圧が決定され，その結果，オープンループの場合にはその両端に発生する電圧，クローズドループの場合には誘起電流が得られる。

$$M = 0.2 \cdot b \cdot \ln \frac{a}{r} \quad (\mu H)$$

$a = 1\ \mathrm{m} \qquad b = 1\ \mathrm{m} \qquad c = 4\ \mathrm{mm}$

$$M = 0.2 \cdot 1 \cdot \ln \frac{1}{4 \cdot 10^{-3}} = 1.104\ \mu H$$

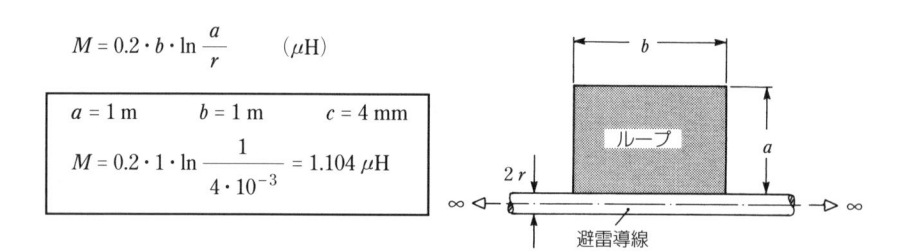

図6.6 避雷導線に沿った矩形ループ

$$M = 0.2 \cdot b \cdot \ln \frac{c}{a} \quad (\mu H)$$

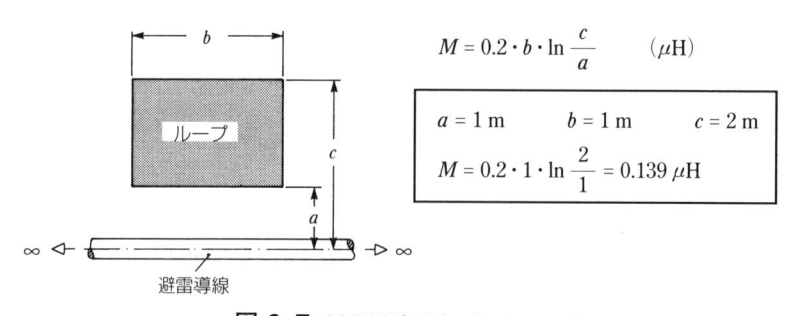

$a = 1\ \mathrm{m} \qquad b = 1\ \mathrm{m} \qquad c = 2\ \mathrm{m}$

$$M = 0.2 \cdot 1 \cdot \ln \frac{2}{1} = 0.139\ \mu H$$

図6.7 避雷導線近傍の矩形ループ

6. 磁 界

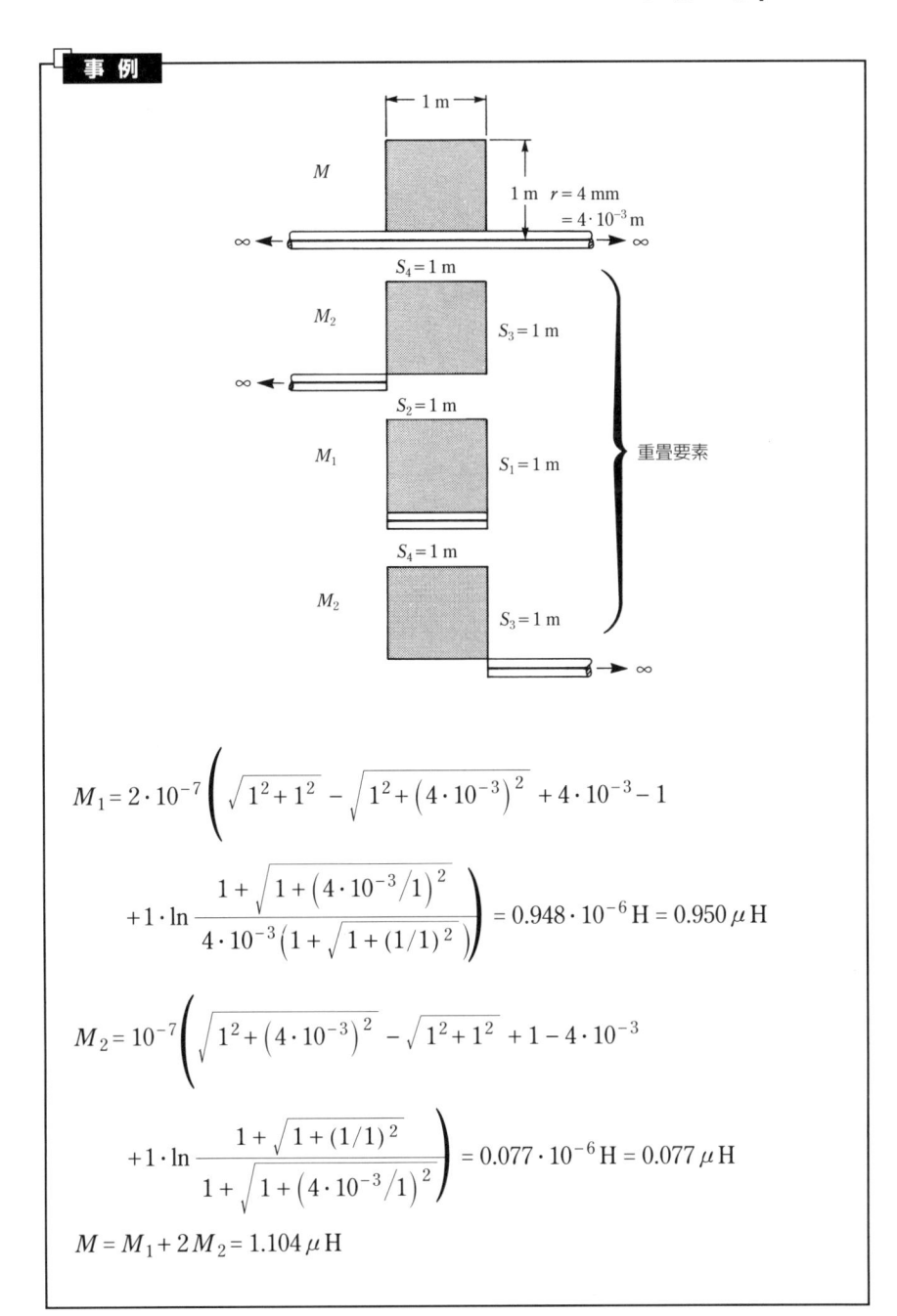

事 例

[図: 重畳要素を示す配置図。幅1m、$r = 4\text{ mm} = 4 \cdot 10^{-3}\text{ m}$ の導体。$S_1 = 1\text{ m}$, $S_2 = 1\text{ m}$, $S_3 = 1\text{ m}$, $S_4 = 1\text{ m}$、M_1, M_2 の位置関係]

$$M_1 = 2 \cdot 10^{-7} \left(\sqrt{1^2 + 1^2} - \sqrt{1^2 + \left(4 \cdot 10^{-3}\right)^2} + 4 \cdot 10^{-3} - 1 \right.$$

$$\left. + 1 \cdot \ln \frac{1 + \sqrt{1 + \left(4 \cdot 10^{-3}/1\right)^2}}{4 \cdot 10^{-3} \left(1 + \sqrt{1 + (1/1)^2}\right)} \right) = 0.948 \cdot 10^{-6}\text{ H} = 0.950\,\mu\text{H}$$

$$M_2 = 10^{-7} \left(\sqrt{1^2 + \left(4 \cdot 10^{-3}\right)^2} - \sqrt{1^2 + 1^2} + 1 - 4 \cdot 10^{-3} \right.$$

$$\left. + 1 \cdot \ln \frac{1 + \sqrt{1 + (1/1)^2}}{1 + \sqrt{1 + \left(4 \cdot 10^{-3}/1\right)^2}} \right) = 0.077 \cdot 10^{-6}\text{ H} = 0.077\,\mu\text{H}$$

$$M = M_1 + 2M_2 = 1.104\,\mu\text{H}$$

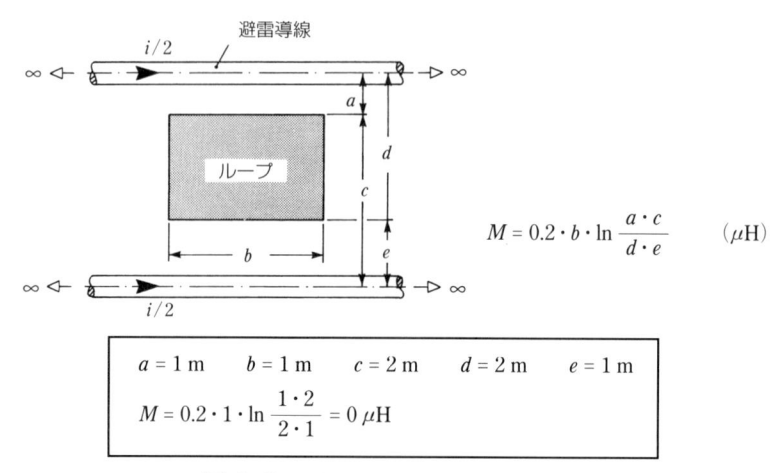

$$M = 0.2 \cdot b \cdot \ln \frac{a \cdot c}{d \cdot e} \quad (\mu\mathrm{H})$$

$a = 1\,\mathrm{m} \quad b = 1\,\mathrm{m} \quad c = 2\,\mathrm{m} \quad d = 2\,\mathrm{m} \quad e = 1\,\mathrm{m}$
$M = 0.2 \cdot 1 \cdot \ln \dfrac{1 \cdot 2}{2 \cdot 1} = 0\,\mu\mathrm{H}$

図 6.8 2本の避雷導線間の矩形ループ

$$M = 0.6 \sqrt{a^2 + b^2} - 0.6(a+b) + 0.4a \cdot \ln \frac{2b}{r\left[1 + \sqrt{1 + \left(\dfrac{b}{a}\right)^2}\right]}$$

$$+ 0.4b \cdot \ln \frac{2a}{r\left[1 + \sqrt{1 + \left(\dfrac{a}{b}\right)^2}\right]} + 0.1a \cdot \ln \frac{1 + \sqrt{1 + \left(\dfrac{b}{a}\right)^2}}{2}$$

$$+ 0.1b \cdot \ln \frac{1 + \sqrt{1 + \left(\dfrac{a}{b}\right)^2}}{2} \quad (\mu\mathrm{H})$$

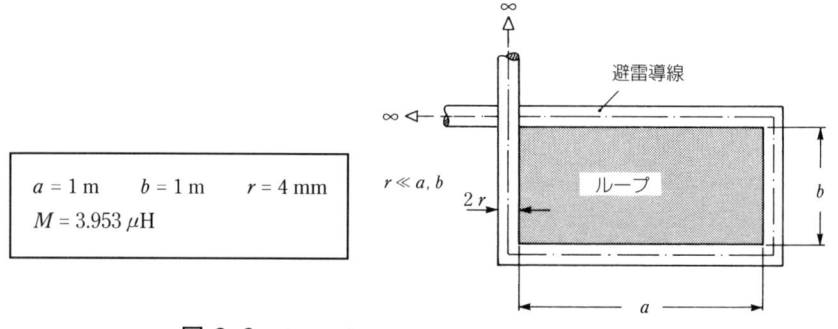

$a = 1\,\mathrm{m} \quad b = 1\,\mathrm{m} \quad r = 4\,\mathrm{mm}$
$M = 3.953\,\mu\mathrm{H}$

図 6.9 避雷導線によって構成される矩形ループ

6. 磁界

$$M = 0.2\sqrt{a^2+b^2} - 0.2(a+b) + 0.1a \cdot \ln \frac{2b^2}{r^2\left[1+\sqrt{1+\left(\frac{b}{a}\right)^2}\right]}$$

$$+ 0.1b \cdot \ln \frac{2a^2}{r^2\left[1+\sqrt{1+\left(\frac{a}{b}\right)^2}\right]} \quad (\mu\text{H})$$

$a = 1\,\text{m} \quad b = 1\,\text{m} \quad r = 4\,\text{mm}$
$M = 2.054\,\mu\text{H}$

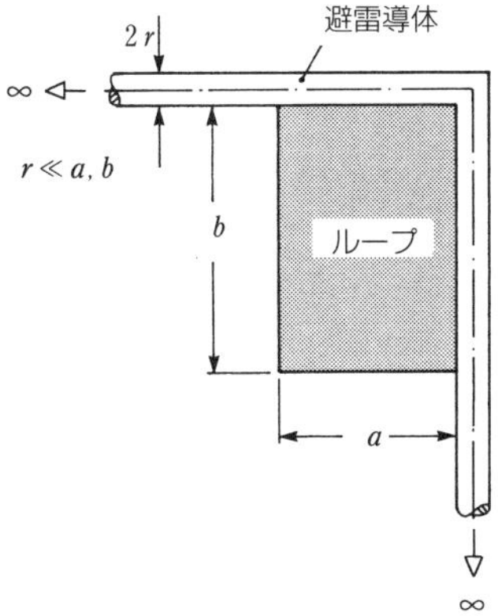

図 6.10 避雷導体角部の矩形ループ

$$M = 0.4\sqrt{a^2+b^2} - 0.4(a+b) + 0.2a \cdot \ln \frac{2b^2}{r2\left[1+\sqrt{1+\left(\frac{b}{a}\right)^2}\right]}$$

$$+ 0.2b \cdot \ln \frac{2a}{r\left[1+\sqrt{1+\left(\frac{a}{b}\right)^2}\right]} \quad (\mu\text{H})$$

$a = 1\,\text{m} \quad b = 1\,\text{m} \quad r = 4\,\text{mm}$
$M = 3.003\,\mu\text{H}$

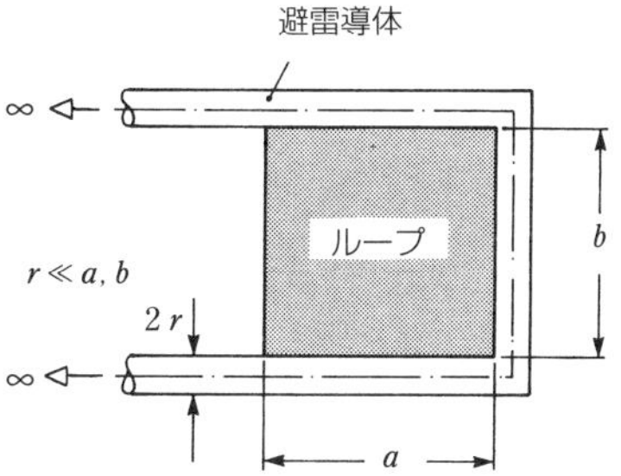

図 6.11 避雷導体凸部の矩形ループ

$$M = 0.8\sqrt{a^2+b^2} - 0.8(a+b)$$

$$+ 0.4a \cdot \ln \frac{2b}{r\left[1+\sqrt{1+\left(\frac{b}{a}\right)^2}\right]}$$

$$+ 0.2b \cdot \ln \frac{4a}{r\left[1+\sqrt{1+\left(\frac{a}{b}\right)^2}\right]} \quad (\mu\text{H})$$

$a = 1\,\text{m} \quad b = 1\,\text{m} \quad r = 4\,\text{mm}$
$M = 2.870\,\mu\text{H}$

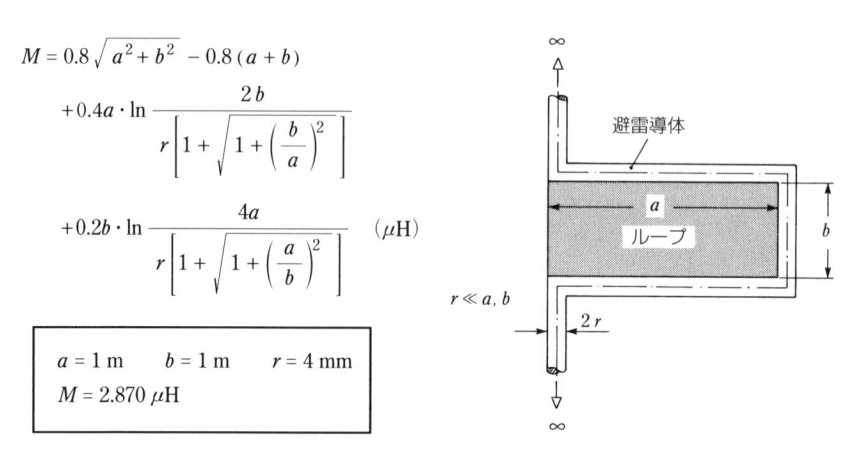

図 6.12 避雷導体凸部の矩形ループ

$a = 2\,\text{m} \quad b = 1\,\text{m} \quad c = 1\,\text{m} \quad d = 2\,\text{m}$
$M = 0.221\,\mu\text{H}$

$$M = 0.2\left(\sqrt{a^2+d^2} + \sqrt{b^2+c^2} - \sqrt{a^2+c^2} - \sqrt{b^2+d^2}\right)$$

$$+ 0.1a \cdot \ln \frac{d^2\left[1+\sqrt{1+\left(\frac{c}{a}\right)^2}\right]}{c^2\left[1+\sqrt{1+\left(\frac{d}{a}\right)^2}\right]} + 0.1b \cdot \ln \frac{c^2\left[1+\sqrt{1+\left(\frac{a}{b}\right)^2}\right]}{d^2\left[1+\sqrt{1+\left(\frac{c}{b}\right)^2}\right]}$$

$$+ 0.1c \cdot \ln \frac{b^2\left[1+\sqrt{1+\left(\frac{a}{c}\right)^2}\right]}{a^2\left[1+\sqrt{1+\left(\frac{b}{c}\right)^2}\right]} + 0.1d \cdot \ln \frac{a^2\left[1+\sqrt{1+\left(\frac{b}{d}\right)^2}\right]}{b^2\left[1+\sqrt{1+\left(\frac{a}{d}\right)^2}\right]} \quad (\mu\text{H})$$

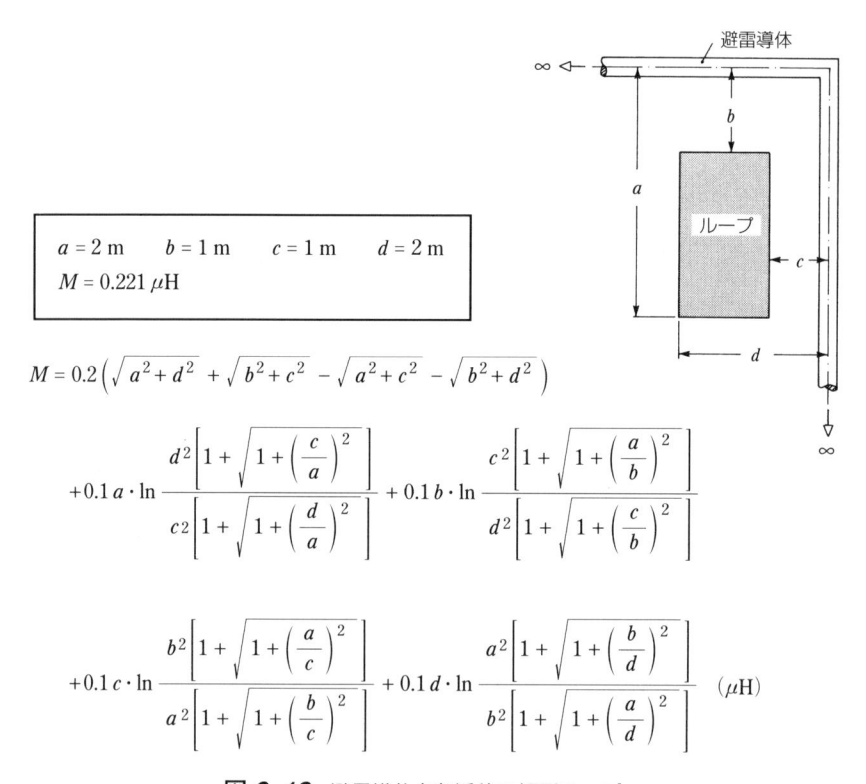

図 6.13 避雷導体角部近傍の矩形ループ

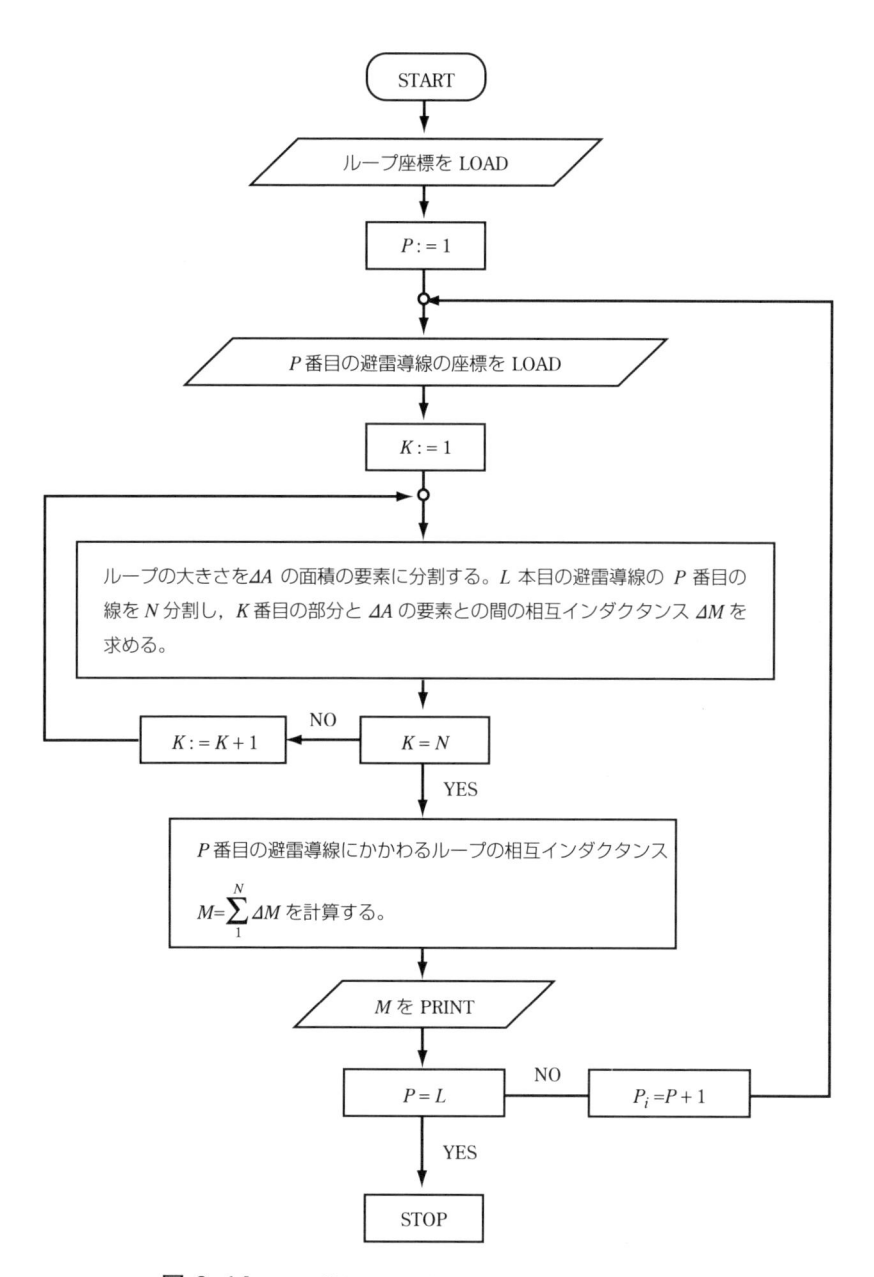

図 6.14 ループ相互インダクタンス計算用フローチャート

6.2.2 任意のループに対する計算方法

図6.14に，数値計算プログラムのフローチャートを示す。避雷導線における雷電流分布があらかじめわかっていれば，このチャートを用いて空間的に任意に配置されたループと，同じく任意に配置された避雷導線間の相互インダクタンスを計算することができる。

準備：
1. 平面ループを多角形に分解する。多角形のx, y, z座標を確定する。
2. L本の避雷導線について，順番号Pを付した個々の避雷導線への配分電流を決定する。
3. 個々の避雷導線をN個の直線部分に分解し，それぞれに順番号Kを付け，直線部分端の座標x, y, zを確定する。

6.3 電磁誘導電圧及び電流

5.6節及び6.1節に詳述したように，雷電流の磁界変化によって，雷保護等電位化のために雷保護装置と導電的に接続されている金属配管，配線ループ及び雷保護設備から絶縁されているループにも電圧が誘起される。電圧の大きさは，任意のループ構造に対して電流変化率$\Delta i / \Delta t$（5.6節参照）が既知の場合，相互インダクタンスM（6.2節参照）を用いて計算される。短絡ループの場合，（高い誘起電圧に起因する閃絡による短絡も含め）磁気誘導電圧による電流が流れる。ループのオーミック抵抗が無視できる場合，その短絡電流値は相互インダクタンスM及び自己インダクタンスLによって決まる。

過大な計算コストをかけずに，設備ループ例えば建物内部の配管，配線ループでどのような最大矩形波誘起電圧Uが見込まれるかを評価するために，6.3.1項に相互インダクタンスMに対して重要なループ構造図を示した。これらの相互インダクタンスは6.2節に示した数式によって計算することができる。この場合，ループは，雷電流の流れる無限長の避雷導線の近傍にあると仮定する。最大誘起電流$i_{i/\max}$を計算するためには，なお自己インダクタンスLの知識が必要である。したがって，矩形及び円形ループに対してLを求める式が示され

ている（6.3.2項）。

6.3.1 誘起電圧

無限長の雷電流導体と設備導線（例えば避雷導線を介して等電位母線と接続されている電子・機器の保護導線）で構成される正方形ループでは次の矩形波電圧が発生する。

$U = M_1 \cdot \Delta i / \Delta t$　　（kV）

　　M_1：ループの相互インダクタンス（μH）
　　$\Delta i / \Delta t$：雷電流導線の電流変化（kA/μs）

M_1はループの辺長aと雷電流導線の断面積qに関係し，図6.15から求められる。$\Delta i / \Delta t$は要求レベルに対応して表5.7から求められる。配管，配線導体で構成され，無限長の雷電流導線から絶縁された矩形ループでは次の矩形波電圧が発生する。

$U = M_2 \cdot \Delta i / \Delta t$　　（kV）

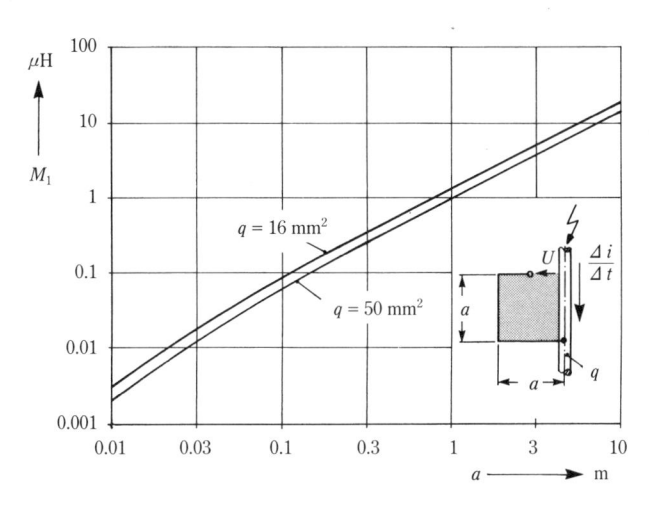

図 6.15 雷電流の流れる導体と，設備配線から構成される正方形ループに発生する矩形波電圧計算用相互インダクタンス M_1

事例

```
         10 m
    ┌──────────┐│  要求レベル「高度」
    │          U│
    │          │↓  Δi/Δt = 150 kA/μs
10 m│          │
    │          │
    └──────────┤
  電子設備保護導線  q = 50 mm²
```

図6.15から　$M_1 \fallingdotseq 16\ \mu\mathrm{H}$

$U = 16 \cdot 150 = 2\,400$ kV

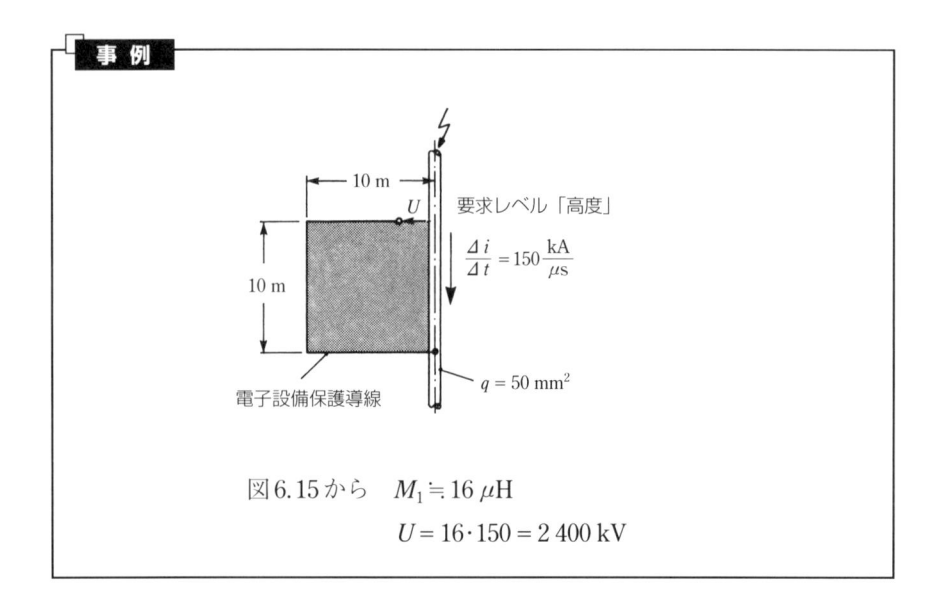

　　M_2：ループの相互インダクタンス（μH）

　　$\Delta i / \Delta t$：雷電流導線の電流変化率（kA/μs）

M_2はループの辺長 a，ループと雷電流導線の間隔 s に関係し，図6.16から求められる。$\Delta i / \Delta t$ は要求レベルに対応して表5.7から求められる。

　上述の，設備構造によって決まる平面状ループにおける誘導効果のほかに，例えば雷電流の流れる導線の周辺に，長く張られた，遮蔽のない電線の平行な芯線によって形成される，幅が非常に狭い，長いループも重要である。芯線間に生ずる「横電圧」と称する誘起電圧は特に電子機器に対して危険な場合がある。無限長の雷電流導線に対し，一定の間隔で平行に配置された，幅の狭い長いループでは次の矩形波電圧が発生する。

$$U = M_3' \cdot \Delta i / \Delta t \quad (\mathrm{V})$$

　　M_3'：芯線の長さによって決まるループ相互インダクタンス（μH/m）

　　l：配線用導線の長さ（m）

　　$\Delta i / \Delta t$：雷電流導線の電流変化（kA/μs）

6. 磁界 | 99

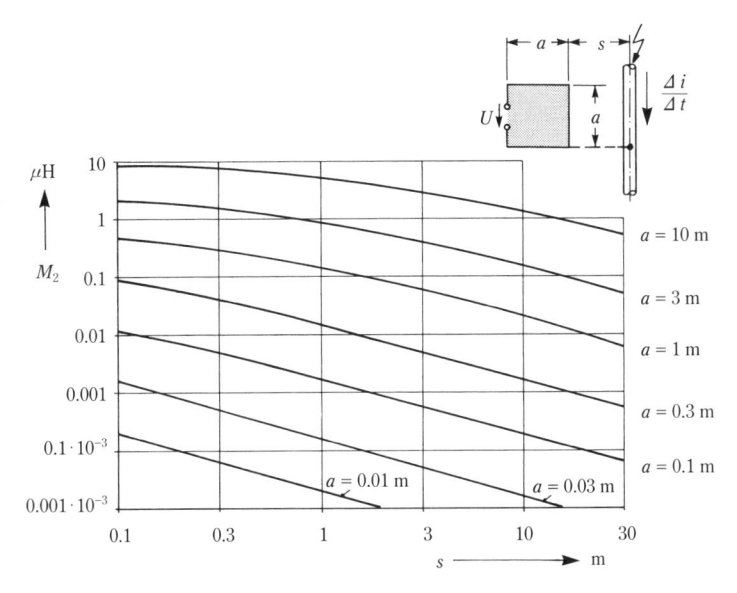

図 6.16 独立した設備用導線からなる正方形ループの矩形波電圧計算のための相互インダクタンス M_2
（ループと雷電流導線間の等電位線 - - - は M_2 に影響しない）

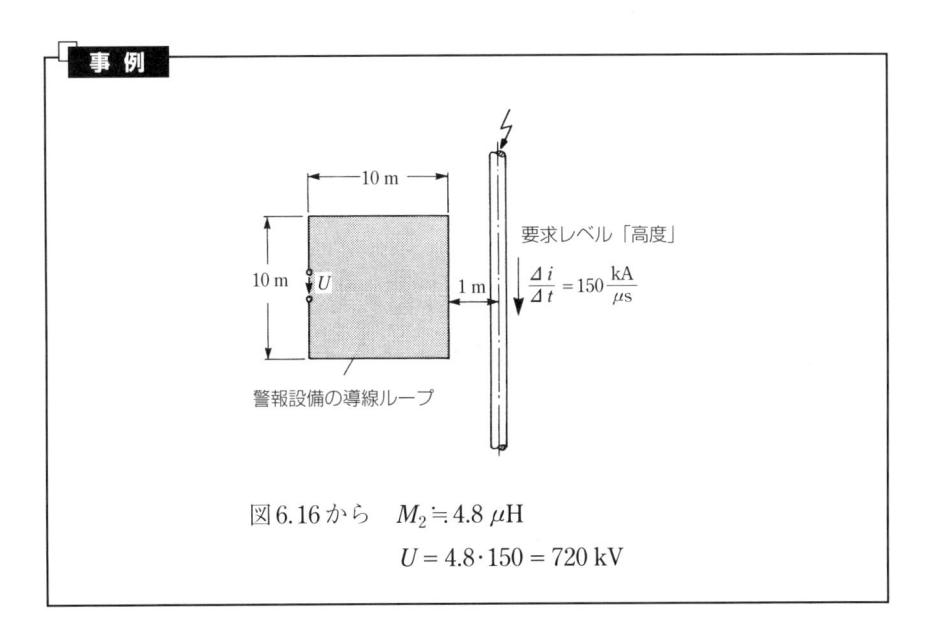

事 例

図 6.16 から　$M_2 ≒ 4.8\ \mu H$

$U = 4.8 \cdot 150 = 720\ kV$

芯線間隔 b，配線と雷電流の流れる導線との間隔 s によって決まる M_3' は図 6.17 により求められる。$\Delta i / \Delta t$ は要求レベルに対応して表 5.7 から求められる。

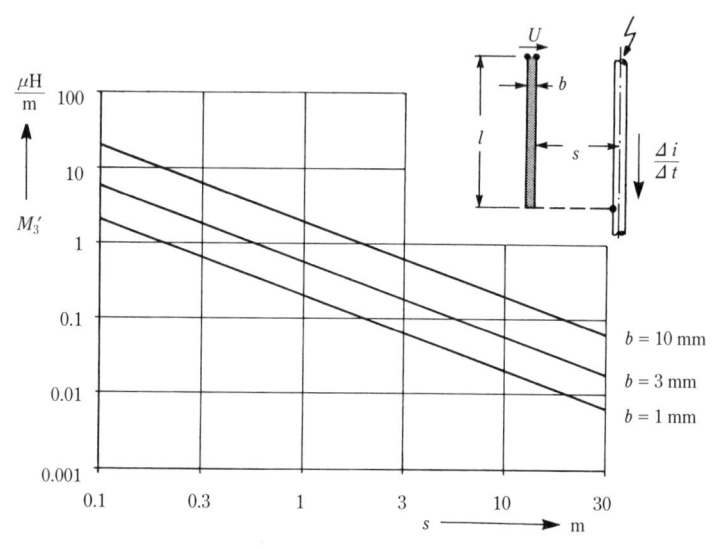

図 6.17 2 芯導線の矩形波電圧計算のための相互インダクタンス M_3
（ループと雷電流導線間の等電位線 --- は M_3 に影響しない）

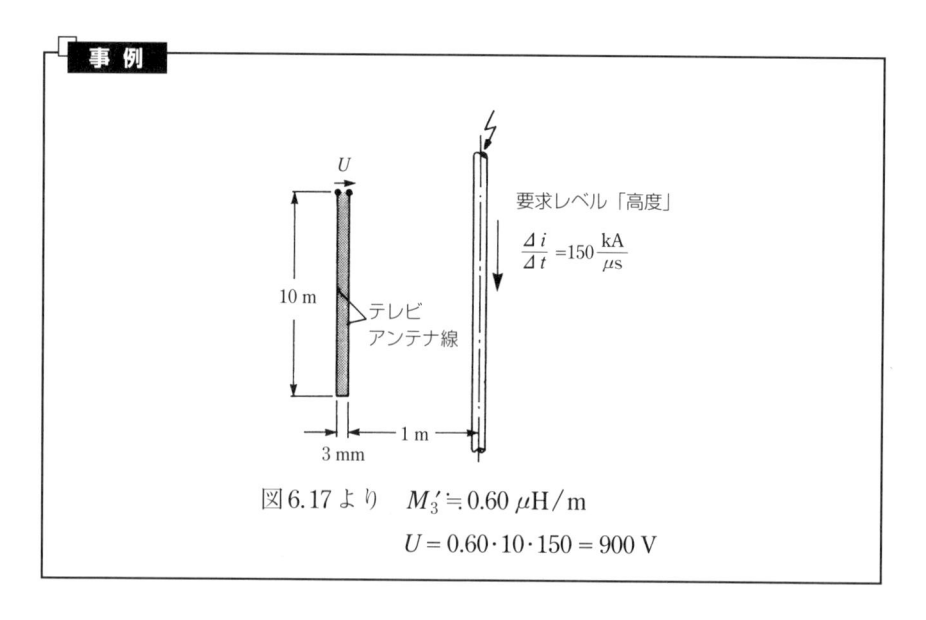

事例

要求レベル「高度」

$\dfrac{\Delta i}{\Delta t} = 150 \dfrac{kA}{\mu s}$

10 m, テレビアンテナ線, 3 mm, 1 m

図 6.17 より　　$M_3' \fallingdotseq 0.60\ \mu H/m$

$U = 0.60 \cdot 10 \cdot 150 = 900\ V$

6. 磁界

設備用導線の芯線からなり，無限長の雷電流の流れる導線に対して間隔をもって垂直方向に設置された，幅の狭い，長く伸びたループでは次の矩形波電圧が発生する。

$$U = M_4' \cdot b \cdot \Delta i / \Delta t \quad \text{(V)}$$

M_4'：芯線の間隔に依存するループ相互インダクタンス（μH/m）
b：芯線の間隔（mm）
$\Delta i / \Delta t$：雷電流導線の電流変化（kA/μs）

導線の長さ l 及び配線と雷電流の流れる導線間の間隔 s によって決まる M_4' は，図6.18から求められる。$\Delta i / \Delta t$ は要求レベルに対応して表5.7から求められる。

"平面"ループにおける高い電圧値に対して，幅の狭い長く伸びたループの誘起電圧は数百Vに過ぎない。しかし，この場合およそ1～10Vの電圧で駆動

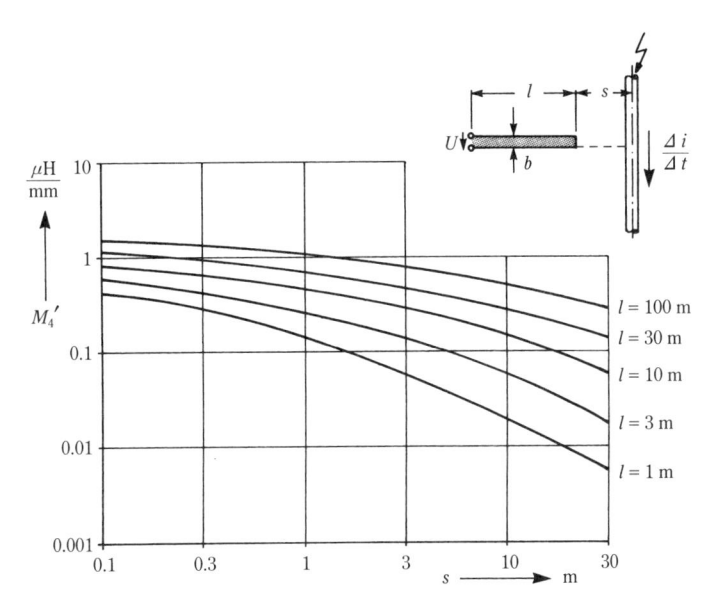

図6.18 2芯線の矩形波電圧計算のための相互インダクタンス M_4'
(ループと雷電流導線間の等電位線 --- は M_4' に影響しない)

事例

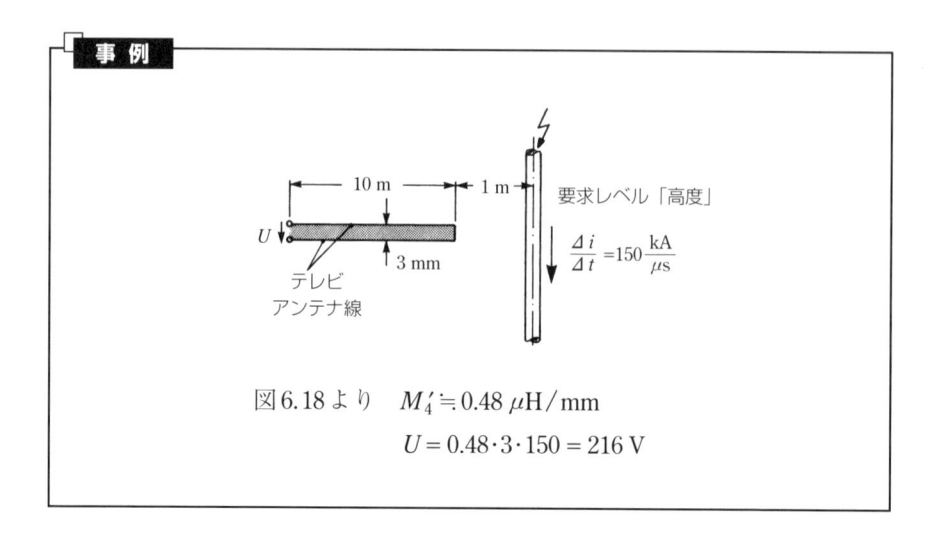

```
       10 m      1 m      要求レベル「高度」
    ┌─────────┐ ┌───┐
  U↕│         │ │   │    Δi/Δt = 150 kA/μs
    └─────────┘ │   │
      ↕3 mm    └───┘
   テレビ
   アンテナ線
```

図6.18より　$M_4' \fallingdotseq 0.48\,\mu\mathrm{H/mm}$

$U = 0.48 \cdot 3 \cdot 150 = 216\,\mathrm{V}$

され，過電圧に敏感な電子装置に接続される，情報技術用導線の横電圧であることに注意しなければならない．芯線が撚られた構造の，特に電磁遮蔽導線の場合，誘起電圧は上式で計算された値よりも著しく低減され，通常，横電圧は安全な値になる．

6.3.2 誘起電流

金属ループが短絡されているか，またはその絶縁部が誘起された矩形波電圧により閃絡した場合には，次式に示す誘起電流 i_i がループに流れる．

$$\frac{di_i}{dt} + \frac{1}{\tau} \cdot i_i = \frac{M}{L} \cdot \frac{di}{dt} \quad (\mathrm{A/s})$$

$$\tau = \frac{L}{R} \quad (\mathrm{s})$$

　　t：時間（s）
　　τ：ループの時定数（s）
　　R：ループの純抵抗（Ω）
　　L：ループの自己インダクタンス（H）
　　M：ループの相互インダクタンス（H）

i:雷電流導線に流れる雷電流(A)

矩形ループに対し,導体径rが辺長a,bに対して極めて小さく,内部インダクタンス成分は無視できるとの前提により,矩形ループの自己インダクタンスL_1は次式により求められる。

$$L_1 = 0.8\sqrt{a^2+b^2} - 0.8(a+b) + 0.4 \cdot a \cdot \ln\frac{2b}{r\left(1+\sqrt{1+(b/a)^2}\right)}$$
$$+ 0.4 \cdot b \cdot \ln\frac{2a}{r\left(1+\sqrt{1+(a/b)^2}\right)} \qquad (\mu\mathrm{H})$$

a及びb:辺長(m)

r:導体径(m)

正方形ループに対し,自己インダクタンスL_2は次式により求められる。

$$L_2 = 0.8 \cdot a\left(\ln\frac{a}{r} - 0.77\right) \qquad (\mu\mathrm{H})$$

a:辺長(m)

r:導体径(m)

円形ループに対し,自己インダクタンスL_3は次式により求められる。

$$L_3 = 0.628 \cdot d \cdot \ln\frac{d}{2r} \qquad (\mu\mathrm{H})$$

d:ループ径(m)

r:導体径(m)

短絡された銅ループの場合,時定数τは数十μsとなる。最悪のケースで,$\tau \to \infty$すなわち,$\tau \gg T_1$と仮定すると(T_1:雷電流立ち上がり時間,図5.9,図5.10及び図15.4参照),誘起電流最大値は,

$$i_{i/\max} = \frac{M}{L} \cdot i_{\max} \qquad (\mathrm{kA})$$

M:ループの相互インダクタンス(μH)

事例

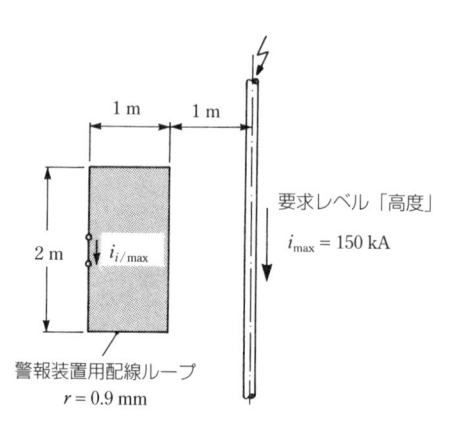

```
        1 m    1 m
      ┌──────┐
      │      │         要求レベル「高度」
  2 m │ i_{i/max}│         i_max = 150 kA
      │      │
      └──────┘
    警報装置用配線ループ
       r = 0.9 mm
```

図6.7 より

$$M = 0.2 \cdot 2 \cdot \ln\frac{2}{1} = 0.277\ \mu\text{H}$$

$$\begin{aligned}
L_1 &= 0.8\sqrt{1^2 + 2^2} - 0.8(1+2) \\
&\quad + 0.4 \cdot 1 \cdot \ln\frac{2 \cdot 2}{0.9 \cdot 10^{-3}\left(1 + \sqrt{1 + (2/1)^2}\right)} \\
&\quad + 0.4 \cdot 2 \cdot \ln\frac{2 \cdot 1}{0.9 \cdot 10^{-3}\left(1 + \sqrt{1 + (1/2)^2}\right)} \\
&= 7.84 \quad (\mu\text{H})
\end{aligned}$$

$$i_{i/max} = \frac{0.277}{7.84} \cdot 150 = 5.3\ \text{kA}$$

L：ループの自己インダクタンス（μH）
i_{max}：雷電流導線の雷電流最大値（kA）

　配線導体からなり，無限長雷電流導線と間隔のある正方形ループでは次の最大誘起電流が流れる。

6. 磁 界 | 105

事例

要求レベル「高度」
$i_{max} = 150$ kA

10 m × 10 m、離隔 1 m
警報装置用配線ループ
導線断面積：1 mm²

図 6.19 より　$M_2/L_2 \fallingdotseq 0.071$

$i_{i/max} = 0.071 \cdot 150 = 10.7$ kA

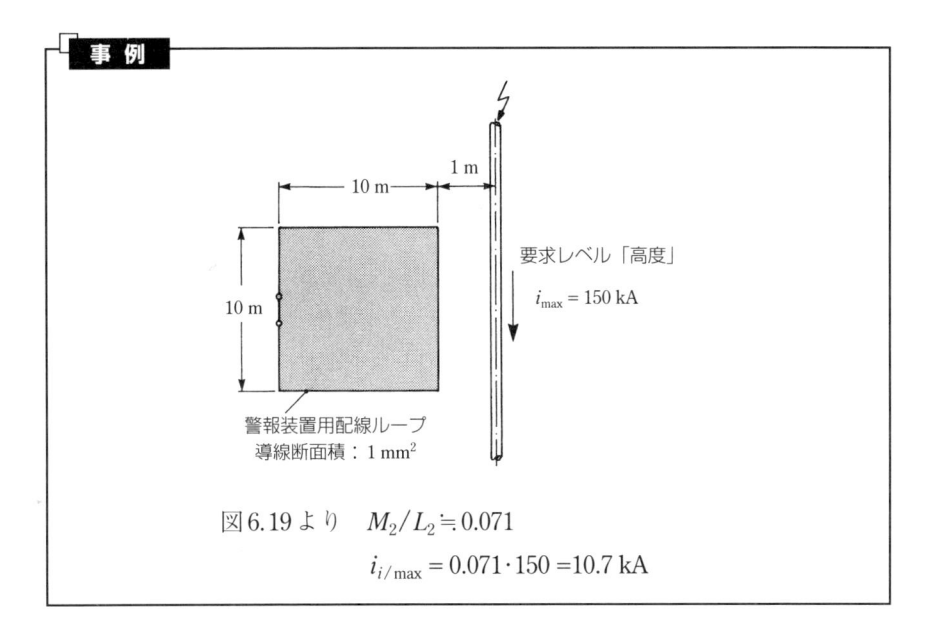

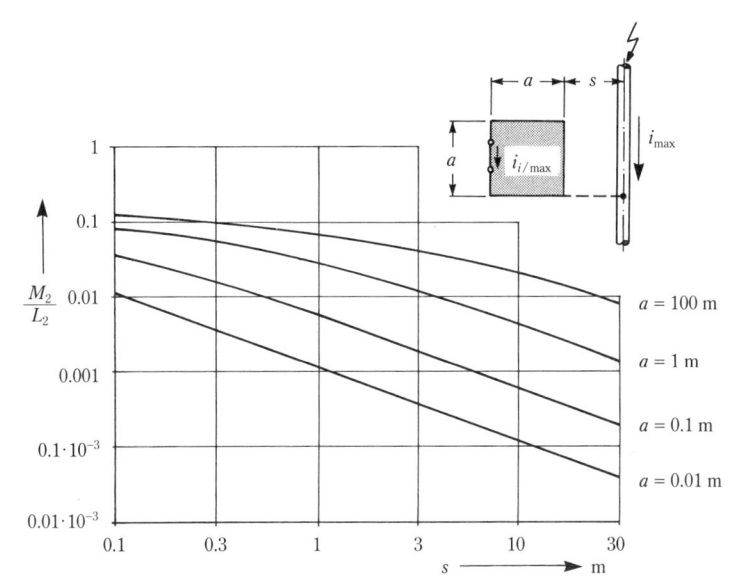

図 **6. 19** 独立した配線導体からなる正方形ループの最大誘起電流計算のための相互–自己インダクタンス比 M_2/L_2（ループと雷電流導線間の等電位線 --- は M_2/L_2 に影響しない）

曲線（上から下）：$a = 100$ m、$a = 1$ m、$a = 0.1$ m、$a = 0.01$ m

$$i_{i/\max} = \frac{M_2}{L_2} \cdot i_{\max} \qquad (\text{kA})$$

M_2/L_2：ループの相互-自己インダクタンスの比

$i_{\max}$：雷電流導線の雷電流最大値（kA）

M_2/L_2は，ループの辺長a，ループと雷電流導線の間隔sに依存し，図6.19から求められる。この場合，ループ導体断面積は$1\ \text{mm}^2$と仮定している。$i_{\max}$は要求レベルに従い，表5.1から求められる。

7 雷チャネルの電磁界

　雷チャネルの過渡的な電磁界はLEMP（Lightning ElectroMagnetic Impulse）と呼ばれる。

7.1　雷チャネルエレメントの電磁界

　LEMPの計算には，雷電流の流れる高さh，長さΔhの雷チャネルエレメントの電磁界式に基づく。この場合，地表面は鏡面とみなされる（図7.1）。距離sの，電流に流れる雷チャネルエレメントによって誘起される地表面に平行な磁界ΔHは次式により求められる。

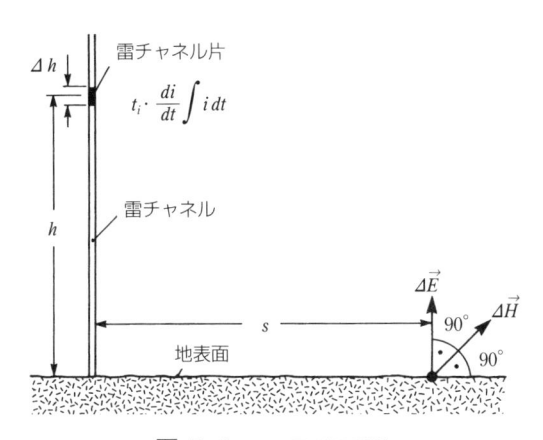

図7.1　雷の電磁界計算

$$\Delta H = \frac{\Delta h}{2\pi}\left(\frac{s}{a^2 \cdot c}\cdot\frac{di}{dt} + \frac{s}{a^3}\cdot i\right) \quad (\mathrm{A/m})$$

$$a = \sqrt{h^2 + s^2}$$

距離sにある，電流の流れる雷チャネルエレメントにより誘起される，地表面に垂直方向の電界ΔEは次式による。

$$\Delta E = \frac{\Delta h}{2\pi\varepsilon_0}\left(\frac{s^2}{a^3\cdot c^2}\cdot\frac{di}{dt} + \frac{3s^2 - 3a^2}{a^4\cdot c}\cdot i + \frac{3s^2 - 2a^2}{a^5}\int idt\right) \quad (\mathrm{V/m})$$

$$a = \sqrt{h^2 + s^2}$$

c：光速度$300\cdot 10^6$（m/s）
h：雷チャネルエレメントの高さ（m）
Δh：雷チャネルエレメントの長さ（m）
i：その時点における雷チャネルエレメントの電流（A）
di/dt：その時点における雷チャネルエレメント電流の時間的変化
　　　（A/s）
$\int idt$：その時点までに雷チャネルエレメントに流れた電荷（A/s）
s：雷チャネルからの距離（m）
ε_0：真空中の誘電率　$8.85\cdot 10^{-12}$（F/m）

時点tにおけるΔhでの電流パラメータi, di/dt及び$\int idt$を考察すれば，時点$t + a/c$（a/c：電磁波の進行時間）における電磁界ΔH, ΔEが求められる。

$s \gg h$の遠方電磁界に対して次式が成り立つ。

$$\frac{\Delta E}{\Delta H} = \frac{1}{\varepsilon_0\cdot c} = 376 \quad (\Omega)$$

すべての雷チャネルエレメントの電磁界寄与分をその時点で加算すれば，距離sにおける電磁界強度H, Eが求められる。

事例

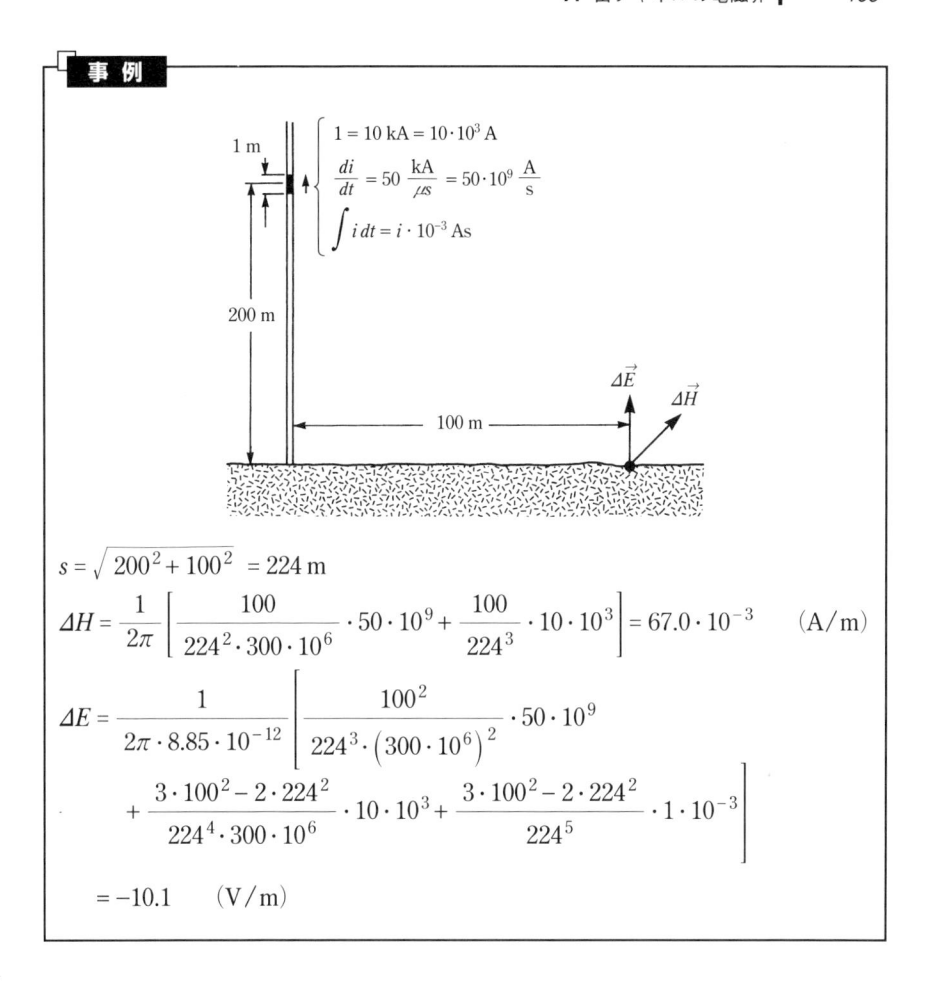

$I = 10 \text{ kA} = 10 \cdot 10^3 \text{ A}$

$\dfrac{di}{dt} = 50 \dfrac{\text{kA}}{\mu\text{s}} = 50 \cdot 10^9 \dfrac{\text{A}}{\text{s}}$

$\int i\,dt = i \cdot 10^{-3} \text{ As}$

$s = \sqrt{200^2 + 100^2} = 224 \text{ m}$

$\Delta H = \dfrac{1}{2\pi}\left[\dfrac{100}{224^2 \cdot 300 \cdot 10^6}\cdot 50 \cdot 10^9 + \dfrac{100}{224^3}\cdot 10 \cdot 10^3\right] = 67.0 \cdot 10^{-3}$ (A/m)

$\Delta E = \dfrac{1}{2\pi \cdot 8.85 \cdot 10^{-12}}\left[\dfrac{100^2}{224^3 \cdot (300 \cdot 10^6)^2}\cdot 50 \cdot 10^9\right.$

$\left.+ \dfrac{3 \cdot 100^2 - 2 \cdot 224^2}{224^4 \cdot 300 \cdot 10^6}\cdot 10 \cdot 10^3 + \dfrac{3 \cdot 100^2 - 2 \cdot 224^2}{224^5}\cdot 1 \cdot 10^{-3}\right]$

$= -10.1$ (V/m)

7.2 雲-大地雷主放電中の電磁界

地上における電磁界の時間的経過は，垂直アンテナの放射理論を用いることによって，近似的に計算される。

Feuerer及びHeidlerは，測定に基づいて次のモデルを提起した。

雲-大地雷の各部分雷は，リーダ雷によって開始される。その際，雲の電荷によって満たされた電荷管が数十ms以内で地上に到達する。このリーダ雷が

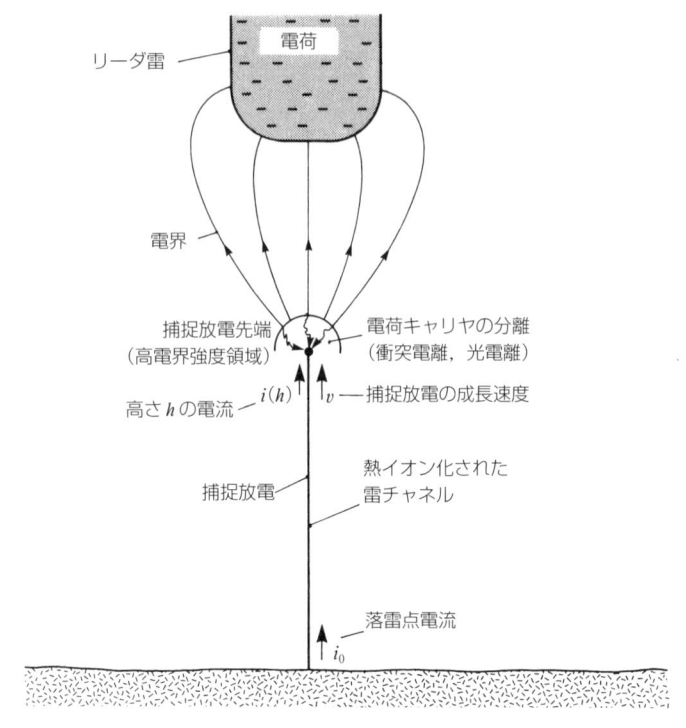

図 7.2 捕捉放電段階

　地上に近づくと，地上電界強度が十分に高くなり，地上の突起物から捕捉放電がリーダ雷の方向にスタートする（図7.2）。捕捉放電先端の電界強度が高まり，衝突電離及び光-イオン化プロセスによって電荷キャリヤが発生する。これらのキャリヤは電界によって加速され，捕捉放電尖端に電流が流れる。このプロセスは，電気的等価回路では高さ h において，速度 v で移動する電流源として示される。熱的にイオン化された雷チャネルは，光速 c の電磁波が進行する金属導体にほぼ等しいとみなされる（図7.3）。

　捕捉放電先端がリーダ雷先端と会合すると，リーダ雷は熱イオン化された雷チャネルを通って大地に放電する（図7.4）。

　リーダ雷に蓄えられた電荷キャリヤを集めることによって，ここでもリーダ雷の電荷管中を速度 v で進む電流源 $i(h)$ が発生する。

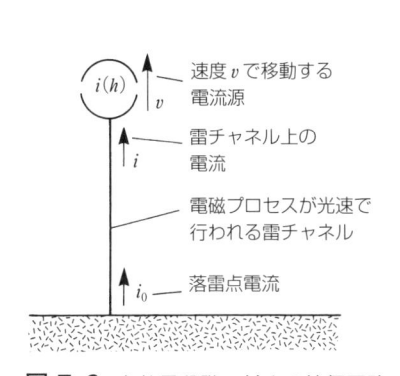

図 7.3 主放電段階に対する等価回路　　**図 7.4** リーダ雷の放電

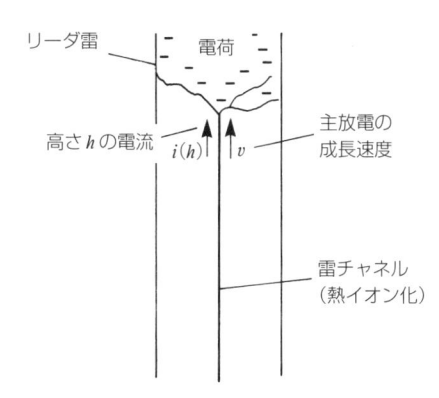

　捕捉放電及びリーダ雷放電段階から合成される，いわゆる主放電段階は，同様な移動する電流源を用いた等価回路で表現される（図7.3）。負極性従属雷の場合にも（この場合は，たぶん明白に現れる捕捉放電段階はないが），このモデルが適用可能である。正極性雲−大地雷の場合には類似のガス放電プロセスが起こるので，「移動電流源モデル」（TCSモデル）と名づけられるモデルは，全体の雲−大地雷に適用可能である。

　このモデルは，落雷点における，前述の雷電流の時間的経過 i_0 及び成長速度 v の場合に，雷チャネルの時間的，場所的電流分布を与えるので，7.1節の等式をベースとし，デジタル計算機を用いて，雷チャネルから放射された電磁界 LEMP を，任意の空間点において計算することができる。落雷点から一定間隔の地点における LEMP の計算には，通常次の簡略化した仮定が用いられる。
・垂直の雷チャネルは理想的な，無損失の進行波導体と仮定する。
・地表面は理想的な導体とみなす（鏡面）。
・落雷点には電流反射が生じない。

7.3　LEMP の危険値

　雲−大地雷の中に，立ち上がり部分の最大電流峻度をもつ負極性の従属雷があり，そのために電子システムに著しく大きな電磁界変化が加わる。したがっ

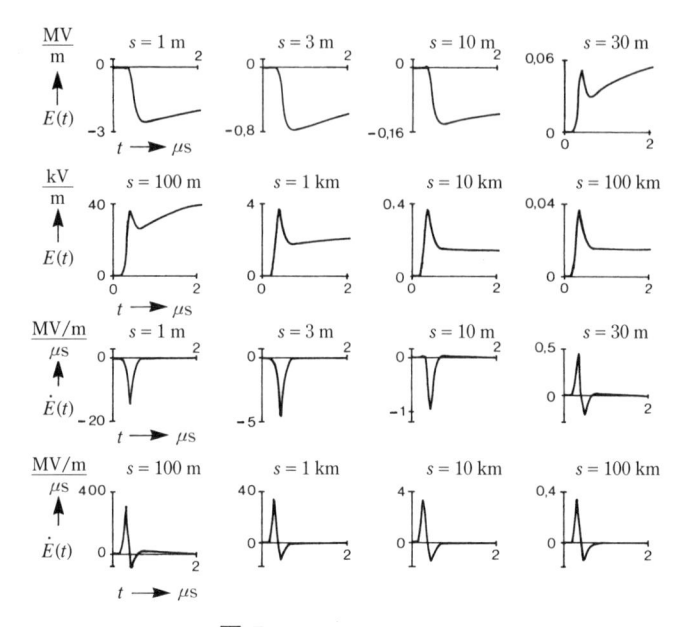

図 7.5 LEMPの電界要素

てLEMPの危険性に対する保護コンセプトの開発研究の際には，通常このタイプの雷に限定して検討することができる．

次に，波頭長 $T_1 = 0.25$ μs，波尾長 $T_2 = 100$ μs，雷電流最大値 $i_{max} = 50$ kAの負極性従属雷インパルス電流（5.7節参照）に対するLEMPの距離特性を，Heidlerの式を用いて示す．この場合，雷チャネルを垂直と仮定し，TCSモデルにおける電流源進行速度 v を光速の1/2と見積もる．想定されるインパルス電流は，立ち上がり部の約25 kAにて，280 kA/μsの最大電流変化を示す．

図7.5に落雷点からの距離Sと，電界 $E(t)$ 及び電界変化 $\dot{E}(t)$ との関係を示す．図7.6には磁界 $H(t)$ と磁界変化 $\dot{H}(t)$ に関し，類似の図を示す．

負極性従属雷によって惹起される遠方雷LEMPの電界要素に関し，約1 km以上の距離 s に対して次式が成り立つ．

$$E(t) = \frac{1}{2\pi\varepsilon_0 \cdot c} \cdot \frac{1}{s}\left[\left(1+\frac{v}{c}\right) \cdot i_0\left\{\left(1+\frac{v}{c}\right)t\right\} - i_0(t)\right] \quad (\text{V}/\text{m})$$

上述の条件における遠方雷LEMPの磁界要素に関し，次式が成り立つ．

7. 雷チャネルの電磁界

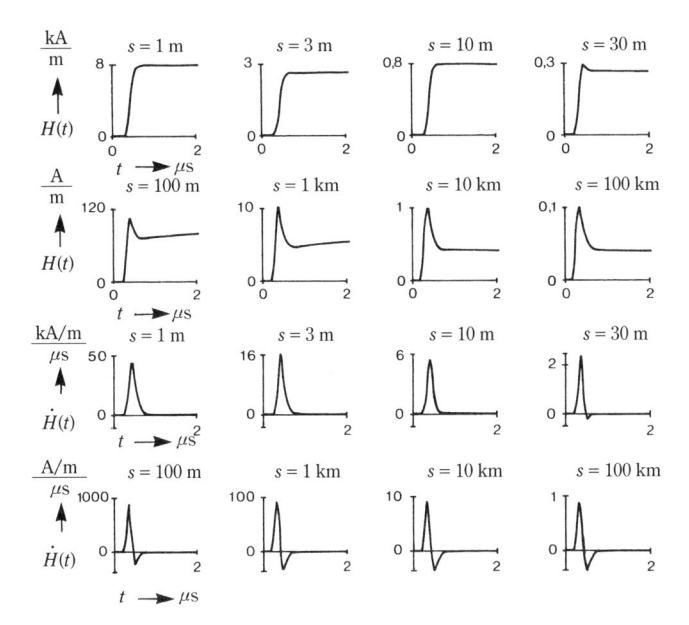

図 7.6 LEMP の磁界要素

$$H(t) = \frac{t}{2\pi} \cdot \frac{1}{s}\left[\left(1+\frac{v}{c}\right) \cdot i_0\left\{\left(1+\frac{v}{c}\right)t\right\} - i_0(t)\right] \quad (\text{A/m})$$

c：光速度　$300 \cdot 10^6$ (m/s)

i_0：落雷点における雷電流 (A)

s：落雷点からの距離 (m)

t：時間 (s)

v：主放電の進行速度 (m/s)

ε_0：誘電率, $8.85 \cdot 10^{-12}$ (F/m)

上式によって示される，垂直方向に分極された LEMP の同一電磁界に対し，$E(t)/H(t) = 376\,\Omega$ が成り立つ。

8 建物雷保護の原理

最近の雷保護技術と国内及び国際的な規格によれば，建物雷保護装置とは雷作用からの保護のためのシステム全体と解釈される。建物雷保護装置は，外部雷保護装置及び内部雷保護装置からなる。外部雷保護装置は，受雷部，避雷導線及び接地設備からなる（図8.1）。

内部雷保護には，保護すべき空間内部の雷電流の磁気的，電気的影響を低減するためのすべての追加手段を含む。その中には特に雷電流によって惹起され

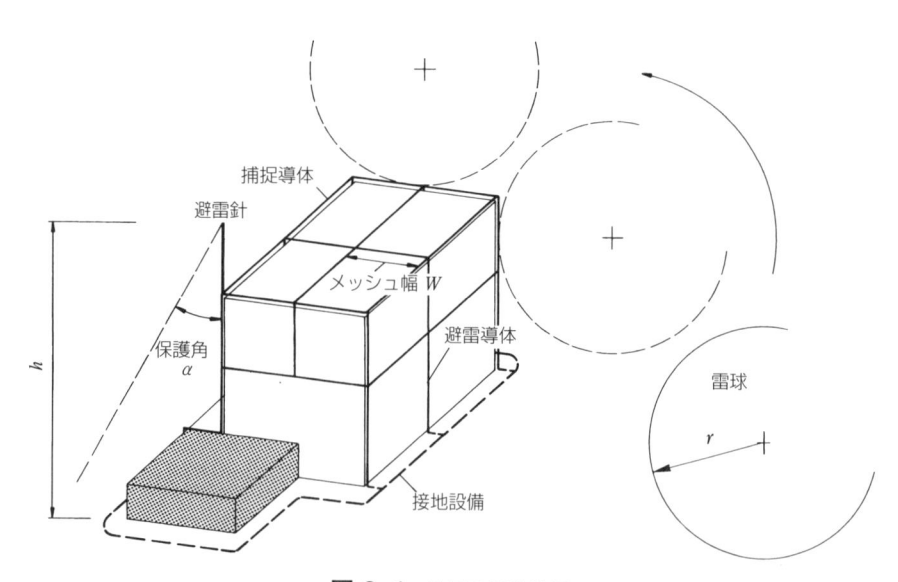

図 **8.1** 外部雷保護装置

る電位差を低減するための，雷保護等電位化が含まれる。

雷保護国際規格では，「保護空間」とは雷保護装置によって保護されている建物設備の含まれる空間と解釈される。受雷部とは，外部雷保護装置のうち，雷を捕捉する部分をいう。避雷導線とは，外部雷保護装置のうち，雷捕捉設備からの雷電流を接地設備に導く部分をいう。接地設備とは，外部雷保護設備のうち，雷電流を大地に導入し，分散させる部分をいう。

雷保護装置の「既存の」構成要素とは，例えば管，階段，エレベーターガイドレール，暖房，空調用ダクト，「一貫して接続された」鉄筋等，雷保護作用を有するが，特にその目的のために設置されたものではない金属部分をいう。「一貫して接続された」鉄筋とは，建物内部のスチールメッシュで，次の条件を満たすものをいう。

- 垂直，水平方向の鉄筋接合部の　約50％が溶接されているか，または確実に接続されている。
- 垂直方向の鉄筋は，溶接されているか，またはその直径の20倍以上の長さで重ね合わされ，確実に接続されている。
- 個々に作られたコンクリート部材内部及び，隣接するコンクリート部材間の鉄筋の電導性が確保されている。

雷保護等電位化（図8.2）は，雷電流によって惹起される電位差を低減するために必要な，内部雷保護の部分，例えば等電位母線，等電位導体，クランプ，コネクタ，分離用火花ギャップ，避雷導線，過電圧保護装置を含む。

等電位母線は，金属装置，外部導体，強電及び通信用電線及び他のケーブルと雷保護設備を接続するために用いられる母線である。等電位導線は，雷保護等電位ボンディングを行うために設置される。その太さは，その導線が雷電流の大部分を流さなければならないかどうかによって決められる。

雷保護分離用火花ギャップは，電気的伝導性のある設備部分を分離するための火花ギャップである。落雷の際には当該設備部分は火花ギャップの作動によって一時的に導電接続される。

アレスタは，保護空間内部でインパルス電圧を許容値内に制限する。雷電流アレスタは多数回の雷電流ないしはその部分電流を，それによって破壊されることなく流すことができなければならない。一方，過電圧アレスタは，遠方落

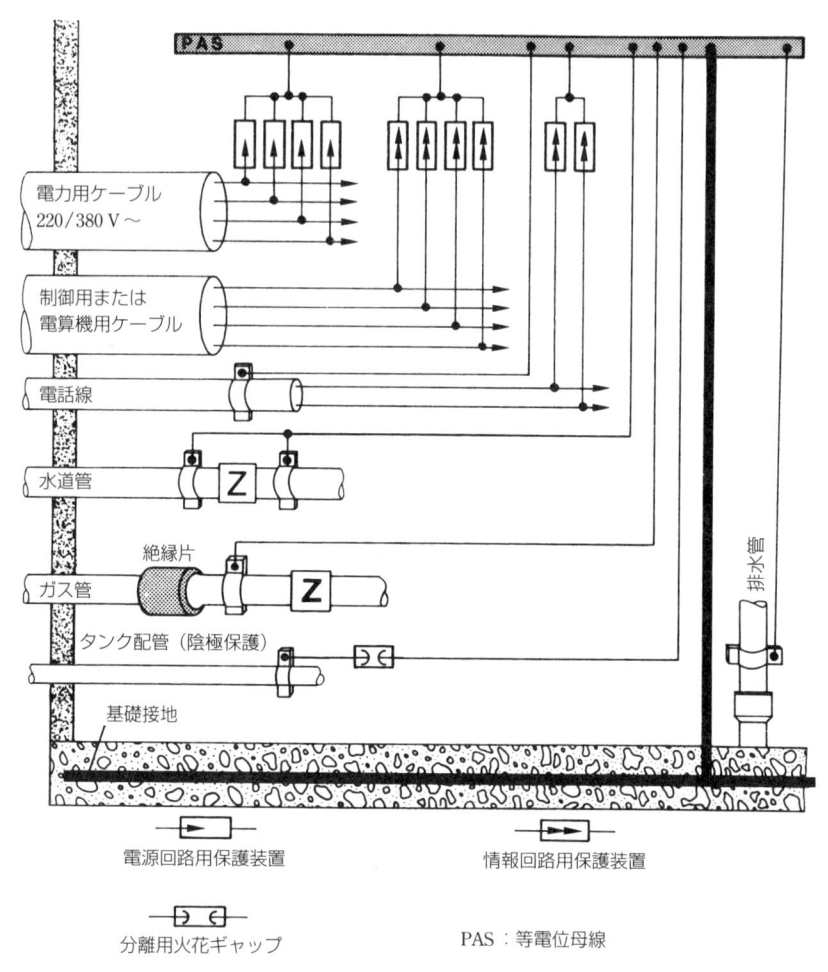

図 8.2 雷保護等電位ボンディング

　雷または誘導効果（またはスイッチング操作）に起因する過電圧制限のためにのみ用いられる。したがって過電圧アレスタは明らかに小さな電流ピーク値，電荷，及び特性エネルギー値を分流すればよい。

　強電設備では雷電流アレスタ及び過電圧アレスタが段階的に適用され，直撃雷の場合でも，国内及び国際規格に定められた過電圧カテゴリーで許容されるインパルス電圧を超さないようにしている（図8.3）。

DIN VDE 0185 Part 100によれば，外部雷保護装置には次の3種類がある．
・保護空間から絶縁された外部雷保護装置。受雷部及び避雷導体は，雷電流経路が保護空間に接触しないように配置され，危険な火花放電が回避される．
・保護空間から部分的に絶縁された外部雷保護装置。受雷部は，雷電流経路が保護空間に接触せず，危険な火花放電が回避されるように配置される。しかし避雷導線は保護空間から分離設置されていない．
・保護空間から絶縁されていない外部雷保護装置。受雷部及び避雷導体は，雷電流経路が保護空間と接触し得るように配置されている．

受雷部及び避雷導体の配置，安全間隔及び接近点の決定，接地設備の配列は，

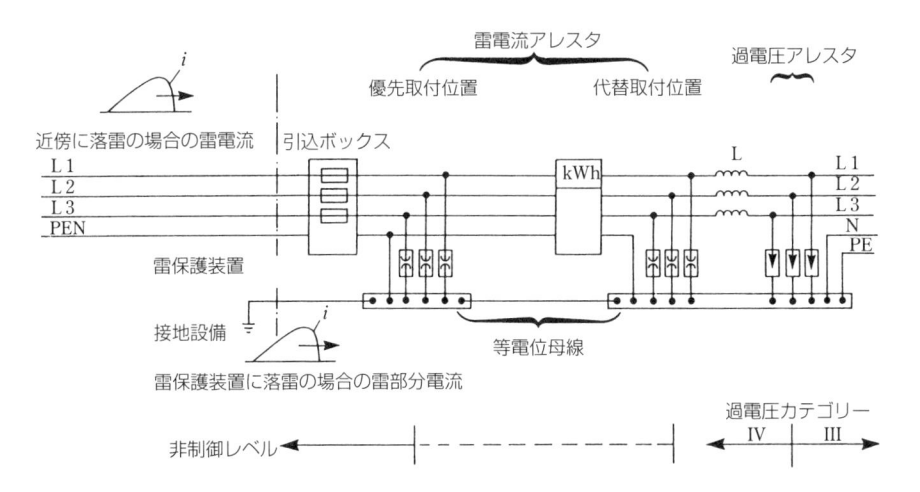

図 8.3 直撃雷の場合，雷電流アレスタ及び過電圧アレスタを用いてDIN VDE 0110による電力使用設備の過電圧カテゴリーを確保する．

表 8.1 係数 k_i 値

保護レベル	k_i
I	0.1
II	0.075
III〜IV	0.05

表 8.2 係数 k_m 値

材料	k_m
空気	1
固体	0.5

保護レベル I 〜 IV に基づいて実施される。この場合，保護レベル I を最も高い要求レベルとする。

　接近点とは，雷保護設備と保護空間内の金属設備または電気設備の間隔が狭く，落雷の際に沿面放電または貫通放電の危険のある点をいう。この危険を除くために，ローカル等電位化が得られぬ場合，雷保護設備と金属設備及び絶縁された導電部，電線の間隔 s は，安全間隔 d よりも大でなければならない。

$s > d$

安全間隔は次式により求められる。

$$d = k_i \cdot \frac{k_c}{k_m} \cdot l \quad （\mathrm{m}）$$

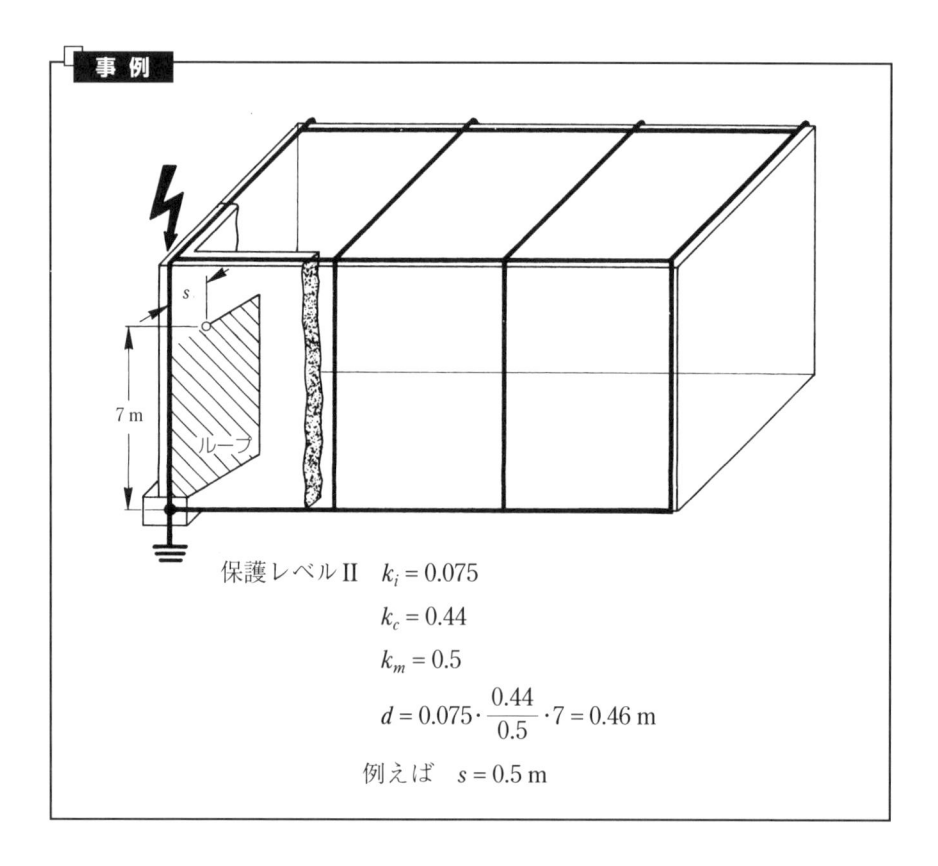

事例

保護レベル II　　$k_i = 0.075$
　　　　　　　　　$k_c = 0.44$
　　　　　　　　　$k_m = 0.5$
　　　　　　　　　$d = 0.075 \cdot \dfrac{0.44}{0.5} \cdot 7 = 0.46 \, \mathrm{m}$

例えば　　$s = 0.5 \, \mathrm{m}$

8. 建物雷保護の原理   119

$k_c = 1$

$k_c = 0.44$

$k_c = 0.66$

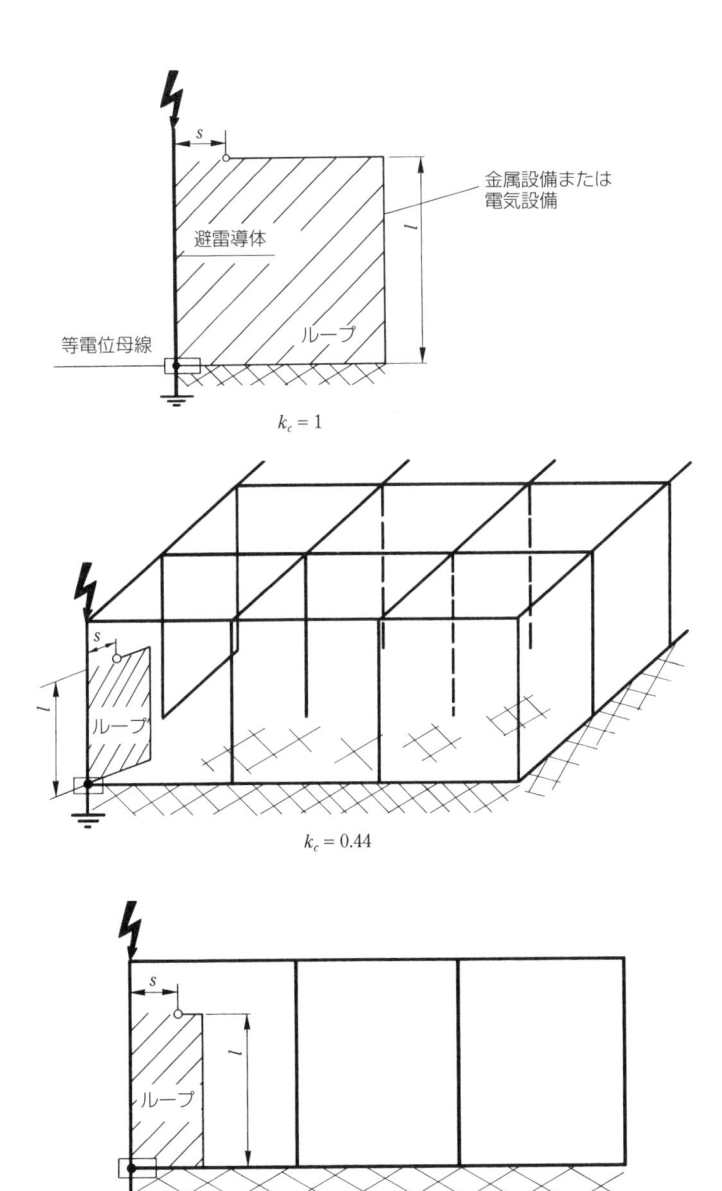

図 **8.4** 係数 k_c 値

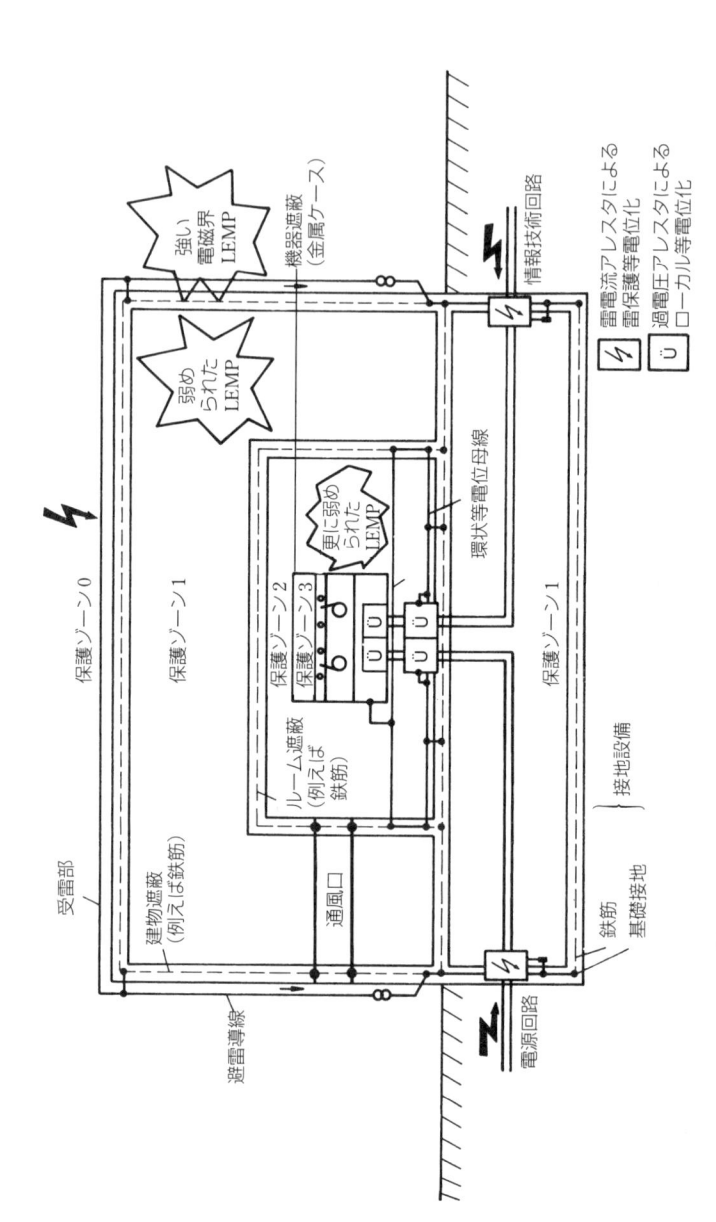

図 8.5 雷保護ゾーン：境界における遮蔽と等電位化

k_i：雷保護設備の保護レベルによる係数（表8.1）
k_c：寸法形状による係数（図8.4）
k_m：離隔材料による係数（表8.2）
l：近接していると見られる点から直近の等電位ボンディング点までの引下げ導線に沿った長さ（m）

　上式は避雷導体の間隔が約20 mの場合に有効である。
　近代的な雷保護技術において，保護空間（例えば電算センター）は図8.5に示すように，保護ゾーンに分割されている。個々の保護ゾーンは，既存の金属要素，例えば金属壁，鉄筋，金属容器等を利用した，建物，部屋，装置の遮蔽によって形成される。直撃雷及び抑制されていないLEMPsが発生する屋外（保護ゾーン0）から始まり，導線に結合されたノイズ及びLEMP作用の危険度の低減する保護ゾーンがこれに続く。建物に既存の鉄筋を用いて，それぞれの保護ゾーンのためのシールドケージを形成すれば，特に経済的な保護対策となる（図8.6，13.1節も参照）。ただしこのことは，建物の計画段階で既に考慮し，その実現について建設中に継続的にチェックしなければならない。

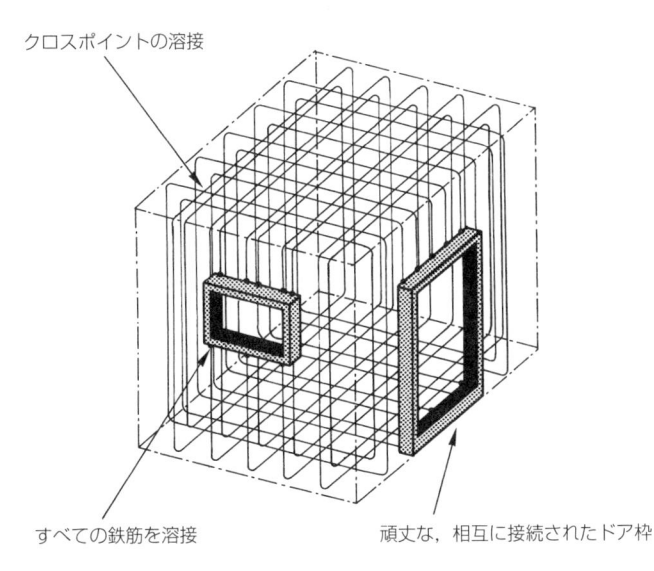

図 8.6 鉄筋による建物またはルーム遮蔽

屋外から引き込まれるすべての導線は，例外なく，保護ゾーン0と1の境界にて，予期される雷部分電流を破損されることなく流し得る部品（例えば，クランプ，雷電流アレスタ，火花ギャップ）を用いて雷保護等電位化に組み入れなければならない。保護空間内部の各保護ゾーン境界ごとに，ローカル等電位ボンディングを行い，この境界線を通過するすべての導線を雷保護等電位化に組み入れなければならない。このローカル等電位化には，当該保護ゾーン内部にある金属製設備（例えば配線架台等）もすべて接続しなければならない。

ローカル等電位化に用いられる部品及び保護装置は，ゾーンの危険度に応じて選定しなければならない。ローカル等電位母線は相互に，かつ，雷保護等電位母線（保護ゾーン0と保護ゾーン1の間の境界）に接続しなければならない。

9 雷捕捉装置

　雷保護設備の中で，雷捕捉装置の役割は，起こり得る雷撃点を明確に決定し，不規則な落雷を防止し，保護空間を直撃雷から守ることである。その構成要素は，落雷点の溶融に耐え，許容できない温度上昇を起こさずに雷電流を避雷導線に伝達できなければならない。捕捉装置の基本的なタイプとして突針と捕捉導線があり，後者はメッシュ状構成とすることもできる。

9.1　寸　　法

　受雷部の最小寸法として，DIN VDE 0185 Part 100では次のように定められている。

- 銅　　　　　　　　$35\ \text{mm}^2$
- アルミニウム　　　$70\ \text{mm}^2$
- 鉄　　　　　　　　$50\ \text{mm}^2$

金属板及び金属パイプを雷捕捉装置として用いる場合，次の最小厚さが必要である。

- 銅　　　　　　　　5 mm
- アルミニウム　　　7 mm
- 鉄　　　　　　　　4 mm

　上記の寸法の場合には，表5.8及び表5.10に示す極度値の電流を流すことができる。

9.2 捕捉装置の保護範囲

以下，次のものの任意の組合せからなる受雷部を取り扱う。
- 突針
- 水平導体
- メッシュ状導体

9.2.3項に示す「回転球体法」を用いれば，例えば金属板屋根または縁取り，手摺り及びポール等の建物や設備の金属部品から構成される，任意の捕捉設備の保護範囲も求めることができる。

9.2.1 保護空間モデル

対地落雷の捕捉放電のスタート点は，例えば次のような点である（図9.1）。
- 一連の雷保護設備の中に設置された避雷導線または突針

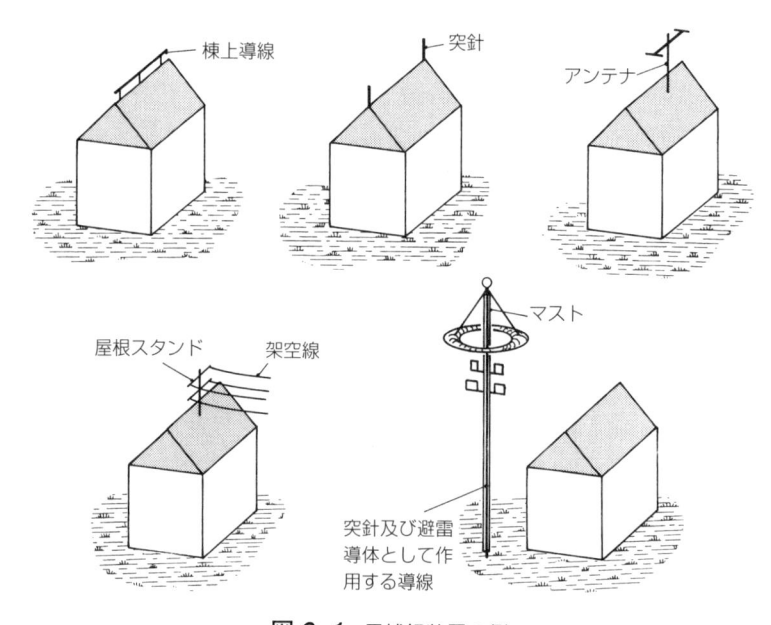

図 9.1 雷捕捉装置の例

9. 雷捕捉装置

- アンテナ，屋根スタンド付低圧配電線等の，既存の露出した設備
- 金属製避雷導線を備え，雷捕捉装置に改造された，樹木，木柱，旗竿のような，非金属の露出物

雷保護設備の概念では，建物上の既存の露出設備は，雷捕捉装置として考慮に入れ，必要な場合には，避雷導線または突針を付加して補完しなければならない。建物及び設備が金属柱または雷捕捉装置に改造された露出物の保護空間内にある場合は，建物には雷捕捉設備は不要である。

雲−大地雷の雷撃点は，捕捉放電のスタート点によって決定される。雷雲から地上に向かって進む先行放電によって，地上の電界強度は定常的に増大する。先行放電が地上の物体に数十mないし数百mの距離（雷撃距離）に近づき，地上電界強度が十分に高まると，捕捉放電がスタートし，先行放電先端に最も近い捕捉放電が落雷点を決定する（図9.2）。

次に突針への落雷の場合について，この過程を説明する（図9.3）。

コロナシースによって取り巻かれた，先行放電のプラズマチャネルが大地に対して最も低い位置まで接近すると，接地物体，ここでは突針において捕捉放

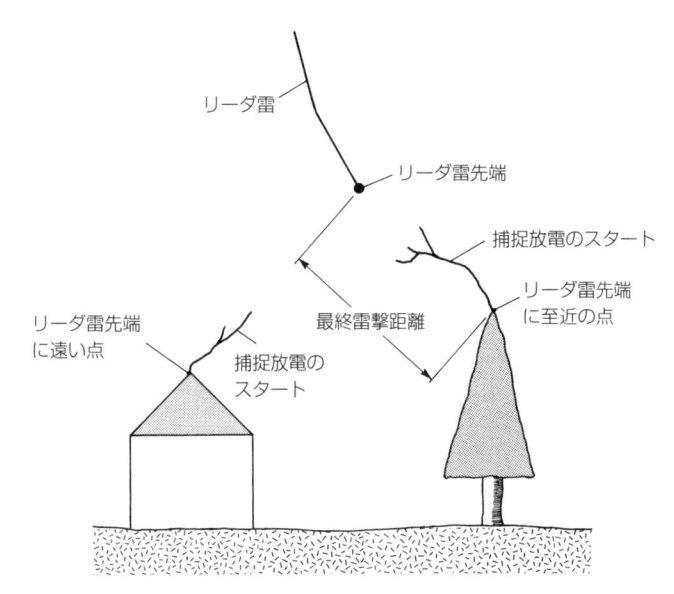

図 9.2 雷捕捉放電のスタートと落雷点の決定

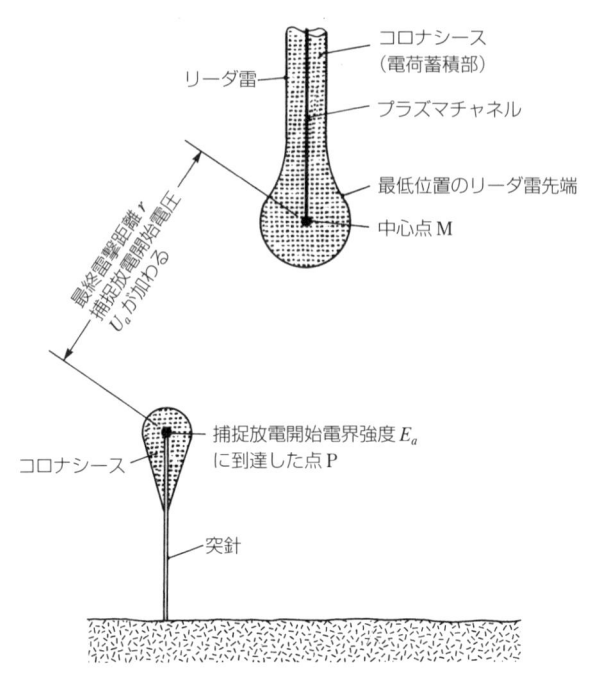

図 9.3 最終雷撃放電直前の状態

電開始電界強度 E_a に到達する。この捕捉放電は，先行放電の接近に伴って増大する電界強度により形成されたコロナシースからスタートする。

捕捉放電がスタートする点と，最も大地に接近した先行放電先端（中心点M）との距離は最終雷撃距離 r と名づけられる。突針の先端（点P）において捕捉放電開始電界強度 E_a を超えると直ちに上向き，下向きの捕捉放電が始まり，最終雷撃距離 r をブリッジする（図9.4）。

そのとき，円柱状の先行放電電荷蓄積路の放電によって主放電が開始される。先行放電中に放電路に蓄えられた電荷 Q' は，光速の約 1/3 に達する速度 v で突針を介して大地に導かれる（図9.5）。これらの現象の結果によって生ずる，最大値 i_{max} の負極性の雲−大地雷雷電流の原理的な波形を図9.6に示す。

保護空間の考察のためには，条件の悪いケースとして負極性落雷が基準となる。なぜなら負極性の方が正極性よりも最終雷撃距離 r が小さいからである。主放電の電流 i の1次近似式は次のように示される。

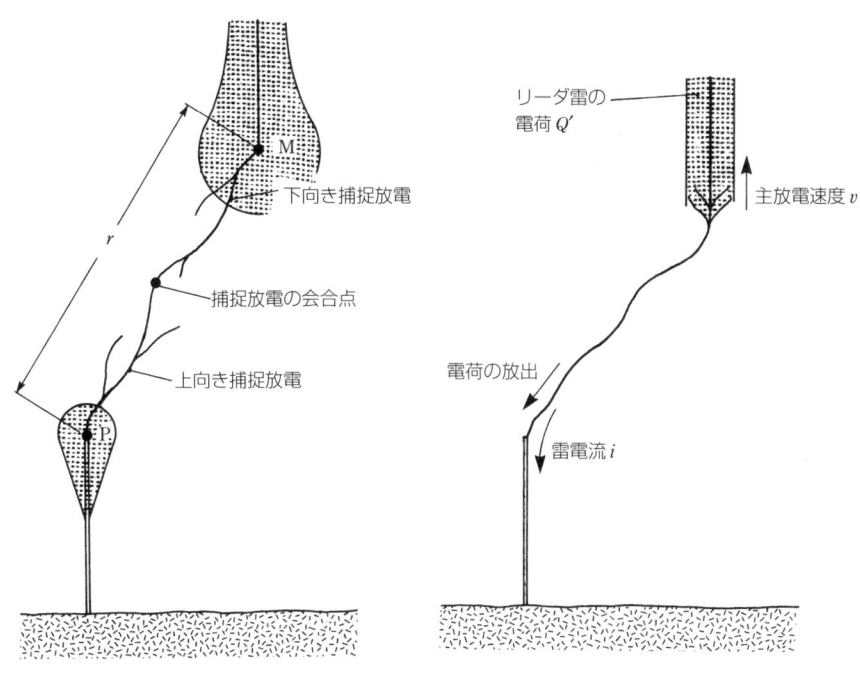

図9.4 最終雷撃放電直後の状態

図9.5 主放電開始後の状態

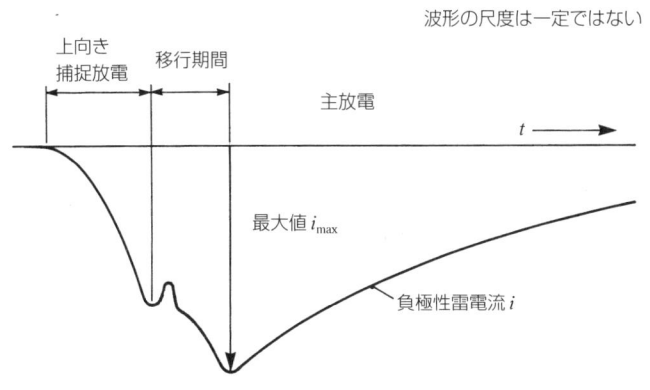

図9.6 突針で測定した雷電流

$$i = Q' \cdot v \quad \text{(A)}$$

したがって，v が一定であれば

$$i_{max} \propto Q'$$

点P（図9.3，図9.4参照）における電界強度は，ほぼ Q' に比例し，r に反比例する。その結果，放電開始電界強度 E_a は次式で示される。

$$E_a \propto Q'/r$$

点Pから捕捉放電がスタートするためには，一定の放電開始電界強度が必要であるため，次式が成り立つ。

$$Q' \propto r \quad \text{または} \quad r \propto i_{max}$$

したがって　$r = k \cdot i_{max}$ 　　（m）

　　E_a：点Pにおける放電開始電界強度（V/m）
　　i：雷電流（A）
　　i_{max}：雷電流の最大値（A）
　　k：定数（m/A）
　　Q'：先行放電の放電路電荷（As/m）
　　r：最終雷撃距離（m）
　　v：主放電の進行速度（m/s）

関係式 $r = k \cdot i_{max}$ は極めて簡略化した仮定から得られているので，大規模高圧電力システムに関する国際会議（CIGRE）のワーキンググループ33により，高圧送電線と送電柱における，長年にわたる全世界的な雷測定に基づいて，$r = f(i_{max})$ の正確な関係を求めるための研究が行われた。結局このグループにより，最終雷撃距離 r の関係式が求められ，係数 k は $2 \cdot 10^{-3}$ と定め，補正項を付加した式が導入された。

$$r = 2 \cdot i_{max} + 30 \left(1 - e^{-i_{max}/6.8}\right) \quad \text{(m)}$$

ここで i_{max} は kA 単位の負極性第1撃雷電流ピーク値である。

表 9.1 要求レベルに対して見積もるべき最終雷撃距離

要求レベル	最終雷撃距離 r(m)	rに対する雷電流値（kA）
極度	20	3.7
高度	30	6.1
普通	45	10.6

このCIGREグループの研究により，最終雷撃距離rは当該物体（マスト，導線，樹木）の形状，種類にはほとんど関係なく，傾向として物体の高さとともに増加することがわかった。

CIGREグループにより，先行放電の先端が地上の物体に影響されることなく任意に接近し，その先端から最短距離にある物体から捕捉放電が行われるという追加の仮説を用いて，架空地線及び送電鉄塔の保護効果を説明する「電気−幾何学モデル」が紹介された（図9.2）。

これらの研究は，誤差のある統計に基づいているため，「電気−幾何学モデル」がすべての雷捕捉装置に適用できるかどうかについての明確な証明はないが，従来知られているすべての落雷現象を，例えば塔の側撃雷等も含めて説明することができ，可能なあらゆる雷捕捉装置に対して，定量的な予測のできる唯一の保護空間理論を提供している。

「電気−幾何学モデル」の原理は，例えば既に1962年以来ハンガリーで，すべての建物に適用される雷保護規定に採用され，有効性が実証されている。

$r = f(i_{max})$に関する上述の関係は，比較的小さな雷電流の先行放電は，比較的大きな雷電流の先行放電よりも地上物体に近い距離まで接近することを意味している。雷保護装置の保護効果に対する要求が高くなるほど，その設計において，より小さな雷電流を考慮しなければならない。DIN VDE 0185 Part 100に合わせて，保護空間責務に対して見積もるべき雷撃距離を表9.1に示す。ここでは関係する雷電流ピーク値も示した。

9.2.2 基本的な雷捕捉装置の保護空間

「電気−幾何学モデル」は，表示された最終雷撃距離r（表9.1）を考慮し，高さhの基本的な雷捕捉装置の保護空間を決定するために用いられる。

垂直避雷針の保護空間　$h \leq r$ の場合

図9.7について考察すると，リーダ雷が垂直または垂直から外れた角度で，境界面①に進入した場合には，落雷は避雷針に起こる。リーダ雷が境界面②に進入したときは，落雷は地表面に起こる。境界面①，②は円 M_k で接する。

リーダ雷先端 M が M_k 上にきたときに最小の保護空間となる。したがってこの位置が最悪である。2次元表示で M_k を中心とした半径 r の円を描けば，避雷針先端と地表面に接触し，3次元空間では突針周辺に③を境界面とする，回転対称形の落雷保護空間（保護空間）が得られる。

実際の応用において，避雷針の高さ h に等しい高さの円錐型保護空間を保護角 φ または ψ で示す場合，図9.8を考察しなければならない。角度 φ は避雷針先端において，面③に接線を引いたとき，次式で示される。

$$\varphi = \arcsin\left(1 - \frac{h}{r}\right) \quad (\text{deg})$$

$h \leq r$

h：避雷針高さ（m）
r：雷撃距離（m）

保護角 φ で決まる円錐形保護空間に置き換えれば安全側である。

DIN VDE 0185 Part 100では，保護角 ψ による換算を基礎としている。この場合，図9.8に示す等面積計算が行われている。

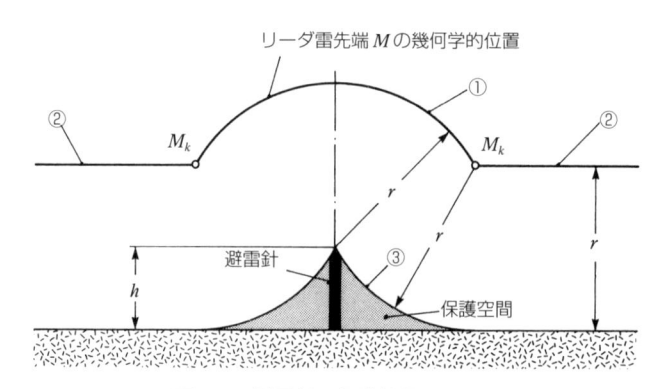

図9.7　避雷針の保護範囲　$h \leq r$

9. 雷捕捉装置 131

図9.8 保護角 φ 及び ψ の決定

角度 ψ は次式により求められる。

$$\psi = \arctan\left(\frac{a}{h} + \frac{r \cdot a}{h^2} - \frac{r}{h^2}\arccos\frac{r-h}{h}\right) \quad (\text{deg})$$

$h \leq r \quad a = \sqrt{2rh - h^2} \quad (\text{m})$

h：避雷針高さ（m）

r：最終雷撃距離（m）

表9.2には種々の要求レベル，避雷針高さに対して，上述の式により求められる保護角を示す。表9.1では「極度」の要求に対し，$r = 20$ m，「高度」の要求に対し，$r = 30$ m，「通常」の要求に対し $r = 45$ m と見積もっている。

DIN VDE 0185 Part 1では避雷針高さ20 mまでの「通常」の要求に対し，保護角45°と決めていることを付記する。

垂直避雷針の保護空間　$h > r$ の場合

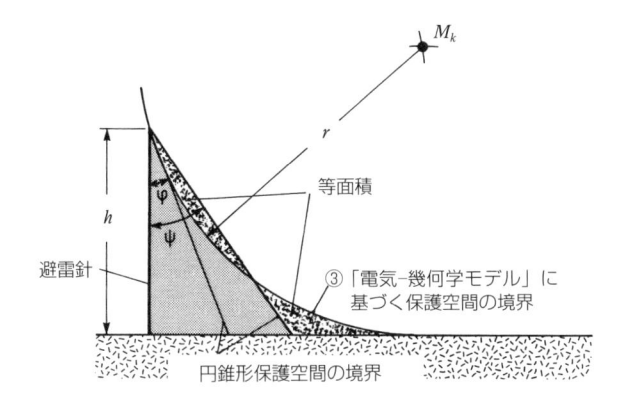

$h \leq r$ の避雷針の場合と類似の考察から例えば送信塔のような高い避雷針に対し，面③を境界とする回転対称形の保護空間が得られる（図9.9）。高さ h の避雷針は，保護空間に関しては $h = r$ の突針と同じ効果である。なぜなら，高さ $h = r$ 以上の点では側撃雷が生じ得るからである。

水平捕捉導線の保護空間　$h \leq r$ の場合

$h \leq r$ の突針の場合と類似の考察から，図9.10の面③を境界とする，導線に

表 9.2 避雷針の高さ h による保護角 φ 及び ψ (deg)

突針の高さ h(m)	要求レベル					
	極度		高度		通常	
	φ	ψ	φ	ψ	φ	ψ
5	49	58	56	65	63	70
10	30	45	42	54	51	61
15	14	34	30	45	42	54
20	0	23	19	38	34	48
25	*	*	9.6	30	26	42
30	*	*	0	23	19	37
35	*	*	*	*	13	32
40	*	*	*	*	6.4	28
45	*	*	*	*	0	23

* $h > r$ となるため規定されていない

よる保護空間が得られる。保護角 φ 及び ψ に関しては，$h \leq r$ の垂直突針の場合と同一の式が有効である（表9.2参照）。したがってテント型の保護空間が得られる。

水平捕捉導線の保護空間　$h > r$ の場合

捕捉導線の下に，部分面③を境界とする保護空間が得られる。$h > 2 \cdot r$ の場合，保護空間は消滅する（図9.11）。

2本の水平捕捉導線の保護空間

保護空間は点 M_k を中心とした半径 r の三つの円によって決まる部分面③を境界とする（図9.12）。

メッシュの保護空間

メッシュの保護空間は，2本の平行捕捉導線間の保護空間に基づいて得られる。この場合，w は矩形メッシュの短い方の辺長である。

図9.13に示すように，「電気-幾何学モデル」に基づき2本の捕捉導線（メッシュの1部）間に面③を境界とする保護空間が得られる。実際の応用において，保護空間境界は，メッシュの高さよりも d だけ低い，③に対する正接面で描かれる。d はメッシュの地上高に無関係である。

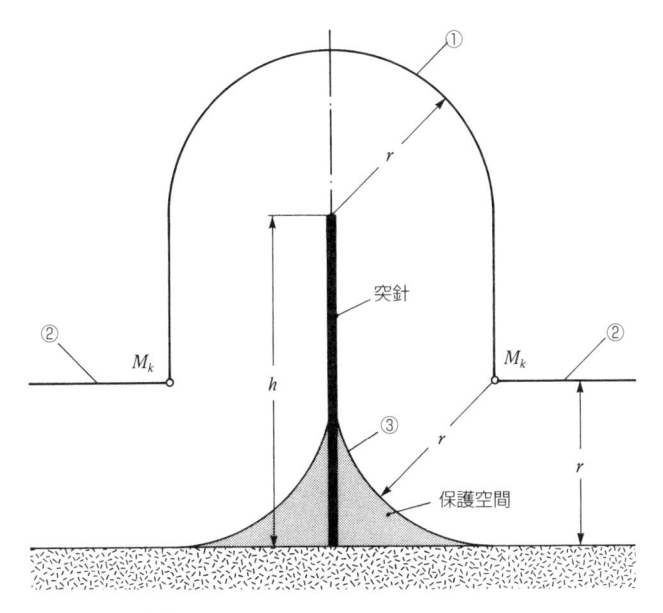

図 9.9 突針の保護空間 ($h > r$ の場合)

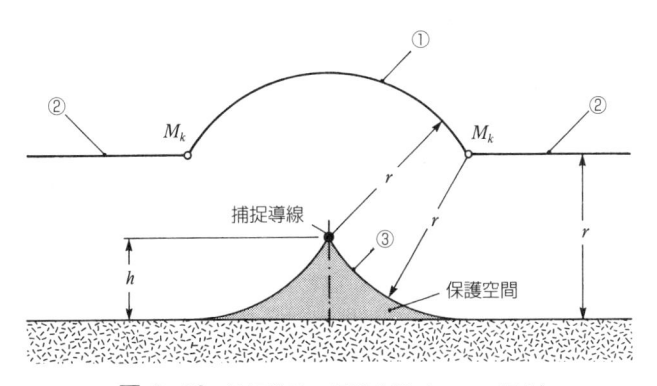

図 9.10 捕捉導線の保護空間 ($h \leq r$ の場合)

あらかじめ許容距離 d が与えられている場合，メッシュ幅 w は，

$$w = 2 \cdot \sqrt{d(2r-d)} \quad \text{(m)}$$

メッシュ幅 w が与えられている場合，距離 d は，

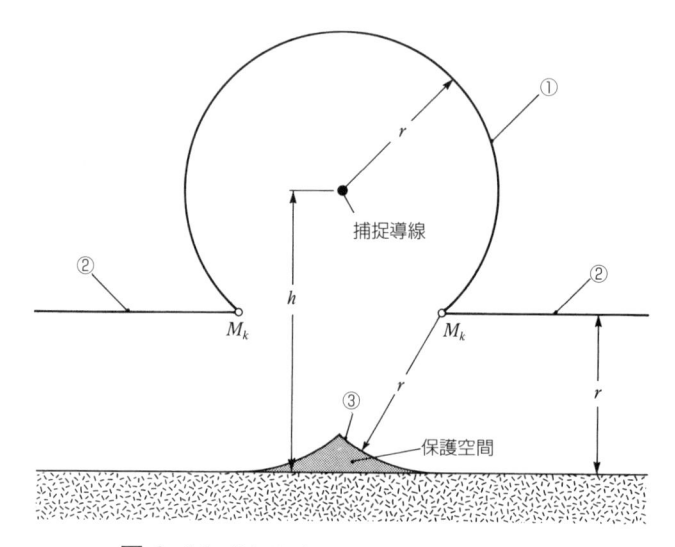

図 9.11 捕捉導線の保護空間（$h > r$ の場合）

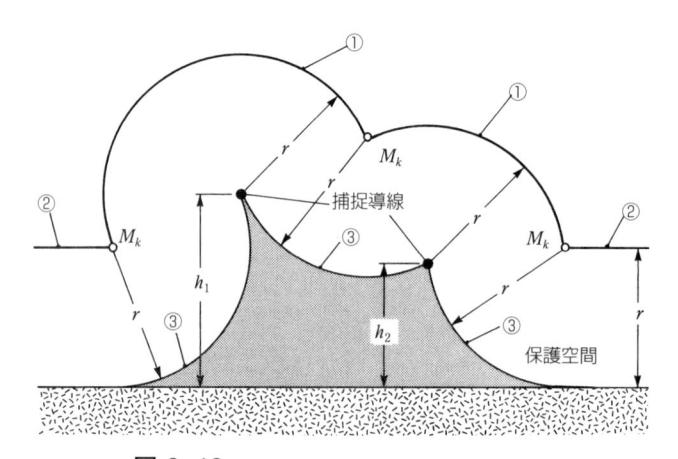

図 9.12 平行2線水平捕捉導線の保護空間

$$d = r - \sqrt{r^2 - (w/2)^2} \quad \text{(m)}$$

 d：距離（m）

 r：最終雷撃距離（m） 要求レベルによる（表9.1参照）

w：矩形捕捉導線メッシュの短辺長（m）

　DIN VDE 0185 Part 100，DIN VDE 0185 Part 1, 2では，要求レベルに応じて5〜10 mのメッシュ幅sを推奨している。しかし，ここでは簡単のために$d = 0$と仮定している。

　この項で示した考察は，原理的には水平ではない（傾いた）メッシュにも有効である。

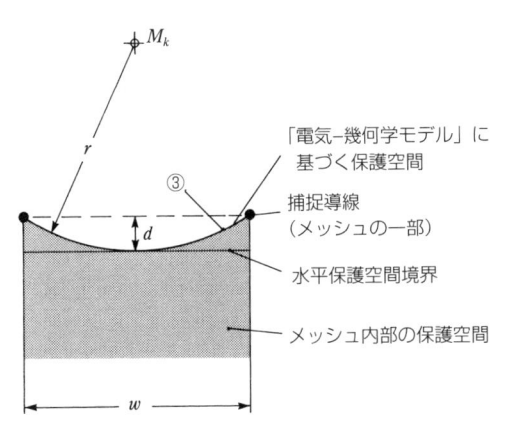

図 9.13 平行2線水平捕捉導線の保護空間

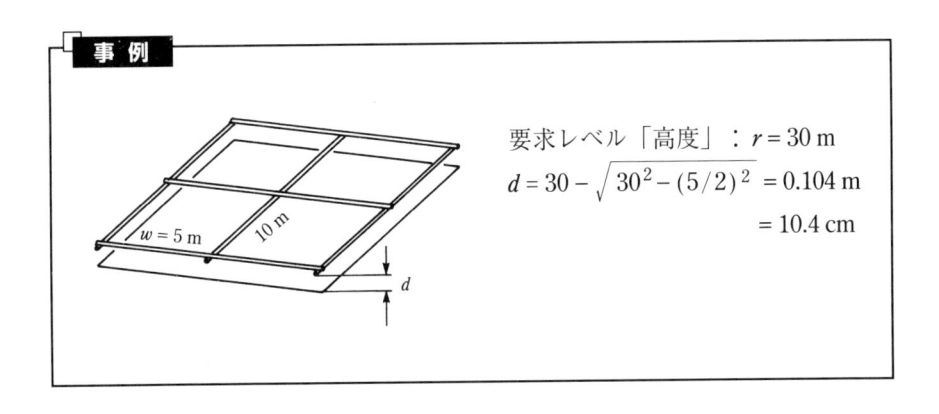

事例

要求レベル「高度」：$r = 30$ m

$d = 30 - \sqrt{30^2 - (5/2)^2} = 0.104$ m

$\phantom{d = 30 - \sqrt{30^2 - (5/2)^2} } = 10.4$ cm

$w = 5$ m，10 m

9.2.3 任意の配置における保護空間

「電気-幾何学モデル」の仮説に基づき，任意の配列，数の雷保護装置において，保護すべき物体が雷捕捉設備の保護範囲すなわち，保護空間内にあるかどうかを検討するための，普遍的な方法が提示されている。このためにまず，保護対象物体の外形と保護設備の，1/100～1/500の模型を作る。次に要求保護レベルに応じて，雷撃距離半径20，30または45 mの球を同じ縮尺で作る。この雷球の中心点Mを，接地された物体ないしは大地に距離 r まで接近したリーダ雷先端と仮定する。

雷球を地表面上で模型の周辺を回って回転させ，また，模型の上方のあらゆる方向から模型に沿って回転させる。この場合に，雷球が受雷部または雷捕捉装置として働く金属設備部分にのみ接触する場合は，保護対象物は完全に保護空間内にある（図9.14，図9.15，図9.16）。

しかし，雷球が保護対象物体の部分に接触する場合，この位置の保護は不完全である。この場合には，雷捕捉装置を拡張し，保護対象物体が雷球に触れないようにしなければならない。これによって保護対象物に対する受雷部の過剰な設計があるかどうかについてもチェックされる。

通常雷保護装置の構成が比較的単純な場合には，実際の模型製作は省略し，

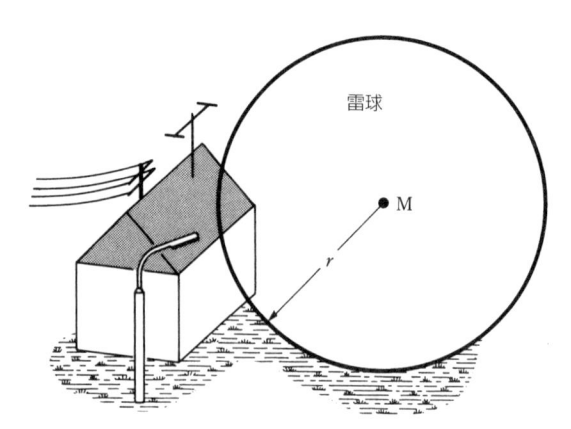

図 **9.14** 照明マスト，テレビアンテナ，架空配電線屋根スタンドの保護空間決定

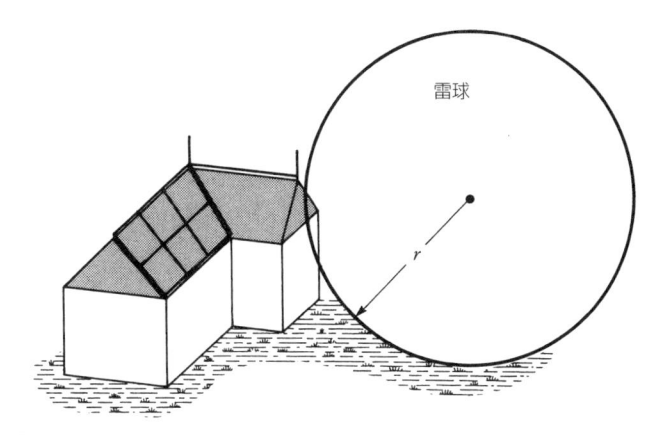

図 9.15 突針，避雷導線，メッシュ導線の保護空間決定

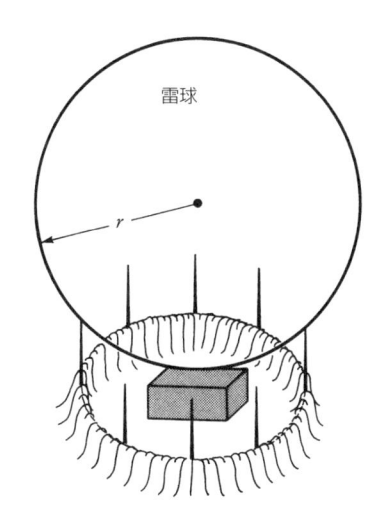

図 9.16 突針保護範囲の決定（爆発の危険のある建物の保護）

雷球概念に基づく考察により保護範囲をチェックすることができる。

9.2.4 保護空間些事

塔の頂部における雷痕跡は，雷球を回転させたときに抵触しないような領域でも確認されている。これは，とりわけ，多重雷または長時間雷の場合，放電

の脚点が風の影響によって転移することに起因する。この現象から，かかる条件下では雷球法によって得られた落雷点は，落雷の際およそ 1 m の範囲で拡張されることがあるという結論が導かれる。

　このことは，落雷点にすぐ近い物体は金属ケージを用いて包むことによってのみ，最良の保護が可能であることを意味している。

10 避雷導線

　避雷導線の役割は，雷捕捉装置によって受容された雷電流を，許容できないほどの高い温度上昇を生ずることなく，接地設備に導くことである。避雷導線材料として，基本的には銅，アルミニウム，鉄が用いられる。避雷導線の最小寸法として，電気的な理由から DIN VDE 0185 Part 100 及び DIN VDE 0185 Part 1 では次のように定められている。

- ・銅　　　　　　　　 16 mm^2
- ・アルミニウム　　　 25 mm^2
- ・鉄　　　　　　　　 50 mm^2

　1本の避雷導線のみで全雷電流を流すと仮定した場合，要求レベルごとに表10.1に示す温度上昇が発生する（5.5節参照）。表10.1に示す温度上昇は短時間のみであり，一般には許容される。多数の避雷導線により雷電流を分担する場合は，5.5節に示す式を用いて温度上昇を計算する。

表 **10.1** 避雷導線の温度上昇（℃）

要求レベル	銅 16 mm^2	アルミニウム 25 mm^2	鉄（$\rho : 120 \cdot 10^{-9} \Omega$m）50 mm^2
極度	309	283	211
高度	144	133	96
通常	56	52	37

11 接地

11.1 定義の説明

大地とは，場所としての大地及び物質としての土壌，例えば沃土，粘土，砂，砂礫，岩石を意味する。

基準大地（「中性の」大地）とは，大地の部分であって，接地ないしは接地設備の影響外の地表面であり，その任意の2点間において，接地電流に起因する，顕著な電圧が生じていない大地をいう。

接地とは大地に埋め込まれ，大地と導通状態にある導体または，大地と大面積で接触しているコンクリート中に埋め込まれた導体をいう（例えば基礎接地）。

接地導線とは，接地されるべき装置部分を接地と結合する導線をいい，大地外にまたは大地中で絶縁して布設される。

接地設備とは，互いに導通状態で結合された接地，または同様な機能を有する金属部分（例えば鉄筋，ケーブル用金属外被）及び接地導線の，場所的に限定された全体をいう。

（丸棒または帯材からなる）**表面接地**とは，一般に約1 m以下の比較的浅い深さに布設された接地であって，例えば放射状，環状またはメッシュ接地及びこれらの組合せにより構成される。

（丸棒または型材からなる）**深打ち接地**とは，一般に垂直に比較的深部まで埋め込まれた接地である。多くの場合，複合体とすることが可能である。

既存の接地とは，大地と直接，またはコンクリートを介して結合している金属部分であって，本来の目的は接地ではないが，接地として機能するものをいう（例えばコンクリート基礎の鉄筋，配管等）。

基礎接地とは，大地と大面積で接触しているコンクリート基礎に埋め込まれた導体をいう（図11.1）。

調整接地とは，電位調整作用を目的として形状及び配置を定めた接地をいう（図11.1）。

大地抵抗率 ρ_E とは，大地の抵抗率をいう。多くの場合，Ωm 単位で示される。

接地の広がり抵抗 R_A とは，当該接地と基準大地の間の抵抗をいう。R_A は実際の有効抵抗である。

接地設備の**接地インピーダンス** Z_E とは，接地設備と基準大地間に生ずるインピーダンスである（このインピーダンスの決定には特に接地効果をもつ接続ケーブル及び並列接続された接地設備が関与する）。

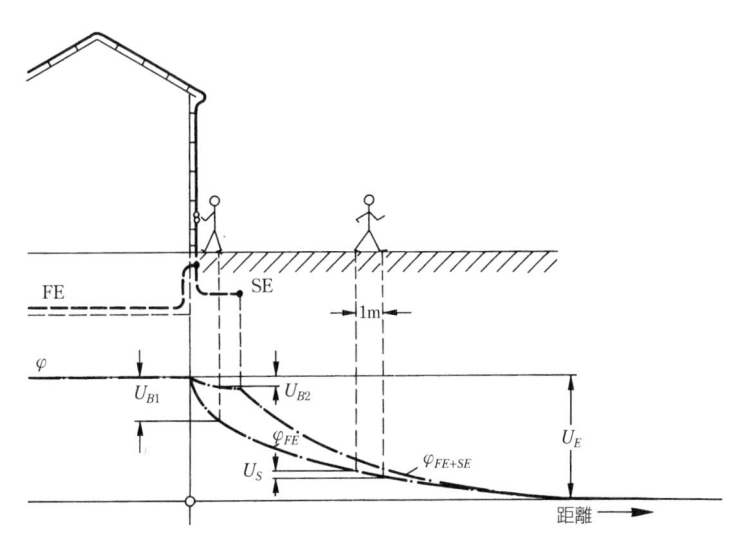

U_E：接地電圧　　　　　　φ：大地表面電位
U_B：タッチ電圧　　　　　FE：基礎接地
U_S：ステップ電圧　　　　SE：調整接地（環状接地）

図 11.1 基礎接地及び調整接地に雷電流が流れた場合の大地表面電位及び電圧

インパルス接地抵抗R_{st}とは，雷電流通過の際に接地設備の1点と，基準大地の間に生ずる抵抗である。

接地電圧U_Eとは，電流が流れたときに接地設備と基準大地間に生ずる電圧である（図11.1）。

大地表面電位φとは，地表面上の1点と基準大地間の電圧である（図11.1）。

タッチ電圧U_Bとは，人によってブリッジされ得る接地電圧の部分である。この場合部分電流は人体を介して手から足（タッチ可能な水平距離1m）または手から手に流れる（図11.1）。

ステップ電圧U_Sとは，人の歩幅1mでブリッジされる接地電圧の部分である。この場合，部分電流は人体を介して足から足に流れる（図11.1）。

電位調整とは，接地により大地表面電位に及ぼす影響をいう。

閉じた建築領域とは，建築物の密度により，基礎接地及び接地作用のある供給設備（配管等）が全体としてメッシュ接地と同様な作用をする領域をいう。

11.2 大地抵抗率及びその測定

接地広がり抵抗R_A，接地インピーダンスZ_E及びインパルス接地抵抗R_{st}の大きさの尺度となる大地抵抗率ρ_Eは，土壌組成，土壌水分及び温度に依存する。抵抗率の値は広範囲にわたる（図11.2）。実測により，抵抗率は接地の埋設深さによって著しく変化することがわかった。土壌抵抗の負の温度係数（$\alpha = 0.02 \sim 0.04$ 1/K）により，大地抵抗率は夏季に最小となる。したがって，最悪の条件（最低温度）でも許容危険電圧値を超えないようにするため，接地広がり抵抗の測定値を予期される最大値に換算することを推奨する。

更に，約1.5m以下の深さの接地では，降水の影響がない場合，最大，最小の差が約60%に達する。

より深く埋設された接地（特に深打ち接地）では，この差はわずか20%である（図11.3）。大地抵抗率の季節的な変化は，ほぼ正弦波状であるため，特定の日に測定した接地設備の広がり抵抗R_Aを用いて，予期される最大値に換算することができる。

ロシアのカザフーキロワバード地域にて，3mの深打ち接地と，0.5mの深さ

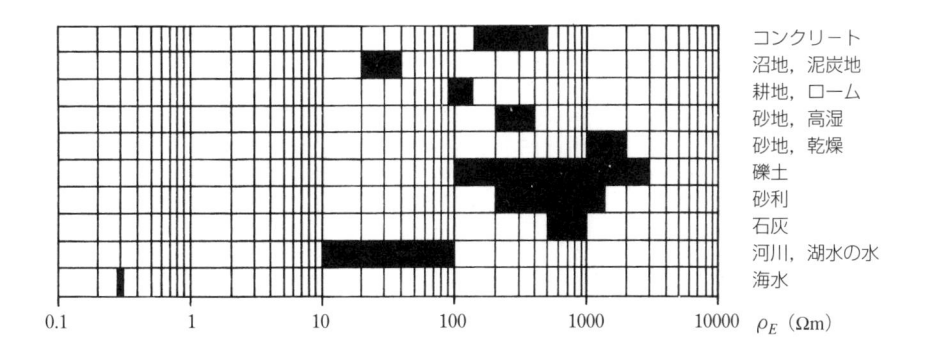

| | | | | | | コンクリート
| | | | | | | 沼地，泥炭地
| | | | | | | 耕地，ローム
| | | | | | | 砂地，高湿
| | | | | | | 砂地，乾燥
| | | | | | | 礫土
| | | | | | | 砂利
| | | | | | | 石灰
| | | | | | | 河川，湖水の水
| | | | | | | 海水

0.1　　1　　10　　100　　1000　　10000　ρ_E (Ωm)

図 11.2 大地抵抗率 ρ_E

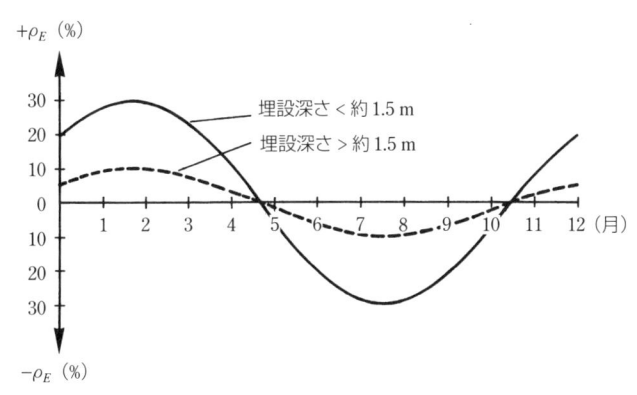

図 11.3 大地抵抗率 ρ_E の季節的変化
（降水の影響を除く）

に設置された表面接地について広範な測定が行われた結果，すべての影響値の最も不利な値は，次のようにして得られることがわかった。

- 深打ち接地の場合，湿気のある土壌で得られた値には係数3，乾燥した土壌で得られた値には係数2を乗ずる。
- 表面接地の場合，湿気のある土壌で得られた値には係数4，乾燥した土壌で得られた値には係数2を乗ずる。

大地抵抗率を求めるために，4端子接地抵抗測定ブリッジが用いられる（図11.4）。

図 11.4 4端子接地抵抗測定ブリッジの例

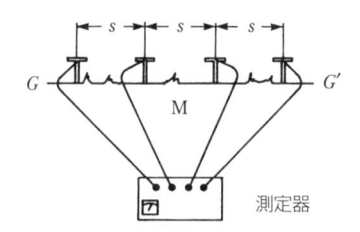

図 11.5 4端子抵抗測定ブリッジを用いたWenner法による大地抵抗率 r_E の測定

Wennerによれば，測定は中点Mで行われ，この点は以後行われるすべての測定の際キープされる（図11.5）。

地上に引かれた直線 $G-G'$ 上に4本の測定プローブ（長さ30〜50 cmの接地棒）が地中にねじ込まれる。測定された抵抗 R から，測定プローブ間隔に対応する深さまでの地中領域の抵抗率が求められる。

$\rho_E = 2\pi \cdot s \cdot R$　　（Ωm）

　　R：測定された抵抗値（Ω）
　　s：プローブ間隔（m）

プローブ間隔を大きくし，接地抵抗測定ブリッジを改めて調整することによって，深さに関係する抵抗率の変化を求めることができる。

11.3 雷保護接地設備

DIN VDE 0185 Part 1, 2及び100により，すべての雷保護装置には，例えば基礎接地，コンクリートの鉄筋，鉄骨構造，または土留め隔壁の鉄材部等の十分な接地がない限り，各々に接地設備を設けねばならない。接地は水道管その他の金属パイプ及び電気設備の接地導線と接続されていなくても，十分な機能を果たすものでなければならない。

11.3.1 広がり抵抗

広がり抵抗R_Aの大きさは，建物または他の設備の雷保護のためにはあまり大きな意義をもたない。重要なことは，ほぼ大地レベルで，雷保護等電位化が問題なく行われ，雷電流が危険なく大地領域に分散されることである。絶縁されて建物に引き込まれた導線には接地電圧U_Eの全体の電圧が加わる。ここで貫通または表面閃絡の危険を避けるために，このような導線は分離用火花ギャップを介して，また，常時電圧の加わっている電線の場合には雷電流アレスタを介して，雷保護等電位化のために常に接地設備と接続する。タッチ，ステップ電圧をできるだけ小さくするためには，広がり抵抗を小さく保つことが必要となる。

DIN VDE 0185 Part 1においては，問題のない雷保護等電位化を有する設備に対して，一定の接地設備の広がり抵抗値を規定していない。DIN VDE 0185 Part 100では「危険な過電圧を発生させることなく雷電流を大地に分散させるためには，接地抵抗を特定値に決めることよりも接地設備の配置や寸法の方が重要である。しかし一般的には，接地抵抗が低い方が有利である」と説明している。

雷保護の見地から，すべての接地設備（例えば雷保護用，低圧設備用，通信設備用）を共通に接続し，メッシュ状とすることが最良である。

選択の基本となる接地は基礎接地である。基礎接地はコンクリート基礎中に

防食構造で埋設され，建物設備を環状に取り囲む。基礎接地には十分に多くの接続端子板が設けられ，避雷導線を接続できるように建物から引き出される。この接続端子は特にコンクリート，壁構造中を地表上まで引き出される。基礎接地は更に屋内に導かれる追加の接続端子を設けなければならない（図11.6）。この接続端子は次の設備のために必要である。

・雷保護等電位化
・DIN VDE 0100による主等電位化
・特に基礎接地と平行に布設される環状接地導線の形態のDIN VDE 0800による接地集合導線（環状等電位母線）

基礎接地の設置が不可能の場合，環状接地が次善の解決策である。基礎接地ないしは雷保護等電位母線（例えば接地環状導線の形態）に対して，建物基礎中の鉄筋が多くの点で接続される（図11.7）。これによって，電気，磁気的な基礎遮蔽のほかに，大地レベルでの電磁的な平面等電位化が実現され，これは建物内部の情報技術設備に対する一連の内部雷保護の中で，常に重要な意義を有する。それだけでなく，これによって最良の低い接地抵抗をもつ広がりのある平面接地が実現される。更に接地設備と近接した建物設備の接続ができ，それによって低い接地インピーダンスZ_Eを有する等電位化された平面接地網が実現される。

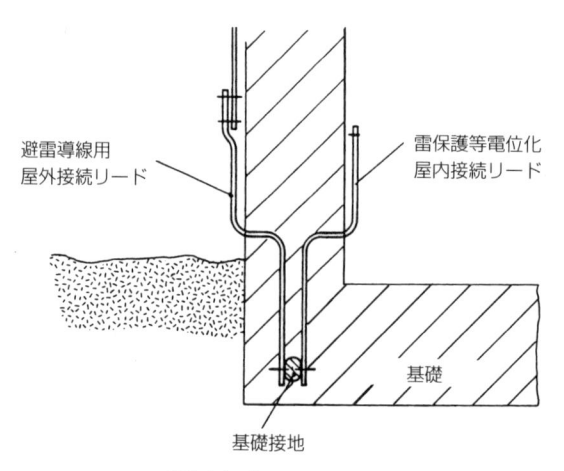

図 11.6 接続リード付基礎接地

11. 接　地　147

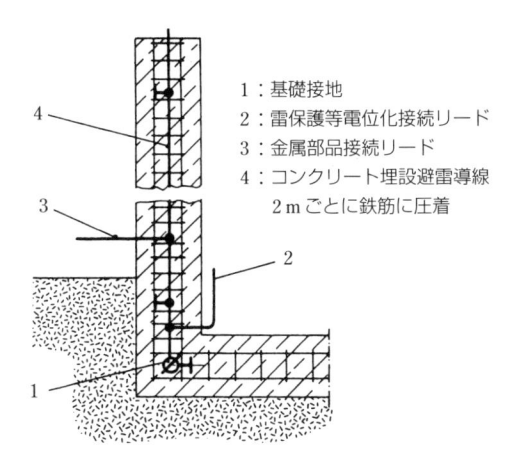

図中凡例：
1：基礎接地
2：雷保護等電位化接続リード
3：金属部品接続リード
4：コンクリート埋設避雷導線
　　2mごとに鉄筋に圧着

図11.7 接続リード及びコンクリート埋設避雷導線を接続した鉄筋コンクリート埋設基礎接地

　雷保護接地設備と，他の地中に埋設された装置及び設備との間隔が，一定の安全距離s以下となった場合，個々のケースで腐食の危険度（11.8節，11.9節参照）を考慮して電導性接続が可能か，または分離用火花ギャップを介して必要な接続を行うべきかを決定しなければならない。

　安全距離は次式により求める。

$$s > \frac{i_{max} \cdot R_A}{E_d} \quad (m)$$

　　E_d：土壌の貫通破壊耐圧（kV/m）
　　i_{max}：雷電流最大値（kA）
　　R_A：広がり抵抗（Ω）

　土壌の貫通破壊耐圧は，約500 kV/mとみなされる。
　DIN VDE 0185 Part 100では，接地設備を二つの基本形式に区別している（タイプA，B）。タイプAは小さな建物で，大地抵抗率が比較的低い場合のみに用いられ，放射状または深打ち接地からなる。各避雷導線は少なくとも1個の特別の放射状または深打ち接地に接続しなければならない。ただし，接地の総数は2個よりも少なくてはならない。

事例

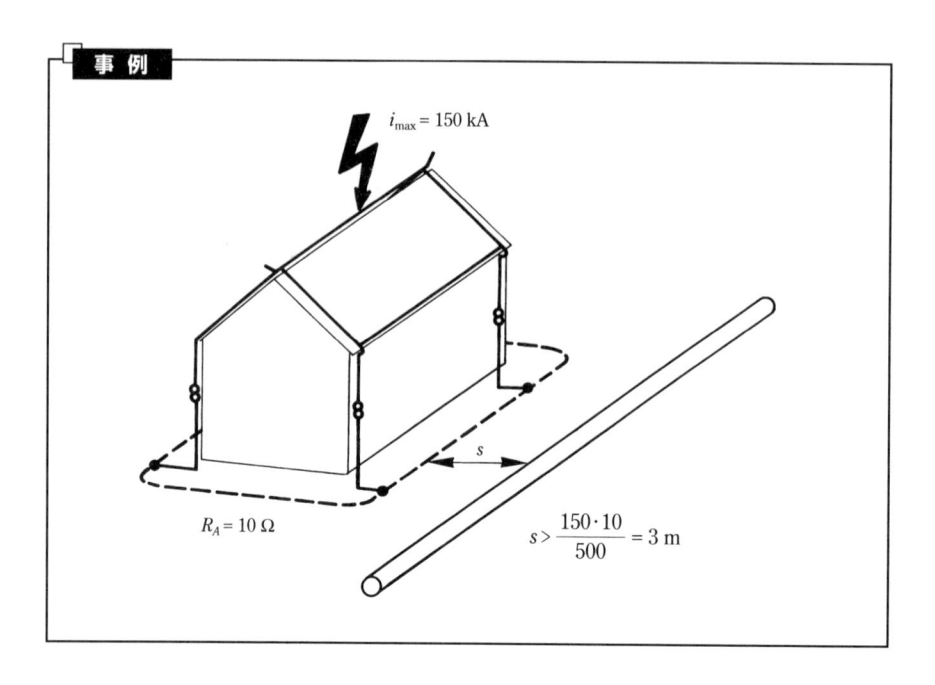

$i_{max} = 150$ kA

$R_A = 10\ \Omega$

$s > \dfrac{150 \cdot 10}{500} = 3$ m

各接地の最小の長さは次のとおりである。
・放射状接地に対し l_1
・深打ち接地に対し $0.5 \cdot l_1$

この場合，l_1 は図 11.8 の放射状接地の最小長さである。広がり抵抗 R_A が 10 Ω 以下の場合，上述の最小長さは考慮しなくてもよい。タイプ B は環状または基礎接地からなり，環状または基礎接地により囲まれる領域の最小の幾何学的半径 r が，保護クラスに対応して，l_1 よりも短くてはならない（図 11.8）。

大地抵抗率測定は次の場合省略してよい。
・大地抵抗率が 1 000 Ωm より低いことが実証されている。
・保護クラス I が選定されている。
・$r \geq 20$ m

大地抵抗率測定値を用いて，保護クラス I に対し図 11.8 から l_1 が得られ，その値が r の予定値よりも大きい場合，追加の放射状または深打ち接地を付加しなければならない。その長さ l_h（水平），l_v（垂直）は次式による。

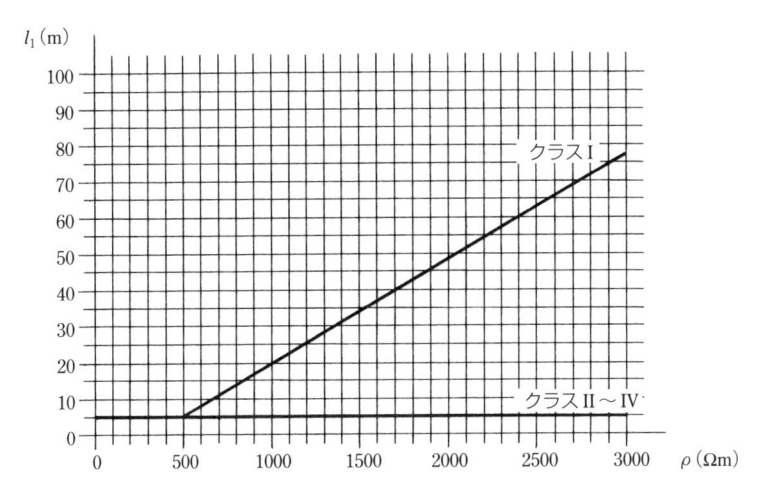

図 11.8 大地抵抗率と保護クラスごとの接地の最小長さの関係
(DIN VDE 0185 Part 100 による)

$$l_h = l_1 - r$$

$$l_v = \frac{l_1 - r}{2}$$

11.3.2 インパルス接地抵抗

　深打ち接地または表面接地のような線状接地の場合，雷電流が流れる間に有効なインパルス接地抵抗 R_{st} は，広がり抵抗 R_A の測定値または近似計算値と必ずしも等しくない。線状接地はむしろπ型4端子網の直列接続と考えるべきであり，この場合，実効長さの低減が起こり，R_A に対して R_{st} が大きくなる。更に地中で，雷電流通過の際に接地電極からスタートする火花放電が起こる可能性があり，この場合は R_A に対して R_{st} が小さくなる。

　鉄筋コンクリート基礎のような半球状接地では上述の効果は生じない。したがって $R_{st} = R_A$ である。

11.3.2.1 接地有効長

　深打ち接地は通常，同軸円柱配列と解釈される（図11.9）。長さ l，半径 r の接地電極を流れる雷電流 I は放射状の分岐電流に分かれる。電流岐路は半径 r_a

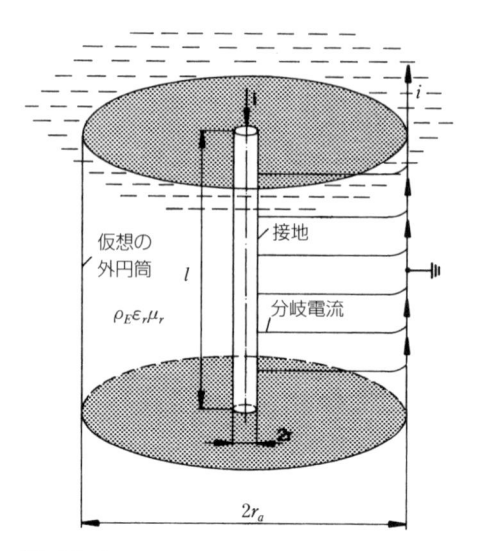

図 11.9 同軸円柱として表示した深打ち接地

の仮想の外円筒が受け持つ。接地電極を取り囲む土壌は大地抵抗率 ρ_E, 誘電率 ε_r, 透磁率 μ_r を有する。ρ_E は最小値 0.3 Ωm（海水）から最大値数千 Ωm（乾燥した岩盤）をとる。ε_r は土壌成分と含水率により 1（空気）から 80（水）の間, μ_r はほぼ 1 である。

図 11.9 に示す配置の 1 m の部分片は, 図 11.10 の π 型 4 端子等価回路で示される。等価回路には縦抵抗要素 R', 縦インダクタンス要素 L', 横キャパシタンス要素 C'（$2 \times C'/2$ に分割）及び横伝導度 G'（$2 \times G'/2$ に分割）が含まれる。金属の接地電極の $R'l$ はインパルス接地抵抗に比較して非常に小さいので, 以後の考察では 0 と仮定する。更に C' を通って流れるキャパシティブの横電流は, あらゆる実際の条件下で, C' を流れるオーミック横電流よりも著しく小さいので, C' も同様に 0 とみなし得る。重要な電導要素に関して次式が成り立つ。

$$L' = \frac{\mu_0}{2\pi} \ln \frac{r_a}{r}$$

$$G' = \frac{2\pi}{\rho_E} \cdot \frac{1}{\ln r_a/r}$$

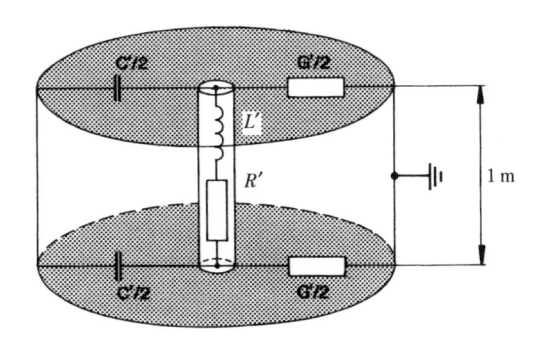

図 11.10 深打ち接地の π 型 4 端子要素

ここで r_a の評価値が問題となる。r_a は L',G' に対して指数関数的な影響しかもたないので,r の選択は重要ではない。近似的に $r_a = 1$ とおくことができる。したがって,

$$L' = 0.200 \cdot \ln l/r \quad (\mu\mathrm{H}/\mathrm{m})$$

$$G' = \frac{6.28}{\rho_E} \cdot \frac{1}{\ln l/r} \quad (\mathrm{S}/\mathrm{m})$$

l:深打ち接地の長さ (m)
r:深打ち接地の半径 (m)
ρ_E:大地抵抗率 (Ωm)

図 11.10 に示す等価回路を有する接地は,進行波インピーダンス Γ,進行波速度 v を有する進行波導体として示すことができる。自然の大地条件 ($R' = 0$,$C' = 0$) において,

$$\Gamma = \sqrt{\frac{2\pi f L'}{G'}}$$

$$v = \sqrt{\frac{4\pi f}{L'G'}}$$

図 11.11 には,大地抵抗率をパラメータとし,進行波インピーダンスと,周波数に依存する進行波速度の光速比を示している。ここから,100 kHz 領域に

おける Γ は，平均的な ρ_E 約 100 Ω の場合で約 10 Ω となり，v/c は 1 よりもかなり小さく，100 kHz 領域，$\rho_E = 100$ Ω ではわずか約 0.03 であることがわかる。

インパルス接地抵抗 R_{st} は計算値であり，周辺遠方に対する接地端子電圧の最大値 $U_{E/\max}$ を接地端子に流れ込む雷電流の最大値 $i_{\max}$ で割った値である。$U_{E/\max}$ と $i_{\max}$ は同時には生じない。$U_{E/\max}$ の方が $i_{\max}$ よりも早く到達する。

深打ち接地は，光速に対して著しく低い進入速度 v により，最大有効長 l_{eff} を有する。l_{eff} を超えて延長してもインパルス抵抗を低減することはできない。有効長は次式により求められる。

$$l_{\text{eff}} \fallingdotseq \sqrt{\frac{T_1}{L'G'}} = 0.9\sqrt{T_1 \cdot \rho_E} \quad \text{(m)}$$

T_1：雷電流波頭長（μs）
L'：深打ち接地の長手方向インダクタンス（H/m）
G'：深打ち接地の長手方向導電度（S/m）

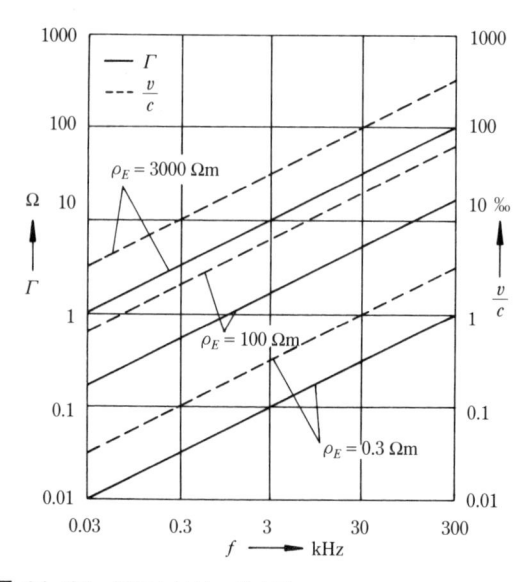

図 11.11 深打ち接地の進行波インピーダンスと進行波速度
（$r = 1$ cm, $l = 10$ m）

ρ_E：大地抵抗率（Ωm）

更にインパルス抵抗に対して，

$$R_{st} = \frac{1}{G' \cdot l_{\text{eff}}} \quad (\Omega)$$

G'：深打ち接地の長手方向導電度（S/m）
l_{eff}：接地有効長（m）

接地の実際の長さ l が有効長よりも短い場合，以下の関係式には l_{eff} の代わりに l を用いる。5.7節の説明から T_1 は，

・正または負極性の第1インパルス電流に対し，10 μs
・負極性従属雷インパルス電流に対し，0.25 μs

したがって，

・$l_{\text{eff}} = 2.9 \sqrt{\rho_E}$ （m）
（正または負極性インパルス電流に対して）

・$l_{\text{eff}} = 0.45 \sqrt{\rho_E}$ （m）
（負極性従属雷インパルス電流に対して）

ρ_E：大地抵抗率 （Ωm）

事例

$l_{\text{eff}/10\,\mu s} \fallingdotseq 2.9\sqrt{30} = 16\,\text{m}$

$l_{\text{eff}/0.25\,\mu s} \fallingdotseq 0.45\sqrt{30} = 2.5\,\text{m}$

$G' = \dfrac{6.28}{30} \cdot \dfrac{1}{\ln \dfrac{20}{0.01}} = 0.028\,\text{S/m}$

$R_{st/10\,\mu s} = \dfrac{1}{0.028 \cdot 16} = 2.2\,\Omega$

$R_{st/0.25\,\mu s} = \dfrac{1}{0.028 \cdot 2.5} = 14\,\Omega$

$R_A = 1.8\,\Omega$ （11.5節参照）

$T_1 = 10\,\mu\text{s}$ または $0.25\,\mu\text{s}$
$\rho_E = 30\,\Omega\text{m}$
$l = 20\,\text{m}$
$2r = 2\,\text{cm}$

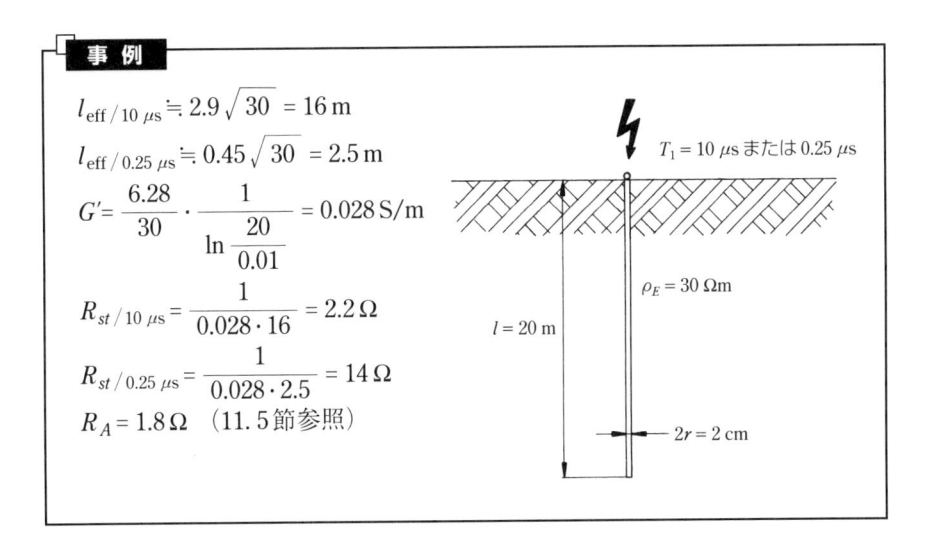

表面接地は近似的に同軸半円筒と表すことができる。したがって，

$$G' = \frac{3.14}{\rho_E} \cdot \frac{1}{\ln \frac{l}{r}} \quad (\text{S/m})$$

近似的にインダクタンス L' は，深打ち接地のそれに等しいと仮定すると，実効接地長及びインパルス接地抵抗は，

$$l_{\text{eff}} \fallingdotseq \sqrt{2} \cdot 0.9 \cdot \sqrt{T_1 \cdot \rho_E} \fallingdotseq 1.3\sqrt{T_1 \cdot \rho_E} \quad (\text{m})$$

$$R_{st} = \frac{1}{G' \cdot l_{\text{eff}}} \quad (\Omega)$$

T_1：雷電流立ち上がり時間（μs）
ρ_E：大地抵抗率（Ωm）
l：表面接地の長さ（m）
r：表面接地の半径（m）

11.3.2.2 土中放電

深打ち接地及び表面接地では雷電流の流れる間，土中放電によって実効インパルス抵抗が広がり抵抗 R_A よりも小さくなることがある。放電が接地極の有効半径を拡大する作用を有する。

図11.12に示す深打ち接地について考察する。接地丸棒の半径 r_o が放電によって実効半径 r_{eff} に増大し，r_{eff} の大きさは，その放電限界において土壌の放電電界強度を超えないという理想化した仮定からスタートする。

広がり抵抗について次式が成り立つ。

$$R_A = \frac{\rho_E}{2\pi l} \ln \frac{l}{r_o} \quad (\Omega)$$

インパルス接地抵抗については，

$$R_{st} = \frac{\rho_E}{2\pi l} \ln \frac{l}{r_{\text{eff}}} \quad (\Omega)$$

半径 r の深打ち接地の周辺部の電界強度 E は，

事 例

$l_{\text{eff}/10\,\mu s} \fallingdotseq 1.3\sqrt{10 \cdot 30} = 23\,\text{m}$

$l < l_{\text{eff}/10\,\mu s}$ したがって l は有効。

$l_{\text{eff}/0.25\,\mu s} \fallingdotseq 1.3\sqrt{0.25 \cdot 30} = 3.6\,\text{m}$

$G' = \dfrac{3.14}{30} \cdot \dfrac{1}{\ln\dfrac{15}{0.01}} = 0.014\,\text{S/m}$

$R_{st/10\,\mu s} = \dfrac{1}{0.014 \cdot 15} = 4.8\,\Omega$

$R_{st/0.25\,\mu s} = \dfrac{1}{0.014 \cdot 3.6} = 20\,\Omega$

$R_A = 4.7\,\Omega$ （11.4項参照）

$T_l = 10\,\mu s$ または $0.25\,\mu s$

$2r = 2\,\text{cm}$

$l = 15\,\text{m}$

$\rho_E = 30\,\Omega\text{m}$

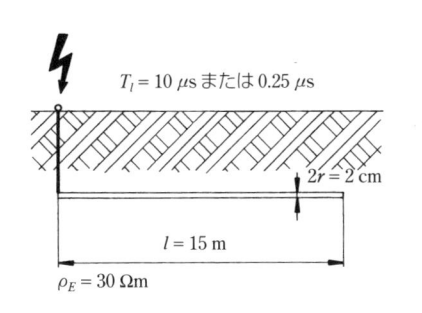

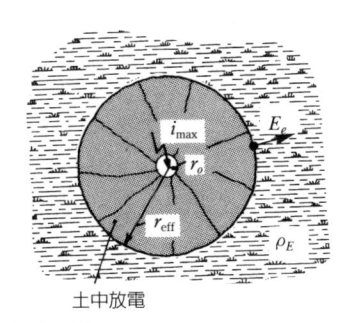

図 11.12 土中放電を伴う深打ち接地

$$E = i \cdot \dfrac{\rho_E}{2\pi l} \cdot \dfrac{1}{r} \quad (\text{V/m})$$

したがって深打ち接地の実効半径は，

$$r_{\text{eff}} = i_{\max} \cdot \dfrac{\rho_E}{2\pi l} \cdot \dfrac{1}{E_e} \quad (\text{m})$$

E_e：土壌の放電電界強度（V/m）

i：深打ち接地に流入する雷電流（A）

$i_{\max}$：深打ち接地に流入する雷電流最大値（A）

l：深打ち接地の長さ (m)

r：深打ち接地の可変半径 (m)

r_o：深打ち接地の半径 (m)

ρ_E：大地抵抗率 (Ωm)

上式にてr_{eff}がr_oよりも小さければ$R_{st} = R_A$である。

インパルス接地抵抗に対して次式が成り立つ。

$R_{st} = k \cdot R_A$　　(Ω)

　　k：低減率

$r_{\text{eff}} > r_o$の場合，低減率は1よりも小さくなり，次式により求められる。

$$k = \frac{\ln\dfrac{2\pi l^2 \cdot E_e}{i_{\max} \cdot \rho_E}}{\ln\dfrac{l}{r_o}}$$

記号の意味は上記のとおりである。

広がり抵抗に対する実効接地抵抗の低減は，次の場合，より明瞭に現れる。

・大地抵抗率ρ_Eが大きいほど

・接地に流入する雷電流の最大値$i_{\max}$が大きいほど

・接地の長さが小さいほど

・接地の半径が小さいほど

土壌の放電電界強度E_eは約$1 \cdot 10^6$ V/m = 1 MV/mと見積もられる。

Liew及びDarvenziaの測定より，100 Ωmの大地低効率の地中にある3 mの長さの深打ち接地で，最大値100 kAの雷電流が流れたとき，低減率は約0.17であることがわかった。3 m間隔で，3 mの長さの4本の並列深打ち接地を用いた場合の低減率は約0.5である。

類似の考察は，図11.13に示す表面接地に対しても有効である。広がり抵抗，インパルス接地抵抗及び表面接地の有効半径に関して次式が成り立つ。

事例

i_{max} = 150 kA
l = 20 m
ρ_E = 100 Ωm
$2r_o$ = 2 cm

$$k = \frac{\ln \dfrac{2\pi \cdot 20^2 \cdot 1 \cdot 10^6}{150 \cdot 10^3 \cdot 100}}{\ln \dfrac{20}{0.01}} = 0.674$$

$$R_A = \frac{100}{2\pi \cdot 20} \ln \frac{20}{0.01} = 6.05\,\Omega$$

$$R_{st} = k \cdot R_A = 0.674 \cdot 6.05 = 4.1\,\Omega$$

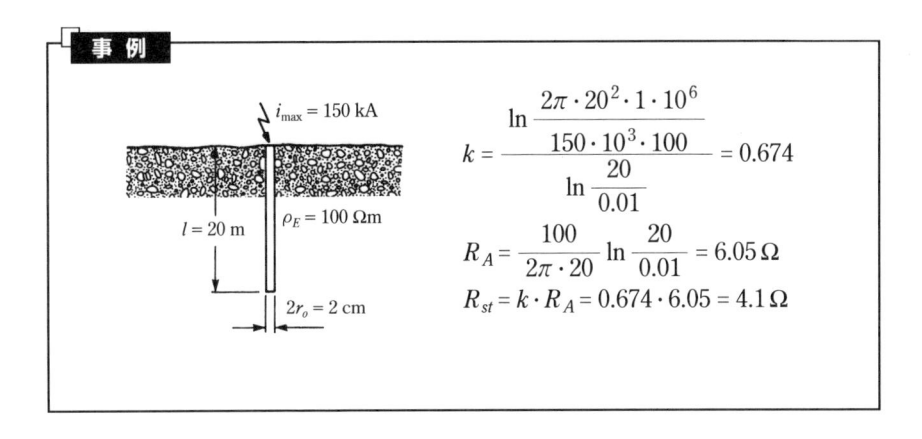

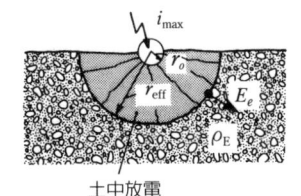

図 11.13 土中放電を伴う表面接地

$$R_A = \frac{\rho_E}{\pi l} \ln \frac{l}{r_o} \quad (\Omega)$$

$$R_{st} = \frac{\rho_E}{\pi l} \ln \frac{l}{r_{\text{eff}}} \quad (\Omega)$$

$$r_{\text{eff}} = i_{max} \cdot \frac{\rho_E}{\pi l} \cdot \frac{1}{E_e} \quad (\text{m})$$

$$R_{st} = k \cdot R_A \quad (\Omega)$$

r_{eff} が r_o よりも大きい場合の低減係数は次式により求められる。

$$k = \frac{\ln \dfrac{\pi \cdot l^2 \cdot E_e}{i_{max} \cdot \rho_E}}{\ln \dfrac{l}{r_o}}$$

| 事 例 |

$i_{max} = 150$ kA
$2r_o = 2$ cm
$l = 20$ m
$\rho_E = 100$ Ωm

$$k = \cfrac{\ln \cfrac{\pi \cdot 20^2 \cdot 1 \cdot 10^6}{150 \cdot 10^3 \cdot 100}}{\ln \cfrac{20}{0.01}} = 0.583$$

$$R_A = \frac{100}{\pi \cdot 20} \ln \frac{20}{0.01} = 12.1 \, \Omega$$

$$R_{st} = k \cdot R_A = 0.583 \cdot 12.1 = 7.1 \, \Omega$$

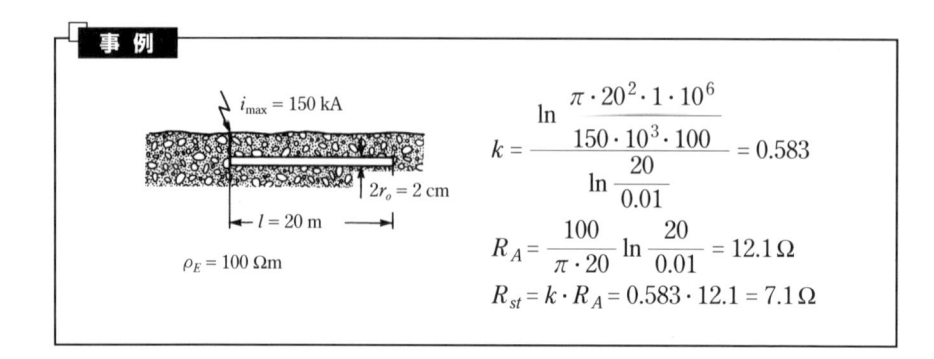

E_e:土壌の放電電界強度(V/m)
i_{max}:表面接地に流入する雷電流最大値(A)
l:表面接地の長さ(m)
r_o:表面接地の半径(m)
ρ_E:大地抵抗率(Ωm)

11.4 表面接地

　表面接地は,0.5～1 mの深さで水平に地中に埋設される。接地上の地層は,夏季には乾燥し,冬季には凍結するので,このような表面接地の広がり抵抗R_Aは,接地が地表面上にあるとして計算される。

$$R_A \fallingdotseq \frac{\rho_E}{\pi \cdot l} \cdot \ln \frac{l}{r} \quad (\Omega)$$

ρ_E:大地抵抗率(Ωm)
l:表面接地の長さ(m)
r:丸線の半径または$1/4 \times$帯線幅(m)

　交差型表面接地の形態の放射状接地は,例えば導電度の悪い土壌で,比較的低い広がり抵抗を経済的に実現しなければならない場合等に重要となる。直角で交差する十字型表面接地の広がり抵抗は次式で計算される。

11. 接　地 | 159

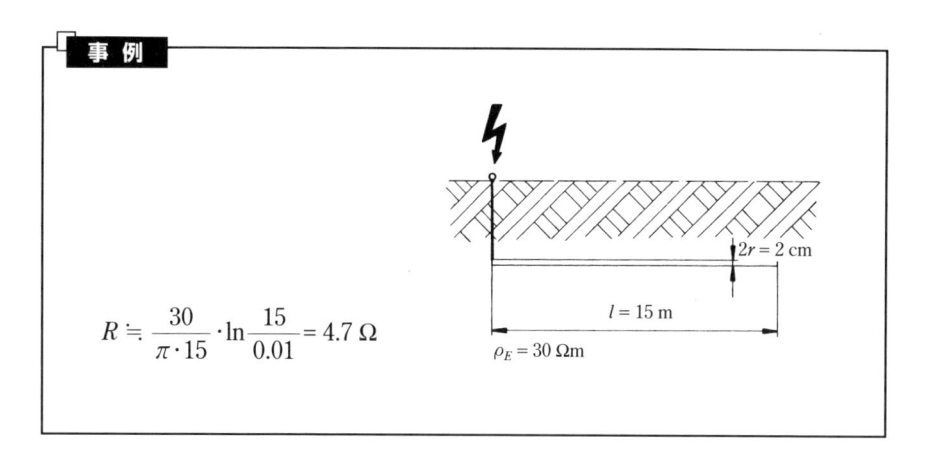

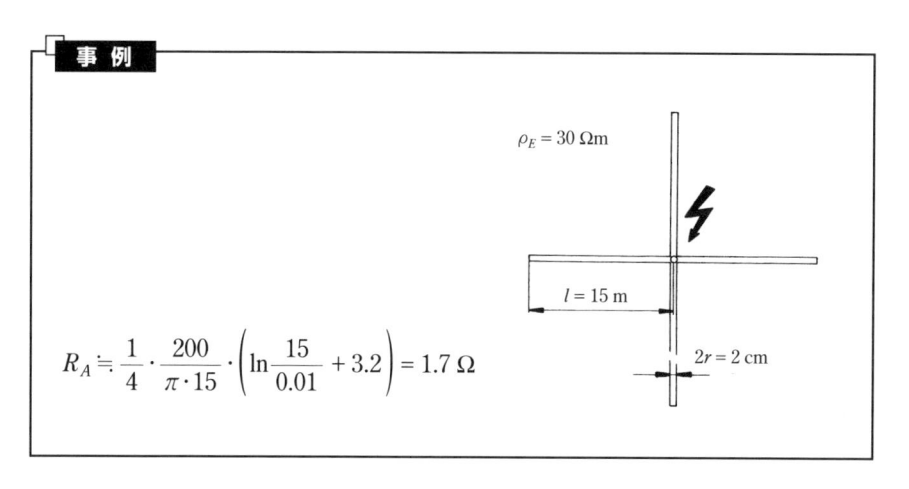

> **事 例**
>
> $$R \fallingdotseq \frac{30}{\pi \cdot 15} \cdot \ln \frac{15}{0.01} = 4.7\ \Omega$$
>
> $l = 15\ \text{m}$
> $2r = 2\ \text{cm}$
> $\rho_E = 30\ \Omega\text{m}$

> **事 例**
>
> $\rho_E = 30\ \Omega\text{m}$
>
> $$R_A \fallingdotseq \frac{1}{4} \cdot \frac{200}{\pi \cdot 15} \cdot \left(\ln \frac{15}{0.01} + 3.2\right) = 1.7\ \Omega$$
>
> $l = 15\ \text{m}$
> $2r = 2\ \text{cm}$

$$R_A \fallingdotseq \frac{1}{4} \cdot \frac{\rho_E}{\pi \cdot l} \left(\ln \frac{l}{r} + 3.2\right) \quad (\Omega)$$

ρ_E：大地抵抗率（$\varGamma$）
l：脚の長さ（m）
r：丸線の半径または$1/4\times$帯線幅（m）

　表面接地は，大地の上層の抵抗率が下層よりも低い場合には常に有利である。岩盤や，石の多い大地の場合，表面接地が唯一の解決策となる。

11.5 深打ち接地

深打ち接地の広がり抵抗 R_A は次式で求められる。

$$R_A \fallingdotseq \frac{\rho_E}{2\pi l} \cdot \ln\frac{l}{r} \qquad (\Omega)$$

ρ_E：大地抵抗率（Ωm）
l：深打ち接地の長さ（m）
r：深打ち接地の半径（m）

DIN VDE 0141 では R_A に対して次式が示されている。

$$R_A \fallingdotseq \frac{\rho_E}{2\pi l} \cdot \ln\frac{l}{r/2} \qquad (\Omega)$$

並列接続された深打ち接地で，個別接地の間隔が打込み深さよりも大きく，同じ長さの個別接地が円周上に配列されている場合，全体の広がり抵抗は次式で求められる。

$$R_{A/\text{total}} = \frac{R_{A/\text{each}}}{K_r} \qquad (\Omega)$$

$R_{A/\text{each}}$：個々の接地の広がり抵抗（Ω）
K_r：図 11.14 のグラフから得られる低減率

比較的均一の土壌（地表面と深部の固有大地抵抗が略同じ）では，同じ広がり抵抗の表面接地と深打ち接地の設備費用は略同じである。深打ち接地の長さは，表面接地の長さの約 1/2 でよい。

例えば地下水により，深部の土壌が地表面よりも良好な電導性を有する場合，常に深打ち接地の方が表面接地よりも経済的である。個々のケースで深打ち接地または表面接地のいずれがよいかの決定は，しばしば大地抵抗率が深さに依存することがあるので，これを測定することによってのみ可能である。深打ち接地を用いれば掘削作業，床損傷がなく，わずかな取付費用で比較的一定の広

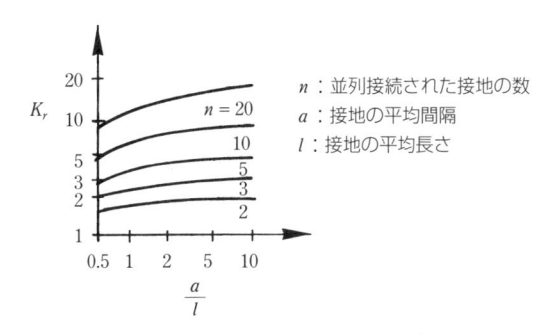

図 11.14 並列接続された深打ち接地の広がり抵抗 $R_{A/\text{total}}$ を求めるための低減率 K_r

がり抵抗が得られるので，この接地は既存の接地設備の改良にも適している（11.3.1項も参照）。

例えば砂地において導水層が深く，深打ち接地によってのみ十分に低い広がり抵抗が得られるような場合，接地領域までのリード線によってインパルス抵抗 R_{st} が増すので，深打ち接地はできるだけ保護対象物の近傍に設置しなければならない。帯状接地の端末に深打ち接地を接続した場合の広がり抵抗は，帯状接地が深打ち接地の打込み深さまで伸びたとして計算される。

11.6 環状接地

円形の環状接地の広がり抵抗は次式で求められる。

$$R_A \fallingdotseq \frac{\rho_E}{\pi^2 \cdot d} \cdot \ln\frac{\pi \cdot d}{r} \quad (\Omega)$$

ρ_E：大地抵抗率（Ωm）
d：環状接地の直径（m）
r：環状線半径または帯状接地線幅×1/4（m）

円形以外の環状接地の広がり抵抗計算の場合，面積の等しい等価円直径が用いられる。

$$d = \sqrt{\frac{4A}{\pi}} \quad (m)$$

A：環状接地が囲む面積（m^2）

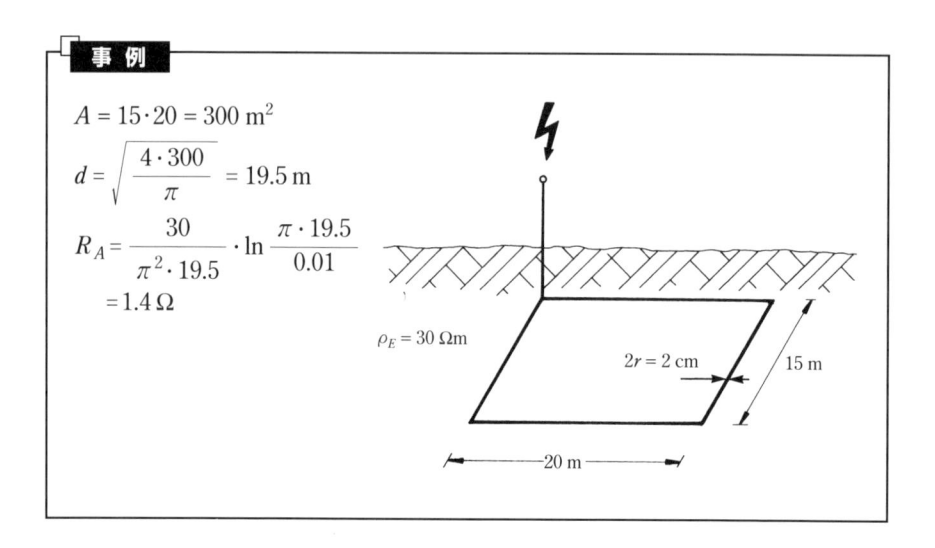

事 例

$A = 15 \cdot 20 = 300 \text{ m}^2$

$d = \sqrt{\dfrac{4 \cdot 300}{\pi}} = 19.5 \text{ m}$

$R_A = \dfrac{30}{\pi^2 \cdot 19.5} \cdot \ln \dfrac{\pi \cdot 19.5}{0.01}$

$= 1.4 \, \Omega$

$\rho_E = 30 \, \Omega\text{m}$

$2r = 2 \text{ cm}$

15 m

20 m

11.7 基礎接地

コンクリート基礎の鉄筋に接続されている基礎接地の広がり抵抗は，近似的に半球接地に対する式を用いて計算される。

$$R_A = \frac{\rho_E}{\pi \cdot d} \quad (\Omega)$$

ρ_E：大地抵抗率（Ωm）

d：半球または基礎と容積の等しい等価半球の径（m）

　　$d = 1.57 \cdot \sqrt[3]{V}$ （m）

V：基礎接地の容積（m^3）

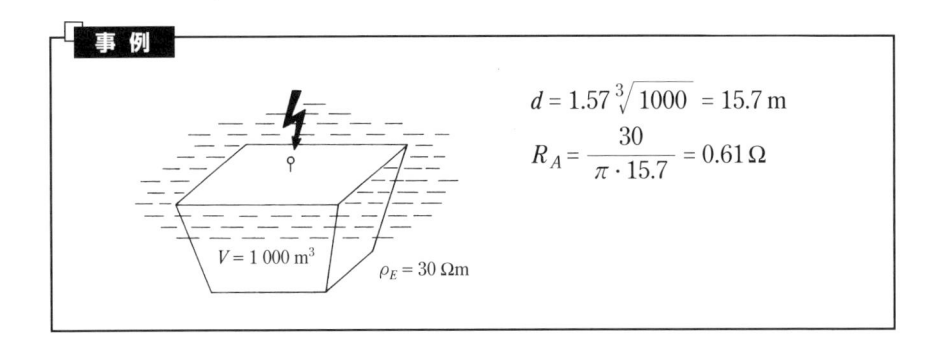

事例

$$d = 1.57\sqrt[3]{1000} = 15.7 \text{ m}$$

$$R_A = \frac{30}{\pi \cdot 15.7} = 0.61 \, \Omega$$

$V = 1\,000 \text{ m}^3 \qquad \rho_E = 30 \, \Omega\text{m}$

11.8 電位調整

　落雷の危険のある建物で，一般の通行が行われる場合，例えば展望塔，見張り小屋，教会塔，礼拝堂，競技場の投光照明塔付近の観覧席，橋等ではDIN VDE 0185により，入口，出口及び脚点付近でタッチ，ステップ電圧の危険に対する対策が要求される。これを達成するためには，電位調整または脚点の絶縁，または両方の対策の組合せが用いられる。

　保護領域の地表面抵抗勾配が $1 \, \Omega/\text{m}$ 以下であれば，電位調整は十分とみなされる。

　抵抗ないしは電圧分布は，接地の埋設深さにより影響を受ける。電導性の良好な地層上に電導性の悪い地層がある場合，抵抗分布は，接地がより深く埋設された場合と同様な影響を受ける。

　許容できないような高いタッチ，ステップ電圧に対する最もよい電位調整は，地中（例えば歩道の下）に金属格子を埋設することによって得られる。

11.9 接地材料と腐食

　直接に土壌または水（電解液）と結合している金属は，浮遊電流，腐食性土壌及び電池構成によって腐食することがある。隙間のない外被，すなわち金属を土壌から分離することによる防食は，接地電極及び接地設備においては不可

能である。なぜなら従来，普通に用いられている外被はすべて高い電気抵抗を有しており，それによって接地効果に問題を生ずるからである。単一材料からなる接地電極及び接地設備は，腐食性土壌及び局部電池構成によって腐食の危険がある。

腐食の危険性は，材料と土壌の種類及び構成に関係する。最近ガルバニック電池構成による腐食被害が増加している。コンクリート基礎の鉄筋も電池の陰極となることがあり，それによって他の設備の腐食を起こすことがある。

建築方式の変化（地中における比較的大きな鉄筋コンクリート構造と，比較的小さな金属面積）によって，陽極/陰極面積比が不利となり，土壌中の卑金属の腐食危険性が必然的に増加している。このような電池構成を避けるために，アノード作用をもつ設備と電気的に分離することは，例外的な場合を除き不可能である。現在では電位的変化と，これによって電気設備の故障時及び雷作用による高い接触電圧に対する安全度を高めるために，すべての接地電極，及び他の方法によって大地に結合している設備を接続することが規定されている。

高電圧設備では，DIN VDE 0141により，通常，高圧設備保護用接地は低圧設備用接地と接続される。またDIN VDE 0190及びDIN VDE 0185 Part 1, 2及び100により，パイプ及び他の設備に，等電位化とすることが要求われている。したがって接地電極及びこれと接続されている設備の腐食危険性は，適切な接地材料の選定によって，回避するかまたは少なくとも緩和させる方法しかない。

11.9.1 定 義

腐食とは，金属材料とその周囲との反応であって，金属材料及び/またはその周囲の特性を侵害するものをいう。反応は多くの場合，電気化学的な様式である。

電気化学的腐食とは，電気化学的過程において生ずる腐食をいう。必ず電解質の存在を伴って行われる。電気化学的腐食の特徴は腐食過程が電極電位に関係することである。

電解質とは，イオン電導性腐食媒体である（例えば土壌，水）。

電極とは，電解質中の電子伝導性材料である。電極－電解質の系で，電池の

半分を形成する。

陽極とは，電解質中の直流電流が流れ出す電極である。

陰極とは，電解質中の直流電流の流れ込む電極である。

基準電極とは，電解質中の金属の電位を測定するための，測定用電極である。直流電圧測定のためには，できる限り無極性の電極が必要である。

硫酸銅電極とは，飽和状態の硫酸銅溶液中の銅からなる，略無極性の基準電極である。硫酸銅電極は，地中の金属物体の電位測定のために最もよく用いられる基準電極である。

腐食エレメントとは，場所的に異なる部分電流密度を有し，金属溶解の原因となる電気化学エレメントである。腐食エレメントには，次の場合陽極，陰極が形成される。

- 材料側では，異種金属により（接触腐食），または異なる組織構成により条件づけられる。選択的，かつ結晶間腐食。
- 電解質側では，一定材料の異なる濃度によって条件づけられる。金属溶解に対して促進または阻止特性を示す。

基準電位とは，標準水素電極に対する，基準電極の電位である。

電極電位*とは，電解質中の金属または電子伝導性固体の電気的電位である。

11.9.2 ガルバニック電池の構成，腐食

腐食プロセスは，ガルバニック電池によって説明される。例えば，金属棒を電解質中に浸けると，正電荷イオンが電解質中に移行し，反対に電解質からの正電荷が金属外壁に受け取られる。

この関係は，金属の「溶解圧」電解質の「オスモティック圧」といわれる。この両方の圧力の大きさによって，棒の金属イオンが電解質中で増加するか，（したがって棒は電解質に対して負電位）または電解質のイオンが棒の周辺に増加するか（棒は電解質に対して正電位）が決まる。したがって金属棒と電解

---

*注：電極電位は，基準電極に対する電圧としてのみ測定される（文献の中にはときどき，リファレンス電圧と称していることもある）。例えば金属/電解質電位（例えば接地電極/大地間電位）とは金属製設備と周囲の電解質ないしは土壌間の電圧をいい，基準電極を用いてのみ測定可能である。

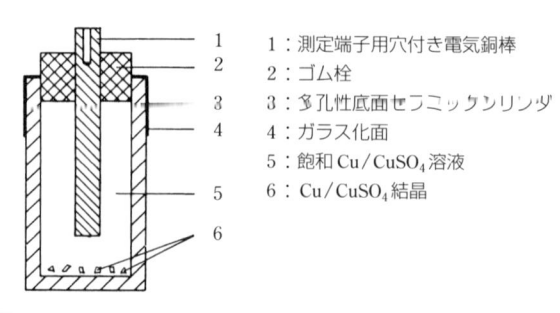

```
1 : 測定端子用穴付き電気銅棒
2 : ゴム栓
3 : 多孔性底面セラミックシリンダ
4 : ガラス化面
5 : 飽和 Cu/CuSO₄ 溶液
6 : Cu/CuSO₄ 結晶
```

図 11.15 無極性測定電極の実施例（銅/硫酸銅電極）

質間に電圧が生ずる。

　土壌中の金属の電位は，実際には硫酸銅電極（図11.15）を用いて測定する。電極は飽和硫酸銅溶液に浸した銅棒からなる（したがって，この比較電極の電位は常に一定に保たれる）。

　表11.1は，土壌中で最もよく用いられる金属の電位を示す。

　異なる金属の2本の棒を，同一の電解質に浸した場合，各電極と電解質間にそれぞれの電極の電解質に対する差電圧が生ずる。例えば，図11.16に示すように，銅-鉄電極を電解質の外部で，電流計を介して接続すれば，⊕から⊖に，すなわち表11.1に示す「貴」銅電極から，鉄電極に電流が流れる。これに対し，電解質中では電流は「より負の」鉄電極から銅電極に流れ，電流回路が閉じる。このことは，負電極は電解質及びガルバニック電池の陽極に正イオンを放出し，時間とともに溶解することを意味する。金属の溶解は，電流が電解質に移行する場所で起こる。

　腐食電流は，濃度電池によって発生することもある（図11.17），この場合，同じ金属の二つの電極が異なる電解質中に浸されている。より大きな金属イオン濃度をもつ電解質II中の電極IIは，もう一方の電極よりも電気的に正となる。両方の電極を接続することによって電流 I が流れ，電気化学的に負の電極Iが溶解する。このような濃度電池は，例えば二つの鉄電極で一方はコンクリート中に埋め込まれ，一方は土壌中にある場合に形成される（図11.18）。これらの電極を接続することによって，コンクリート中の鉄は濃度電池の陰極となり，土壌中の鉄は陽極となる。したがって後者はイオン分離によって腐食される。

表 11.1 土壌中で最も多く用いられる金属の特性値

	単位	銅 Cu	鉛 Pb	スズ Sn	鉄 Fe	亜鉛 Zn
土壌中の安定電位[1]	V	0 ··· −0.1	−0.4 ··· −0.5	−0.4 ··· −0.6[2]	−0.4 ··· −0.7[3]	−0.9 ··· −1.1[4]
電気化学的等価量	kg/(A·Y)	10.4	33.9	19.4	9.3	10.7
$I'' = 1\,mA/dm^2$ における直線的消耗	mm/Y	0.12	0.3	0.27	0.12	0.15

1) 飽和 銅/硫酸銅−電極（$Cu/CuSO_4$）に対する測定値
2) スズメッキ銅の電位はメッキ厚さに依存する。従来用いられてきた数 nm のメッキ厚さの場合，土壌中のスズ，銅の中間値となる。
3) これらの値は，他金属含有度の低い合金鉄にも適用される。
   　コンクリート中の銅（基礎鉄筋）の電位は外部の影響を強く受ける。飽和銅/硫酸銅電極に対する測定値は一般に −0.1〜−0.4 V である。より負電位の大面積金属地下設備と金属導体で接続した場合，鉄筋は陰極となり，その電位は約 −0.5 V となる。
4) 表 11.2 による溶融亜鉛メッキ鋼は，緊密な外部亜鉛層の特性を示す。したがって地中の溶融亜鉛メッキ鋼の特性値は，表示した地中の亜鉛の特性値とほぼ等しい。亜鉛層が失われると電位は正方向に移動し，完全に消失すると銅の電位に到達する。
   　コンクリート中の溶融亜鉛メッキ鋼の初期電位もほぼ等しい。時間の経過とともに正方向に移行するが，−0.75 V までは確認されていない。
   　最小 70 μm の厚い溶融亜鉛メッキ鋼も同様に緊密な外部亜鉛層を有する。したがって地中の溶融亜鉛メッキ鋼の特性値は，表示した地中の亜鉛の特性値とほぼ等しい。薄い亜鉛層または亜鉛層が転移した場合，電位は正方向に移行するが，その限界値はまだ確定されていない。

　電気化学的腐食に関して一般的に，イオンが大きく，その電荷が小さいほど，一定電流値 I に対する金属の移転量が大となる（すなわち，I は金属の原子量に比例する）。実際には，一定期間，例えば 1 年間にわたって流れる電流値を用いて計算する。表 11.1 は腐食電流の影響を溶解金属の量によって示している。腐食電流測定により，一定期間中に溶解する金属量を予測することが可能となる。しかし，実際に重要なことは，接地電極，鉄製容器，パイプ等に腐食による穴があくかどうか，それはどの程度の期間後かの予測である。したがって腐食電流が平面的に分散するか，一点に集中するかが問題となる。

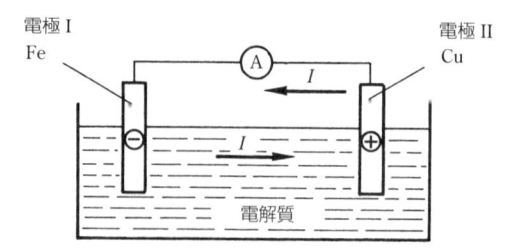

図 11.16 ガルバニック電池 鉄/銅

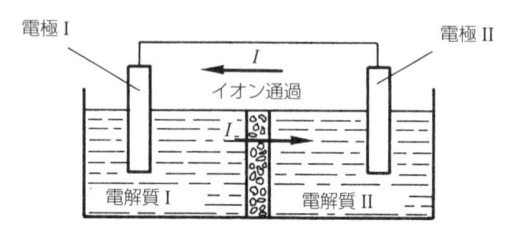

図 11.17 濃度電池

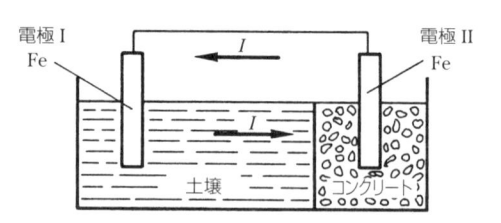

図 11.18 濃度電池 鉄(土壌)/鉄(コンクリート)

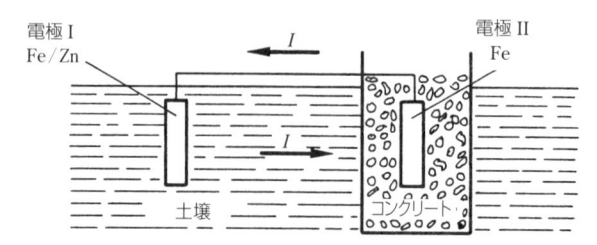

図 11.19 濃度電池
亜鉛メッキ鉄(土壌)/黒色鉄(コンクリート)

腐食の進行に対して，腐食電流値のみでなく，特にその密度I''すなわち，腐食面単位面積当りの電流値が重要である。この電流密度は直接に測定できないことが多い。この場合には，電位測定を用いて，存在する分極の大きさを調べることができる。以下簡単に電極の分極について説明する。

土壌中の亜鉛メッキ鋼板が，コンクリート中の（黒色）鉄筋と接続されていると想定する（図11.19）。

この場合，硫酸銅電極に対し，次の電位差が生ずる。

  コンクリート中の（黒色）鋼　：　-200 mV

  砂中の亜鉛メッキ鋼　　　　：　-700 mV

したがってこれらの二つの金属間に500 mVの電位差が生ずる。外部で両方の金属が接続されると，外部回路では，コンクリート鉄筋から砂中の鋼板に，地中では，砂中の鋼板から鉄筋へ電流が流れる。電流値は電圧差，土壌の固有抵抗値，及び両側金属の分極によって決まる。

基本的に，地中の電流は物質の変化によって発生することが確認されている。しかし，物質の変化には，個々の金属の土壌に対する電位変化も含まれる。腐食電流による電位のずれを分極という。分極の大きさは電流密度I''に比例する。分極現象は負極性及び正極性電極に生ずる。ただし，両方の電極の電流密度は，多くの場合異なる。

わかりやすくするために次の例を考察する。よく絶縁された地中の鋼製ガスパイプが銅製接地電極と接続されている。絶縁されたパイプにわずかであるが小さな欠点がある場合，これらの点で大きな電流密度が生じ，その結果，鋼製パイプに早急な腐食が起こる。

これに対し，銅製接地電極の電流流入面積ははるかに大きいので電流密度はわずかである。その結果，負極性の絶縁鋼パイプには，正極性の銅接地電極におけるよりも大きな分極が生じ，鉄パイプの電位がより正方向にシフトする。それによって，電極間電位差が増大する。したがって，腐食電流の大きさも電極の分極特性に関係する。分極の強度は，電流回路をオープンとして電極電位を測定することによって評価される（電解質中の電圧降下を避けるために電流回路オープンとする）。

腐食電流を遮断した直後に急速な分極解消が起こるので，多くの場合，この

ような測定にはペンレコーダが用いられる。陽極（負電位電極）に強度の分極が測定される（より正電位にはっきりしたシフトが生じている）場合は，陽極に高い腐食危険度が存在する。

上述のコンクリート中の鋼（黒色）及び砂中の亜鉛メッキ鋼からなる腐食電池（図11.19）の例においては遠方の硫酸銅電極に対し，陽極，陰極電極面積，電極の分極可能性によって，－200 mVから－700 mVの間の，接続エレメント間電位差が測定される。

例えば鉄筋コンクリートの表面積が亜鉛メッキ鋼線表面積に対して非常に大であれば，後者には高い陽極電流密度が生じ，コンクリート鉄筋電位付近まで分極され，比較的短時間で腐食する。

したがって正の高い分極値は，常に高い腐食危険度を意味する。実際にはどの程度の正の電位移動が急激な腐食危険性を示すか，限界値を知ることが重要である。残念ながら，どのようなケースでも適用できる明確な値は示されていない。このためには，土壌の状態による影響のみでも，既に過大である。これに対し，自然の大地に対する電位移動範囲は測定することが可能である。

・＋20 mV以下の分極は，一般的に危険ではない。
・＋100 mV以上の電位移動は，確実に危険である。
・20～100 mVの間では，分極が明瞭な腐食を引き起こすケースが常に存在する。

要約すれば，次のように確認される。腐食電池（ガルバニック電池）形成の条件は，金属及び電解質で接続された陽極と陰極の存在である。

陽極及び陰極は，異なる金属または同一金属の異なる表面特性（接触腐食）及び異なる組織構成部分（選択的または結晶間腐食）及び濃度の異なる電解質（例えば塩分，空気含有度等）によって生ずる。

腐食電池において，陽極領域は陰極領域に対し，常により負の金属/電解質電位を有する。金属/電解質電位は，金属の近傍の土壌中または地上に設置した飽和硫酸銅電極を用いて測定される。この電位差は，陽極と陰極が導体で接続された場合，電解質中に直流電流を発生させ，直流電流は陽極金属を溶解して電解質中に移行し，再び陰極に戻る。

平均陽極電流密度I_A''を見積もるために，しばしば「面積規則」が用いられる。

$$I_A'' = \frac{U_K - U_A}{\varphi_K} \frac{S_K}{S_A} \quad (A/m^2)$$

U_A, U_K：陽極, 陰極金属と電解質間の電位差（V）
φ_K：陰極の分極抵抗率（Ωm^2）
S_A, S_K：陽極, 陰極表面積（m^2）

分極抵抗は, 分極電圧を複合電極（1個以上の電極反応が発生する電極）のトータル電流で除した値である。

実際には, 腐食速度の評価のために, 駆動電池電圧 $U_A - U_K$ 及び面積 S_K 及び S_A は近似的に求められるが, φ_A（陽極の分極抵抗率）及び φ_K の値は十分な精度で得られない。これらは電極材料, 電解質, 土壌比抵抗及び陽極, 陰極電流

事例

基礎接地（陰極）：$A_K = 140\ m^2$, $U_K = 0.20\ V$, $\varphi_K = 30\ \Omega m^2$
環状接地（陽極）：$A_A = 2.5\ m^2$, $U_A = -0.7\ V$

$$I_A'' = \frac{-0.20 - (0.70)}{30} \cdot \frac{140}{2.5} = 0.93\ A/m^2 = 9.3\ mA/dm^2$$

$$I_A = I_A'' \cdot A_A = 0.93 \cdot 2.5 = 2.3\ A$$

表 11.1 により
環状接地線の直線的消耗 = $0.15 \cdot 9.3 = 1.4\ mm/Y$
環状接地線の重量消耗 = $10.7 \cdot 2.3 = 25\ kg/Y$

密度に依存する。

今までの研究結果から，φ_Aはφ_Kに比較してはるかに小さく，上述の「面積規則」の中で無視できる。

φ_Kに対し次の値が用いられる。

- 土壌中の鋼： 約 1 Ωm^2
- 土壌中の鉛： 約 5 Ωm^2
- コンクリート中の鋼： 約 30 Ωm^2

しかし，「面積規則」から，銅接地電極と接続された，被覆に小さな欠点のある鋼製のパイプや容器，及び銅製の大型接地電極または極めて大きな鉄筋コンクリート基礎と接続された，亜鉛メッキ鋼接地導線には強度の腐食が生ずることがわかる。

11.9.3 接地材料の選定

適切な材料の選定により，接地電極の腐食の危険性を回避または低減することができる。十分な寿命を得るためには材料の最小寸法を保持しなければならない。表11.2に，現在一般に使用されている接地材料とそれらの最小寸法を示す。

溶融亜鉛メッキ鋼は，コンクリート中の埋設にも適している。DIN 1045に反しているが，亜鉛メッキ鋼製基礎接地電極，接地及び等電位接続導線はコンクリート中で鉄筋と接続してよい。

鉛外被付き鋼線では鉛外被のみが土壌に接触する。鉛は良好な外被を形成するので，種々の土壌に対して安定である。地中における鉛外被の電位は，一方では銅と鉄筋コンクリートの中間にあり，他方では鉄と亜鉛の中間にある。鉛被ケーブルでは，このような外被を用いて，数十年来の良好な経験がある。しかし，強いアルカリ性環境では，ときたま腐食を起こすことがある。したがって鉛は直接コンクリート中に埋設せず，吸湿性のない外被で包み込まなければならない。亀裂に対する安定度が要求される場合には，鋼線の鉛外被はDIN 17 640によるKb-Pb Sb 05またはKb-Pb Te 0.04でなければならない。

銅外被付き鋼では外被材料に対し，次の注意が必要である。銅外被に傷を付けると，鉄の心線に強い腐食の危険が生ずる。したがって常に欠陥のない密閉

表 11.2 接地電極用材料と最小寸法

材料		形式	最小寸法				
			中心部		被覆/外被		
			直径 (mm)	断面積 (mm²)	厚さ (mm)	個別値 (μm)	平均値 (μm)
鋼	溶融亜鉛メッキ[1]	バンド[3]		100	3	55	70
		プロフィル		100	3	55	70
		パイプ	25		2	55	70
		深打ち接地用丸棒	20			55	70
		表面接地用丸線	10[5]			40	50[7]
	鉛外被付き[2]	表面接地用丸線	8			1000	
	銅外被付き	深打ち接地用丸棒	15			2000	
	電気銅メッキ	深打ち接地用丸棒[6]	17.3			254	300
銅	裸	バンド		50	2		
		表面接地用丸線		35			
		撚線	1.8(単線)	35			
		パイプ	10		2		
	スズメッキ	撚線	1.8(単線)	35		1	5
	亜鉛メッキ	バンド[4]		50	2	20	40
	鉛外被付き[2]	撚線	1.8(単線)	35		1000	
		丸線		35		1000	

1) コンクリートに埋設使用も可
2) コンクリートに直接埋設使用に不適
3) 圧延形バンド（St 33）または切断後丸面取り
4) 切断後丸面取り
5) ドイツ連邦郵政省電話設備用は直径 8 mm
6) UL467 "安全基準−接地及びボンディング設備"，ANSI C33.8−1972 に対応
7) 現在，リフロー炉による亜鉛メッキは製造技術上，50 μm のみ可能

した銅層がなければならない．多くの部分に分かれた深打ち接地電極の接続部では，銅外被は欠陥がなく，少なくとも一様の導電度で接続されていなければならない．接続金具の金属/電解質−電位は銅のそれと等しいか，またはそれより正でなければならない．

　裸の銅は，その電気化学的電位により極めて安定である．それに加えて，

「より卑の」材料（例えば鉄）からなる接地電極または他の地中の設備と接続されることによって，もちろん「より卑の」金属の犠牲においてであるが，陰極として保護される。

鉛外被付き銅の場合，銅の良好な電気伝導度が利用でき，特に大電流の流れる接地設備の場合に有利である。

DIN 17 440による，特定の合金成分比率の高いステンレス鋼は，土壌中でパッシブであり，腐食に対し安定である。通常の換気性土壌中における，合金成分比率の高いステンレス鋼のフリーの腐食電位は，多くの場合，銅の値に近い。接地電極用ステンレス鋼は，少なくとも18%クローム，9%ニッケル，2%モリブデンを含まなければならない。多くの測定の結果，例えばDIN 17 440による特定の，合金成分比率の高いステンレス鋼が土壌中で，腐食に対し十分に安定であることがわかった。その他の材料は，特定の雰囲気で特に耐食性がよい場合，または表11.2に記載された材料と少なくとも同等であれば使用してよい。

11.10 異なる材料からなる接地電極の接続

地中に埋設された2種の，異なる金属を導体で接続する場合に発生する電池電流密度によって，陽極として作用する金属の腐食が生ずる。腐食は本質的に陽極面積 S_A に対する陰極面積 S_K の比率によって決まる。比較的強度の腐食は面積比 $S_K/S_A > 100$ のときに生ずる。

一般的には，比較的正の電位をもつ材料が陰極となることから始まる。事実上存在する腐食電池の陽極は，接続導線を外したときに負電位を示すことによってよりわかる。地中に設置された鋼製の設備と接続した場合，次の接地材料は（被覆層を形成する）土壌中で常に陰極として振る舞う。

・裸の銅
・スズメッキ銅
・鉛被覆銅または鋼
・合金成分比率の高いステンレス鋼
・コンクリート中の鉄筋

被覆層を形成する土壌は多くの場合存在する。例外は侵食性の土壌である

(例えば嫌気性土壌，泥土または鉱滓を含む土壌)。表11.3（DIN VDE 0151から引用）には，推奨される，またはあまり推奨されない材料の組合せの概要が示されている。

コンクリート基礎の鉄筋はしばしば極めて正の電位（銅と類似）を示すことがある。しかしコンクリート中の鉄筋は，土壌中の銅と対照的に，著しく低い電流密度により，陰極極性をもつ。すなわち，「卑」金属と接続されると，流れる電池電流のために実効電池電圧は小さくなる。しかしながら，建築方式の変化により（コンクリート基礎が大きくなり，土壌中の金属面が小さくなる），多くの場合に不利な面積比となるために，この原因による腐食が重要となっている。通常，鉄筋の有効表面積は地中の基礎の表面積と同等とされる。

したがって，亜鉛メッキ鋼製接地電極は大型のコンクリート基礎と接続してはならない。地中の基礎表面積が接地電極表面積に比し，100倍以上大きければ，亜鉛メッキ鋼は常に腐食の危険にさらされる。鉛被覆銅，裸銅，スズまた

表 11.3 異なる材料の接地電極を結合接続する際の経験に基づく注意
（面積比 $S_K : S_A \geq 100 : 1$）

		大面積の材料							
		亜鉛メッキ鋼	銅	コンクリート中の鋼	コンクリート中の亜鉛鍍鋼	銅	スズメッキ鋼	亜鉛メッキ鋼	鉛被覆銅
小面積の材料	亜鉛メッキ鋼	+	+亜鉛溶出	−	+亜鉛溶出	−	−	+	+亜鉛溶出
	鋼	+	+	+	+	−	−	+	+
	コンクリート中の鋼	+	+	+	+	+	+	+	+
	鉛被覆銅	+	+	○鉛溶出	+	+	+	+	+
	銅被覆鋼	+	+	+	+	+	+	+	+
	銅	+	+	+	+	+	+	+	+
	スズメッキ鋼	+	+	+	+	+	+	+	+
	亜鉛メッキ鋼	+	+亜鉛溶出	+亜鉛溶出	+亜鉛溶出	+亜鉛溶出	+亜鉛溶出	+	+亜鉛溶出
	鉛被覆銅	+	+	+鉛溶出	+	+鉛溶出	+	+	+

＋：結合接続可能　　○：条件付で結合接続可能　　−：結合接続不可

は亜鉛メッキ銅を用いた接地電極を選定した場合，他の地中に設置された設備に生じ得る腐食危険性について注意しなければならない。コンクリートに埋め込まれた鉛被覆部品は吸湿のない被覆，例えば腐食防止バンドまたはDIN 30 672による収縮チューブにより保護しなければならない。

鋼または溶融亜鉛メッキ鋼製の，地中の接続導線（接続端子）は，適切な被覆を用いて腐食に対し保護しなければならない。接地電極またはネット状接地は，DIN VDE 0271によるNYY-ケーブルを用いて鉄筋と接続してもよい。

腐食の危険性があるが，異なる金属でできた設備を接続しなければならない場合，特別な装置（例えば，高い直流内部抵抗，低い交流内部抵抗または逆並列ダイオードを有する分極セル）を介して接続することができる。

前述のように，電位が非常に異なる，地中設置の装置間の導電接続は，分離用火花ギャップを組み込むことによって，切断することができる。そうすれば，通常の場合，腐食電流は流れない。過電圧が発生した場合，分離用火花ギャップが応答し，過電圧継続期間中設備を接続する。保護接地及び機能接地の場合，分離用火花ギャップを介して接続してはならない。なぜなら，これらの接地は負荷設備に常時接続されていなければならないからである。

11.11 その他の腐食防止対策

基礎接地から避雷導線までを接続するための，亜鉛メッキ鋼線は，コンクリートまたは壁の中で地表面上まで引き出さなければならない。亜鉛メッキ鋼線は，壁の中では腐食防止バンドで包まなければならない。接続導線が土壌中を通過する場合は，亜鉛メッキ鋼線をコンクリートで包むか，鉛被覆導体またはNYYケーブルを用いなければならない。

亜鉛メッキ鋼線からなる接地リード線は，地表面から上下方向に最小0.3 mの範囲で防食処理をしなければならない。一般には瀝青塗布では不十分である。吸湿性のない被覆，例えばブチルゴムバンドによって保護が可能である。

土壌中の切断面及び接続個所は，腐食に対する安定度が，接地電極材料の腐食保護層の安定度と同等になるように仕上げなければならない。そのため，接地の際の取扱いや，製作上の理由から，均一な耐食性をもたない接続個所，及

び空洞を作る接続部品は，組立後，腐食防止バンドで包まなければならない。

コンクリート中の個々の鉄筋間，鉄筋と亜鉛メッキ鋼間の接続個所は防食処理を必要としない。これに対して，鉄筋と銅線，むきだしの銅表面，場合によっては鉛外被との接続個所は外被を設けなければならない。

接地電極を布設した穴や溝を埋め戻す際には，鉱滓や石炭が直接に接地電極材料に触れないようにしなければならない。建築現場で出る瓦礫も同様。

11.12 電圧分布と広がり抵抗の測定

接地を介して電流が流れるときの電圧分布（電圧漏斗）は抵抗分布と類似の傾向を示す。広がり抵抗の測定のためには，現在ではほとんど例外なく，抵抗値を直接読み取りできる，電圧補償型測定ブリッジが用いられている。この装置では測定のために補助接地とプローブが必要である（図11.20）。測定装置は地中の迷走電流の影響から十分に無関係でなければならず，プローブ及び補助接地の抵抗が大きくても測定誤差が出ないものでなければならない。

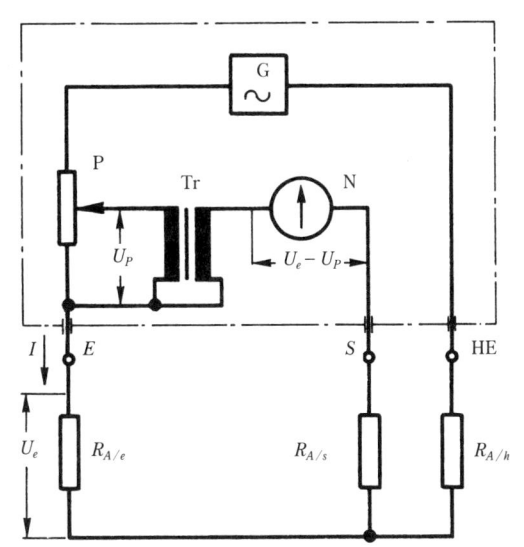

G：ジェネレータ
Tr：変流器
P：ポテンショメータ
N：0点指示計
E：接地　広がり抵抗 $R_{A/e}$
S：プローブ　広がり抵抗 $R_{A/s}$
HE：補助接地　広がり抵抗 $R_{A/h}$
U_P：ポテンショメータPにおける電圧降下
U_e：接地広がり抵抗 $R_{A/e}$ における電圧降下
I：測定電流

図 11.20 接地抵抗測定器の原理回路

発電機Gは，ポテンショメータPを介して，広がり抵抗$R_{A/e}$の接地E及び広がり抵抗$R_{A/h}$の補助接地HEに交流電流Iを供給する。測定電流Iによって，$R_{A/e}$において電圧降下U_e，Pにおいて電圧降下U_pが生ずる。

0点指示計Nには，差電圧$U_e - U_p$が加わる。ポテンショメータは，$U_e = U_p$で0点指示計が0を指示するように調整される。$R_{A/e}$はポテンショメータにより直接読み取ることができる。測定結果は測定電流Iの大きさに無関係である。

測定範囲の切換えは，変流器Trの変流比を段階的に切り換えることによって行われる。補助接地の広がり抵抗$R_{A/h}$は測定電流Iの大きさ，したがって測定感度に影響するが，プローブの広がり抵抗$R_{A/s}$と同様に測定結果には影響を及ぼさない。

11.12.1 電圧漏斗

接地周辺の電圧または抵抗漏斗測定のために，図11.21に示す測定装置が構成される。測定プローブSを一定の測定方向にて，接地との距離Xで地中に挿入し，接地測定器により平衡をとる。それによって接地設備の接続点と地表面上の点との抵抗が求められる。図11.21からわかるように，接地設備からの距離が大きくなると，このような電圧漏斗の延長線の水平部分で補助接地の電圧漏斗がつながる。

11.12.2 小規模接地の広がり抵抗

広がり抵抗$R_{A/e}$を正しく測定するために重要なことは，プローブSと補助接地HEの配置である（図11.21）。プローブと補助接地の間隔は20〜40mとする。プローブは接地設備と補助接地の間でいわゆるニュートラル領域に設置しなければならない。比較的小さな接地設備（深打ち接地，10m以下の帯状接地または直径5m以下の環状接地）では抵抗漏斗はニュートラル領域内（同じ抵抗値の領域）では水平となる。

プローブSが実際にニュートラル領域にあるかどうかをチェックするために，プローブ位置を変えて（$S_1 \cdots S_4$）広がり抵抗$R_{A/e}$を測定する。新たなプローブ位置はもとのプローブ位置の2m前，2m後とする。$R_{A/e}$の測定値に変化がある場合には，プローブ位置がまだニュートラル領域にないか，またはプロ

図 11.21 接地周辺の電圧または抵抗漏斗の測定

ーブの位置で抵抗曲線が水平でないためである。そのような場合，正しい測定結果は補助接地と接地間距離を大きくするか，プローブを垂直中心線上に（S_I … S_VI）設置することによって得られる。プローブを垂直中心線上で移動することによって，プローブ設置点は接地設備と補助接地の双方の電圧漏斗の影響範囲外に移動する。

11.12.3 大規模接地の広がり抵抗

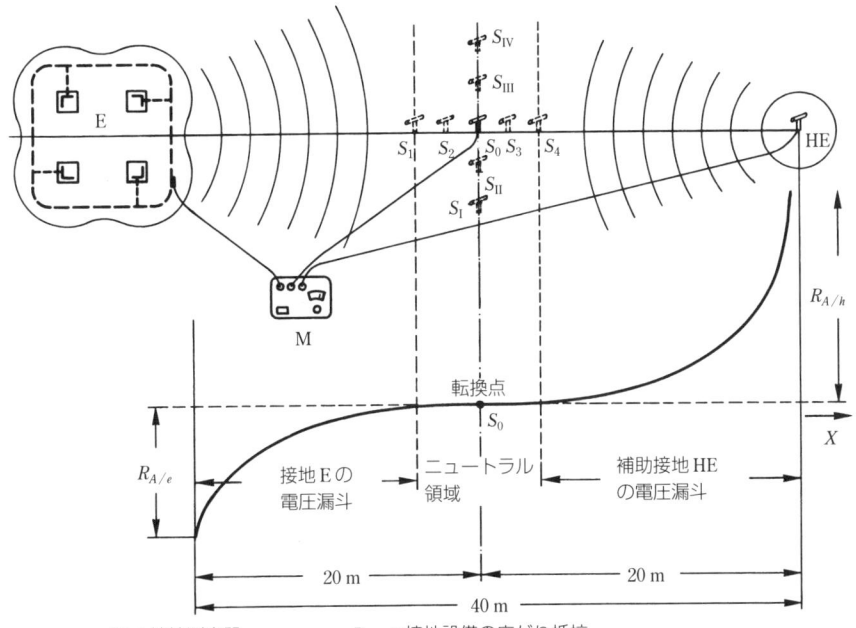

大規模な接地設備の測定にはプローブと補助接地間に比較的大きな間隔が必要である。この場合，接地設備の最大辺長の2.5～5倍を見込む。このような

場合の広がり抵抗はしばしば数Ω以下となることがあり，測定プローブをニュートラル領域に設置することが特に重要である。プローブ及び補助接地の設置方向は接地設備の最大の辺と直角方向とする。小さな広がり抵抗測定の際には，特に補助接地HEの広がり抵抗値は500Ω以下でなければならない。

そのために，大地抵抗率が大きい場合，多くの接地棒を1～2m間隔で全長を地中に埋設し，互いに接続する。場合によっては周辺の土壌を湿らす。

しかし実際には測定場所の問題で大きな測定間隔が得られないことが多い。この場合，図11.22に示すように実施する。補助接地HEは接地設備からできる限り大きな距離をとって設置する。接地設備-補助接地線上で抵抗曲線を求める。接地設備と補助接地の抵抗漏斗が十分離れていれば，その間に比較的長

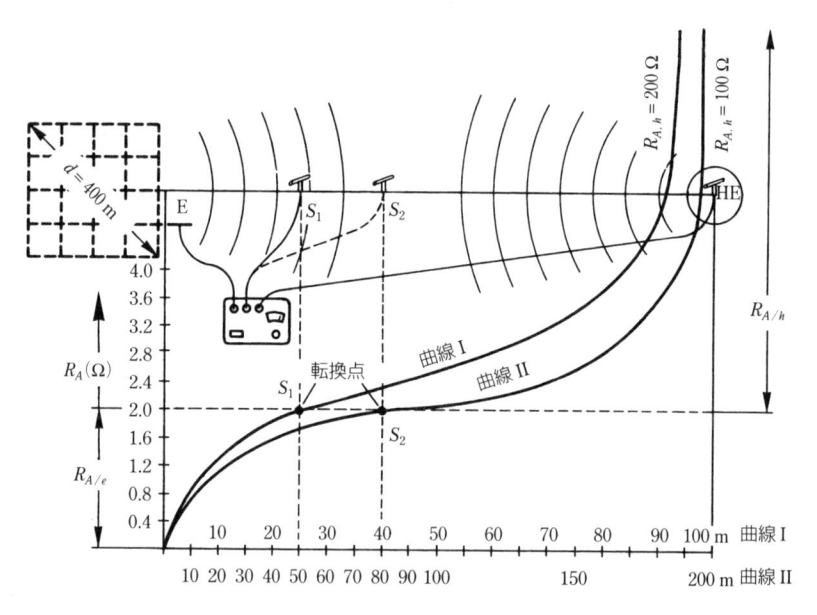

E：接地設備
S_1, S_2：プローブ位置，
HE：補助接地
d：接地設備Eの最大軸長
$R_{A/e}$：接地設備Eの広がり抵抗
$R_{A/h}$：補助接地HEの広がり抵抗

図11.22 大規模接地の広がり抵抗R_Aの測定

いニュートラル領域ができる。転換点はこの水平領域にある。接地設備と補助接地の位置が近い場合には，転換点の抵抗曲線はかなり急峻となる。転換点を通って X 軸に平行線を引けば，この線は抵抗曲線を2分する。下部は Y 軸上に求める広がり抵抗測定値 $R_{A/e}$ を示し，上部は補助接地の広がり抵抗 $R_{A/h}$ を示す。このような測定装置では $R_{A/h}$ は $R_{A/e}$ の100倍よりもできる限り小さくなければならない。明瞭な水平部分のない抵抗曲線の場合には，補助接地の場所を変えて測定をチェックしなければならない。後で測定した抵抗曲線は両方の補助接地の位置が一致するように座標軸の尺度を変えて最初の図に記入する。転換点 S_2 によって，当初測定した広がり抵抗をチェックすることができる。

12 雷保護等電位化

　落雷の際，接地抵抗における電圧降下により，建物設備においてチェックできない閃絡が起こることを防ぐために，雷保護等電位化のコンセプトにより，すべての金属設備，電気設備，雷保護設備及び接地設備を導線，分離用火花ギャップ及び過電圧保護装置を介して互いに接続する。これは通常，建物の地階で実施される。大規模設備の等電位化（図12.1）は多くの場合，メッシュ形式で行われる。その中には基礎接地，建物部分の鉄筋，ケーブルトラフ鉄筋，金属製ケーブル架，ケーブル保護用金属パイプ，ケーブルシールド，電気設備のフレーム，ケース，高圧用保護接地，PE導体*接地，水道，暖房，ガスパイプ，雷保護接地，そして特に電気設備の過電圧保護装置も含まれる。

　常時の作動電圧，または電気化学的腐食のために導電接続することができない特定の設備部分は，分離用火花ギャップを介して落雷中のみ有効な等電位化を行う。

　DIN VDE 0185 Part 100 には次のように規定されている。

　「雷保護等電位化は，少なくとも次の位置で確実に行われていなければならない。

- a) 地階または地表面付近の場所。検査が容易にできるように設計され，設置された等電位母線に等電位導線を接続する。等電位母線は接地設備に接続する。大規模建築物では多数の等電位母線を設置することができるが，それらは互いに接続されていなければならない。

＊訳注：p. 186参照。

12. 雷保護等電位化 183

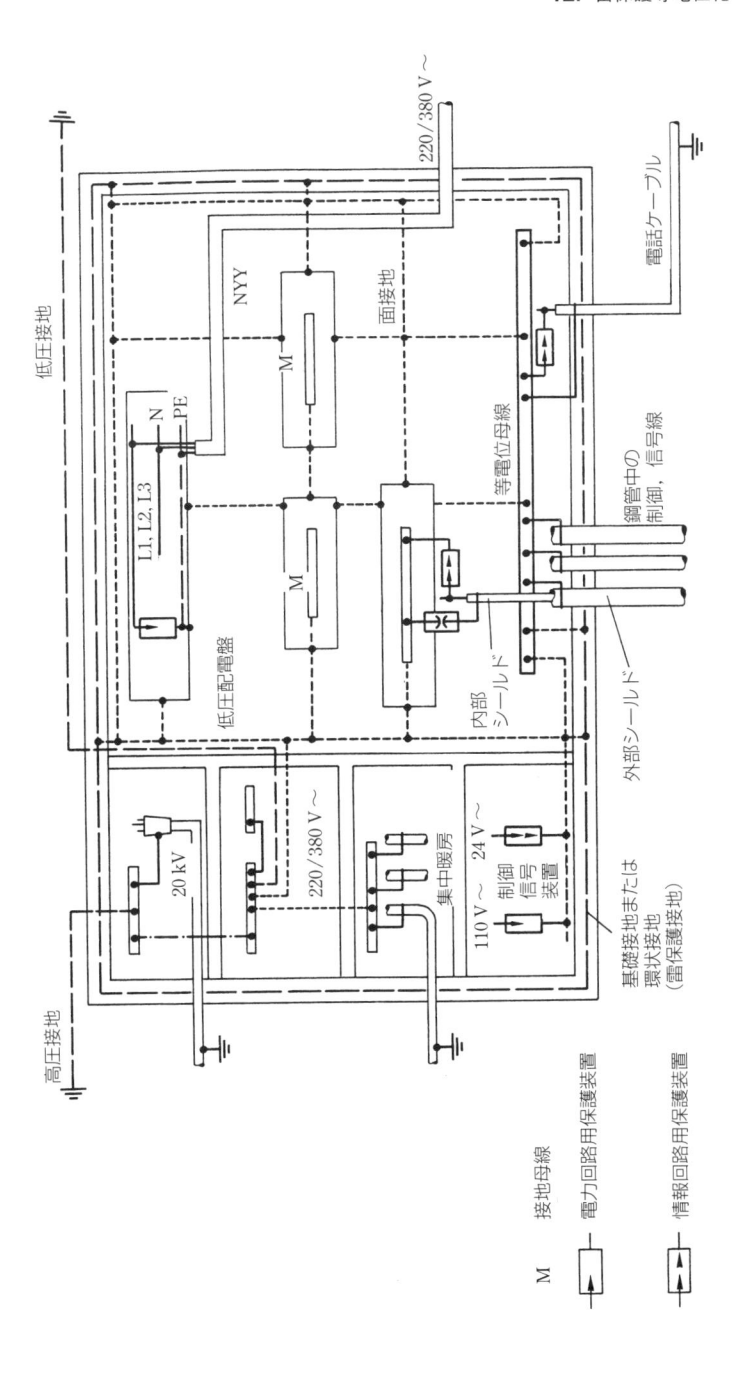

図 12.1 ガス濃縮ステーション測定室の等電位化

表 12.1 雷電流の大部分を流す等電位導線の最小寸法

材料	断面積（mm²）
Cu	16
Al	25
Fe	50

表 12.2 雷電流の一部分を流す等電位導線の最小寸法

材料	断面積（mm²）
Cu	6
Al	10
Fe	16

b) 高さ 20 m 以上の建築物では垂直間隔 20 m 以下の地上の個所。

c) 近接の条件が満たされない個所。

　一貫して接続された鉄筋を有する鉄筋コンクリート構造では，建物内部の金属設備に対して，b)，c) 項の雷保護等電位化は通常不要である。絶縁された雷保護設備の場合，雷保護等電位化は地表レベルのみで行う」

　この国際的な規格には，等電位導線の最小断面積が示されている。この場合，雷電流全体またはその大部分が流れる導線（表 12.1）と，そうではない導線（表 12.2）が区別されている。

　更に上記規格には次のように記載されている。

　「外部雷保護装置がない場合でも，引き込まれている導体による雷作用に対する保護が必要である。その場合，雷保護等電位化を考慮しなければならない」

12.1　接続，連結部品，等電位母線

　接続，連結部品，すなわち，ねじ止め，リベット止め，圧着接合は一貫性のある雷保護等電位接続を実施するために特に重要となってきている。避雷導線

12. 雷保護等電位化   185

鉄筋用連結クランプ

金属構造及び金属板用接続クランプ

接地パイプ用グリップ

図 12.2 雷保護等電位化用接続，連結部品（Dehn + Söhne 社）

の断面積は計算により予期される雷電流に耐えられるように決定できるのに対し，接続部品に対しては今日まで雷電流により規定された寸法基準が示されていない。そのためにDIN 48810にて，実験室における模擬雷電流を用いた試験方法が開発され，この方法により接続クランプ，連結クランプ，パイプグリップの適性を実証することができる。これらの要求に対応できる雷保護等電位化用部品の代表的なものを図12.2に示す。

等電位母線は金属製母線であり，保護導線，等電位化導線及び場合によっては，機能接地用導線を環状接地線及び接地電極に接続するために用いられる。そのような等電位母線はDIN VDE 0618 Part1に規定されている。それらは，DIN VDE 0100 Part 410及び540, DIN VDE 0185 Part 1及び2, DIN VDE 0190及びDIN VDE 0855 Part 1による主等電位化において，次のものを接続または結合するために用いられる。

・主等電位化導体
・PEN導体＊
・PE導体＊＊
・接地導体
・その他の等電位化導体
・機能接地用接地線
・雷保護接地導体
・基礎接地接続板

DIN 0618による等電位化母線には10 mm^{2}以下の導線用接続端子があり，雷電流を流すことができる（図12.3）。保護容積が比較的小さい場合，このような等電位母線で十分である。

大規模の情報技術設備の場合，通常DIN VDE 0800 Part 2による環状接地導線の形式の等電位母線が敷設され，これが接地集合母線の機能を引き受ける。この環状等電位銅母線は50 mm^{2}の最小断面積を有し，約5 m間隔で基礎接地

＊訳注：PEN導体（Protective earthing and neutral conductor）はPE導体と中性線を兼用した導体。

＊＊訳注：PE導体（Protective earthing conductor）は故障時の感電保護方式の1手段として使用し，露出導電性部分と接地極，系統外導電性部分，他の露出導電性部分などとを接続するための導体。

12. 雷保護等電位化 | 187

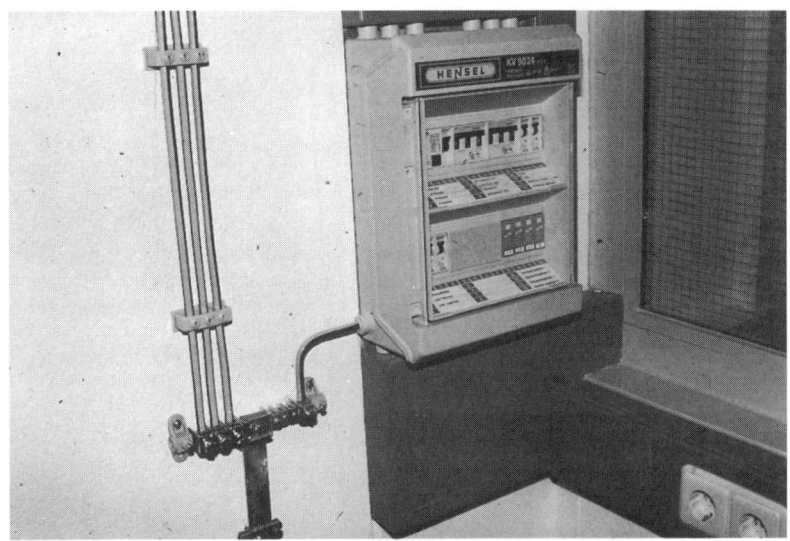

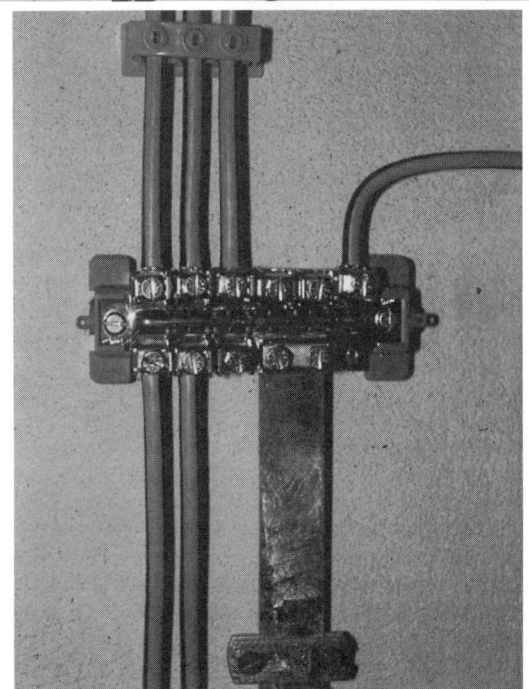

図 12. 3 DIN VDE 0618による 等電位化母線
（電線断面積2.5 〜 95 mm²用引出し端子付（Dehn + Söhne社））

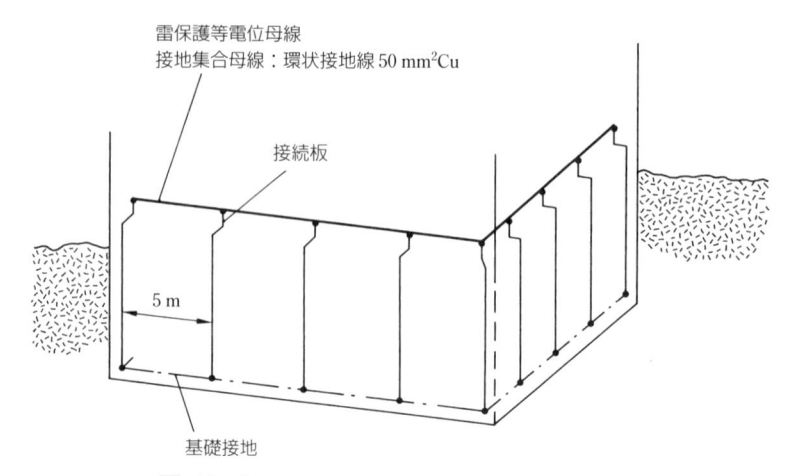

図 12.4 基礎接地に接続された環状等電位母線

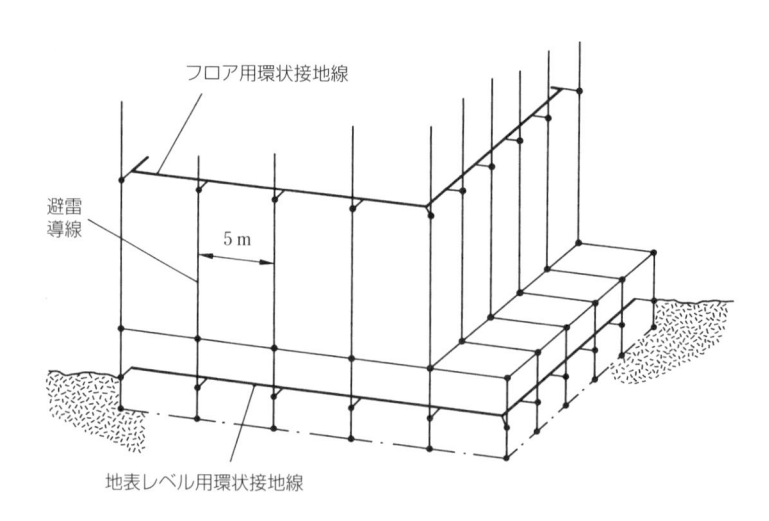

図 12.5 フロア用環状等電位母線

に接続される（図12.4）。

　情報技術設備の設置されている各階ごとに，更に環状接地線を設ければ目的にかなう（図12.5）。この環状等電位母線に，更に局部的な情報機器用等電位母線（接地集合母線または接地端子）が接続されることもある。

12.2 保護空間に導入される無電圧の設備の接続

保護空間に導入される，すべての金属製の無電圧の設備は，建物への引込み口で，等電位母線（環状接地導線）に直接または分離用火花ギャップを介して接続される。そのような設備には次のようなものがある。

- 電話接地線
- DIN VDE 0141 による接地（直接または分離用火花ギャップを介して接続）
- 補助接地
- 測定用接地（分離用火花ギャップを介して接続）
- シールド導体
- ケーブルの金属外被，外装，及び導線のシールド
- 水道管
- 温水管
- ガス管
- 換気及び空調ダクト
- 消火管
- PEN 導体
- PE 導体

12.3 保護空間に導入される電圧の加わる設備の接続

DIN VDE 0185 Part 100 に，次のように規定されている。
- 電源及び電話設備に対する雷保護等電位化が実施されていること
- 雷保護等電位化はできるだけ建物への入り口に近いところで実施されること
- 導線のシールドが接続されること
- すべての電線の芯線が直接または間接に接続されること
- 電圧の加わっている芯線は，避雷器を介してのみ雷保護装置に接続されること

アレスタは，予期される分岐雷電流を流せるものでなければならない。

12.4 保護空間内の設備の接続

スプリンクラー設備，エレベータのガイドレール，クレーンフレーム，水道，ガス管，暖房管，換気，空調ダクト，階段等，建物内部の金属設備はすべて雷保護等電位化に取り入れなければならない。

同様に雷保護等電位化に取り入れられた電話設備のフレームは，DIN VDE 0800 Part 2により，電源回路のPEを介して接続されてもよい。

しかし，雷保護等電位化により，保護空間内の電磁誘導に起因する過電圧を防止することはできない。この過電圧を抑制するためには，別の保護対策が必要である。

雷電流路ないしは雷電流の流れている導体の周辺には，雷電流の急峻な立ち上がり速度のために，極めて急速な磁界変化が生ずる。この磁界変化によって，建物内部の電源配線，情報技術配線，水道，ガス配管等の設備導体によって形成される大面積のインダクションループに，約100 000ボルトのオーダの過電圧が発生する。

図12.6の例では，電源配線とデータ配線に接続されたコンピュータについて考察している。

データ線は建物に引き込まれた後，規定どおりに等電位母線に接続されている。電線は更にデータ線プラグを介してコンピュータ内につながる。電源線は（ここでは積算電力計の後で）同様に雷電流アレスタを介して，等電位母線に接続され，電源線プラグを介してコンピュータ内に導入されている。電源線とデータ線は別々に配線されるので，概略100 m^2程度の面積を包含するインダクションループを形成することがある。このループのオープン端末はコンピュータ内部にあり，ループに磁気的に誘起された過電圧がここに加わる。このループには直撃雷のみでなく，近傍雷の場合にも機器の中で閃絡を起こし，しばしば火災の原因となる高い誘起過電圧を発生することがある。

対策として，コンピュータの近傍，電源及びデータ線プラグ位置で雷過電圧に対する保護を行わなければならない。

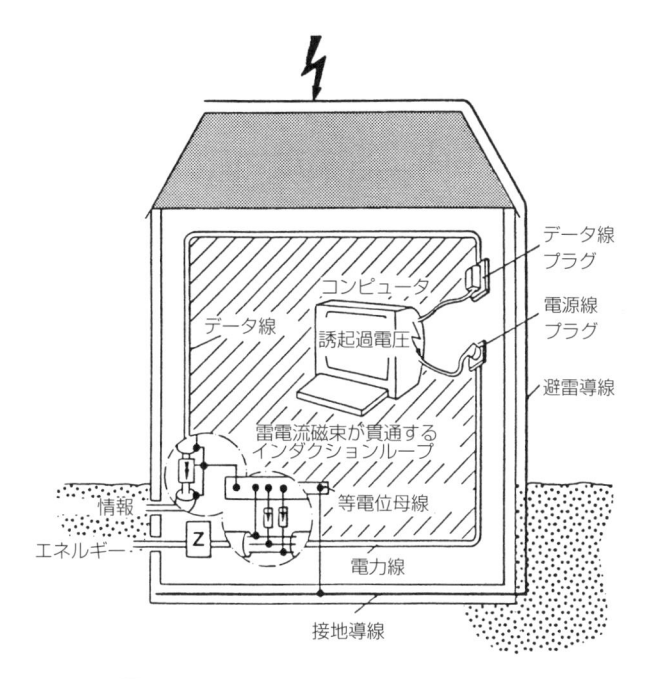

図 12.6 誘導雷過電圧による電子機器の危険

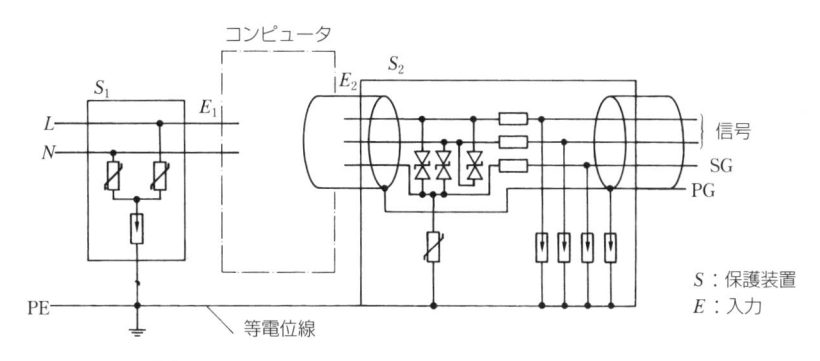

図 12.7 対称インタフェース型コンピュータの過電圧保護

　原理的には火花ギャップ，バリスタ及びツェナーダイオードのような過電圧制限素子を電源及びデータ線と等電位導線間に短い経路で接続する。（図12.7）
　類似の危険は，コンピュータと同様に二つの回線，すなわち電源回路とアン

テナ回線に接続されている機器，テレビ受像機，ビデオレコーダ，ラジオでも生ずる。他の例として，電源回路と水道配管に接続されている食器洗い機，洗濯機がある。

　一般的な過電圧保護の原則として，二つ以上の独立の回線に接続される機器，特に情報機器は，その場所でローカルな等電位線に（短距離で）接続される過電圧保護装置を備えねばならない。

13 磁気遮蔽

13.1 建物，部屋，キャビン，装置の遮蔽

　雷電磁界の磁気成分は一般に電気電子システムに対する著しい擾乱を与える。これらに対して遮蔽設計が行われる。建物，部屋，キャビンまたは装置に対して磁気遮蔽が十分に行われれば，電気的な成分も同様に十分に低減される。雷チャネル及び雷保護装置の避雷導線の周囲の磁界は6章に示された方法で計算される。

　単純なケースとして，（無限長の）雷電流導線の近傍にある遮蔽された空間に対して次式が成り立つ（図13.1）。

$$H(t) = \frac{i}{2\pi s} \quad (\text{A/m})$$

　　i：導線電流（A）
　　s：導線から遮蔽空間までの平均距離

　磁界の振幅密度スペクトラム $H(f) = f(f)$ は図6.1に示される雷電流振幅密度スペクトラムから求められる。磁界変化の振幅密度スペクトラム $(dH/dt)/f = f(f)$ は図6.2に示される雷電流変化 di/dt の振幅密度スペクトラムから求められる。複雑な構造に対して，$H(t)$ は7章の説明によって計算するか，またはモデル実験によって求めねばならない。遮蔽対策による，単一周波数の，擾乱の

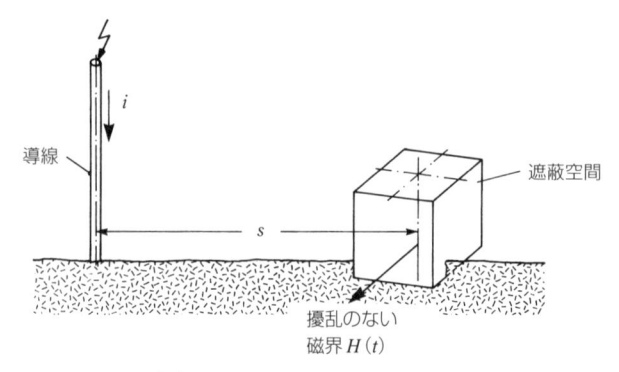

図 13.1 雷電流導体近傍の磁界

（図中ラベル：導線、i、s、遮蔽空間、擾乱のない磁界 $H(t)$）

ない磁界または磁界変化の振幅密度の低限度は該当する遮蔽率 S_f によって示される。

$$S_f = \frac{(H/f)}{(H/f)_S} = \frac{(dH/dt)/f}{[(dH/dt)/f]_S}$$

H/f：単一周波数の擾乱のない磁界の振幅密度 $\left(\dfrac{A/m}{Hz}\right)$

$(H/f)_S$：遮蔽空間内の単一周波数磁界の振幅密度 $\left(\dfrac{A/m}{Hz}\right)$

遮蔽率 S_f は単一周波数の遮蔽減衰度に換算される。

遮蔽減衰度：$20 \cdot \log S_f$（dB） または $S_f = 10^{遮蔽減衰度/20}$

13.1.1　閉じた金属板遮蔽

単一周波数に対する遮蔽率 S_f と遮蔽容器の遮蔽特性の間に次の関係がある。

$$S_f = \exp\left(\frac{a_f}{\delta_f} + \ln \frac{r_E}{4.24 \cdot \mu_r \cdot \delta_f}\right)$$

$$a_f = \delta_f \left(\ln S_f - \ln \frac{r_E}{4.24 \cdot \mu_r \cdot \delta_f}\right) \quad (m)$$

$$\delta_f = 503 \sqrt{\frac{\rho}{f \cdot \mu_r}} \quad (m) \qquad \delta_f < a_f$$

a_f：遮蔽容器の所要壁厚（m）
f：周波数（Hz）
r_E：遮蔽容器の等価半径（m）
S_f：遮蔽率
δ_f：侵入深度（m）
μ_r：遮蔽容器の透磁率
ρ：遮蔽容器の固有抵抗（Ωm）

方形遮蔽容器の等価半径は，等容積の球形遮蔽容器の半径計算によって得られる。

$$r_E = \sqrt[3]{\frac{3}{4\pi}} \cdot \sqrt[3]{S_1 \cdot S_2 \cdot S_3} = 0.62\sqrt[3]{S_1 \cdot S_2 \cdot S_3} \quad \text{(m)}$$

S_1, S_2, S_3：方形遮蔽容器の辺長（m）

事 例

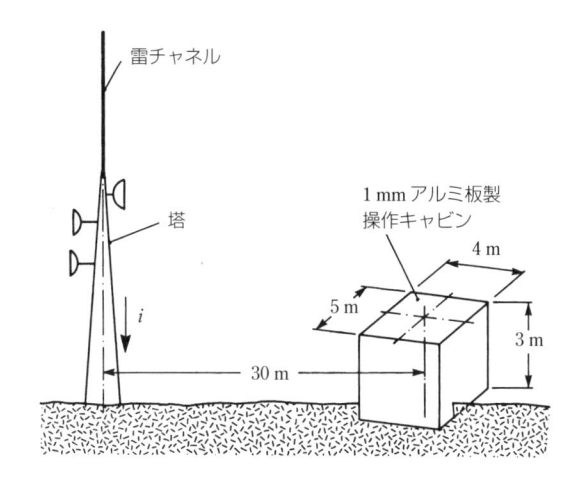

要求レベル"高度"に相当する 150 kA 10/350 μs 及び 37.5 kA 0.25/100 μs（7章参照）の i に対する操作キャビン内，100 kHz における磁界変化の振幅密度 $\text{AD}\left(\dfrac{dH/dt}{f}\right)_{100\,\text{kHz}}$ を求める：

[操作キャビン外側のAD]

100 kHzの場合の雷電流変化のAD,要求レベル"極度"に対し,図6.2より,

$$\left(\frac{di/dt}{f}\right)_{100\text{ kHz}} = 50.2\frac{\text{kA/s}}{\text{Hz}}$$

要求レベル"高度"の場合

$$\left(\frac{di/dt}{f}\right)_{100\text{ kHz}} = 50.2\frac{150}{200} = 37.7\frac{\text{kA/s}}{\text{Hz}}$$

$$\left(\frac{dH/dt}{f}\right)_{100\text{ kHz}} = \frac{37.7\cdot 10^3}{2\pi\cdot 30} = 200\frac{\text{(A/m)/s}}{\text{Hz}}$$

遮蔽の計算

$$r_E = 0.62\sqrt{3\cdot 4\cdot 5} = 2.43\text{ m}$$

$$a = a_f = 10^{-3}\text{ m}$$

$$\delta_{100\text{ kHz}} = 503\sqrt{\frac{29\cdot 10^{-9}}{100\cdot 10^3\cdot 1}} = 271\cdot 10^{-6}\text{ m} = 0.271\text{ mm}$$

$$\delta_{100\text{ kHz}} < a$$

$$S_{100\text{ kHz}} = \exp\left(\frac{1\cdot 10^{-3}}{271\cdot 10^3\cdot 1} + \ln\frac{2.43}{4.24\cdot 1\cdot 271\cdot 10^{-6}}\right) = 84.7\cdot 10^3$$

遮蔽減衰度 $= 20\log 84.7\cdot 10^3 = 98.6\text{ dB}$

[操作キャビン内側のAD]

$$\left(\frac{dH/dt}{f}\right)_{100\text{ kHz}} = \frac{200}{84.7\cdot 10^3} = 2.36\cdot 10^{-3}\frac{\text{(A/m)/s}}{\text{Hz}}$$

$a = 1$ mmの鋼板の場合

$\delta_{100\text{ kHz}} = 0.0406$ mm

$S_{100\text{ kHz}} = 172\cdot 10^9$

遮蔽減衰度 $= 225$ dB

通常用いられる金属板材料に対し，所要の特性値を表13.1にまとめた。

建物の場合，例えば金属板屋根部品及び金属壁部品を接続することによって，更に高度の遮蔽構造が実現される。

表 **13. 1** 金属板特性値

特性値	アルミニウム板	銅板	鉄及びブリキ板
μ_r	1	1	約200
$\rho\,(\Omega\mathrm{m})$	$29\cdot10^{-9}$	$17.8\cdot10^{-9}$	約$130\cdot10^{-9}$

図 **13. 2** 基礎中の鉄筋マットは電磁遮蔽のために，互いに接続される。

13.1.2 遮蔽格子

建物または部屋を包むための遮蔽格子は，例えばコンクリート中の鉄格子（鉄筋）によって構成される（図8.6）。

できるだけ閉鎖した遮蔽ケースを作るために，床（図13.2），壁，屋根のすべての鉄筋を接続することによって，雷電流による磁界を著しく減衰させることができる。遮蔽ケージとして接続された鉄筋によって得られる，電磁界に対する遮蔽率または遮蔽減衰度と周波数の関係を図13.3に示す。計算は閉鎖した金属板遮蔽の場合と類似の方法で行われる。

鉄 筋		
曲線	直径 d (mm)	メッシュ幅 W (cm)
1	2	1.2
2	12	10
3	18	20
4	25	40

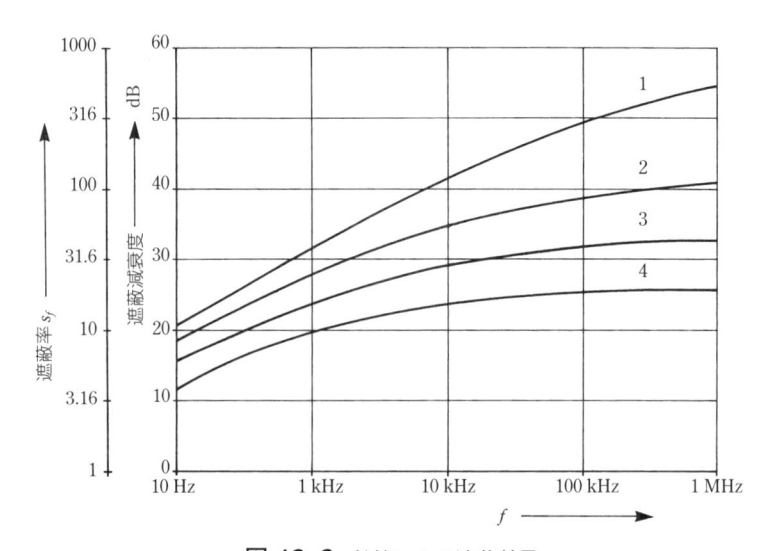

図 13.3 鉄筋による遮蔽効果

事 例

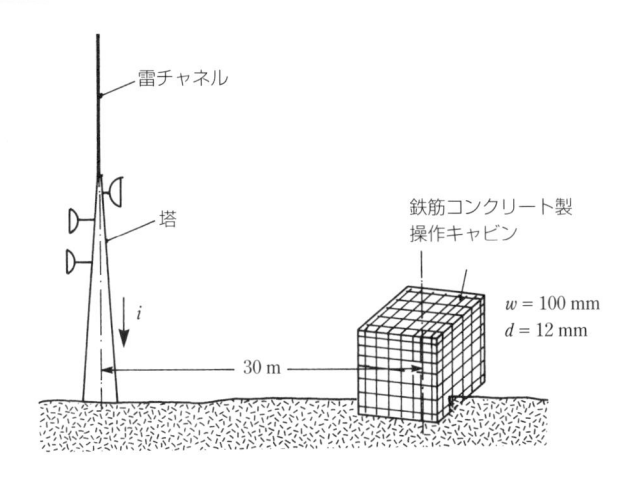

雷チャネル / 塔 / i / 30 m / 鉄筋コンクリート製操作キャビン / $w = 100$ mm / $d = 12$ mm

要求レベル"高度"に相当する 150 kA 10/350 μs 及び 37.5 kA 0.25/100 μs（7章参照）の i に対する操作キャビン内，100 kHz における磁界変化の振幅密度 $\mathrm{AD}\left(\dfrac{dH/dt}{f}\right)_{100\,\mathrm{kHz}}$ を求める：

［操作キャビン外側のAD］

$$\left(\frac{dH/dt}{f}\right)_{100\,\mathrm{kHz}} = 200\frac{(\mathrm{A/m})/\mathrm{s}}{\mathrm{Hz}} \qquad (13.1.1\text{項の事例参照})$$

遮蔽度の決定
　図 13.3 より
　　遮蔽減衰度 = 39 dB
　　$S_{100\,\mathrm{kHz}} = 10^{39/20} = 89$

［操作キャビン内側のAD］

$$\left(\frac{dH/dt}{f}\right)_{100\,\mathrm{kHz}} = \frac{200}{89} = 2.25\frac{(\mathrm{A/m})/\mathrm{s}}{\mathrm{Hz}}$$

13.1.3 遮蔽開口部

金属板または格子遮蔽の開口部は遮蔽効果に影響を与える。遮蔽率ないしは遮蔽減衰度の低減を図13.4に示す。

開口部との間隔 a が次のように保たれている場合，開口の影響は実際上無視される。

$$a = s \cdot \frac{遮蔽減衰度}{10} \quad (\mathrm{m})$$

s：開口部の最大寸法（m）

dBで示す遮蔽減衰度は遮蔽空間の中心の値であり，ここでは開口の影響はない。窓やドアのような開口部の影響は，網目の十分に細かい格子によって無害とすることが合理的である。

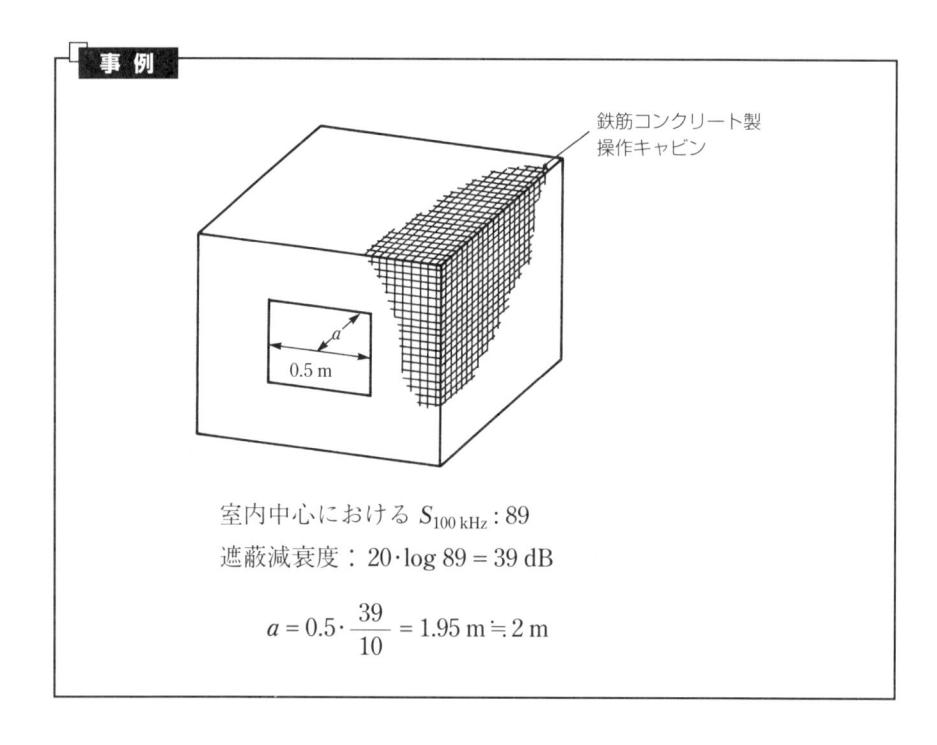

事 例

鉄筋コンクリート製操作キャビン

0.5 m

室内中心における $S_{100\,\mathrm{kHz}}$：89

遮蔽減衰度：$20 \cdot \log 89 = 39\,\mathrm{dB}$

$$a = 0.5 \cdot \frac{39}{10} = 1.95\,\mathrm{m} \fallingdotseq 2\,\mathrm{m}$$

13. 磁気遮蔽

s = 開口部の最大寸法
a = 開口部からの間隔

図 13.4 シールドルーム開口部からの距離と遮蔽減衰度

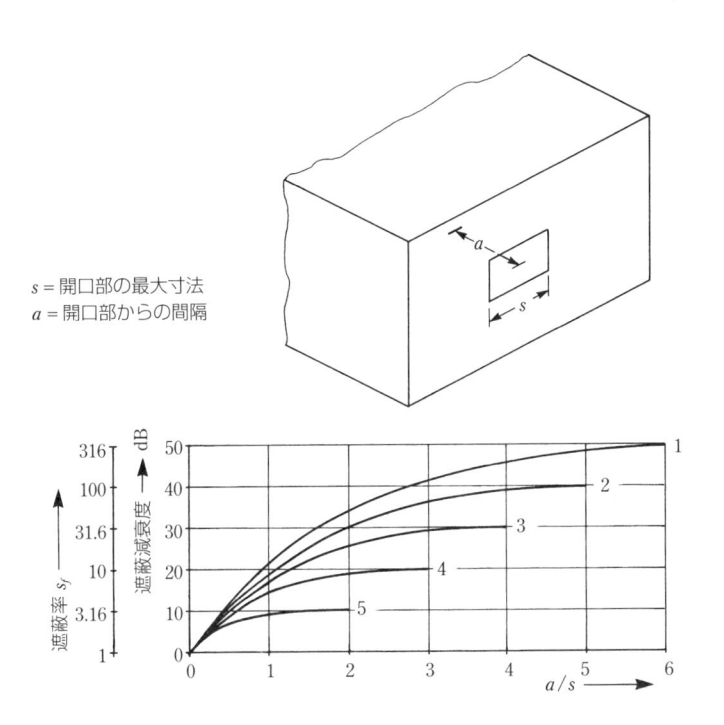

遮蔽空間中心の遮蔽減衰

曲線	遮蔽率	遮蔽減衰度（dB）
1	316	50
2	100	40
3	31.6	30
4	10	20
5	3.16	10

13.2 電流の流れるシールドパイプ

しばしば二つの保護空間（建物，部屋等）を電力用，情報用ケーブルを収容したシールドパイプによって結合するという課題が発生する（図13.5, 図13.6）。

これらのパイプは電磁遮蔽のために両端で接地されている。一方の施設に落雷の際，他方の施設への均衡電流（分岐雷電流）が流れる。

パイプを介して対称的に電流が流れる場合には，シールドパイプの内部には磁界が生じない。しかし雷電流iがパイプに流れた場合，シールドパイプと導線間に縦電圧u_lが加わることは避けられない（図13.7）。

u_lの原理的な波形を図13.8に示す。u_lはiに対して遅れて発生し，そのピーク値に対してiよりもゆっくりと立ち上がる。カップリング抵抗R_kに関し，次

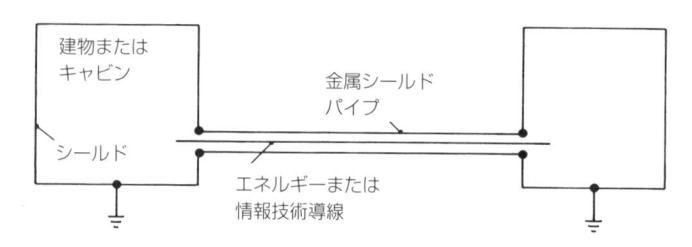

図 **13.5** 二つの建物またはキャビン間のシールドパイプ

図 **13.6** シールドパイプ（M. Neuhaus）

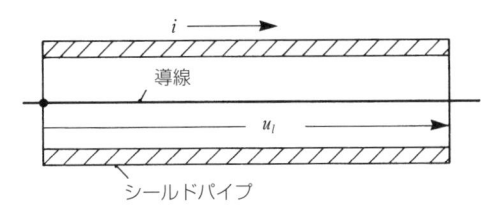

図 13.7 電流の流れるシールドパイプの縦電圧

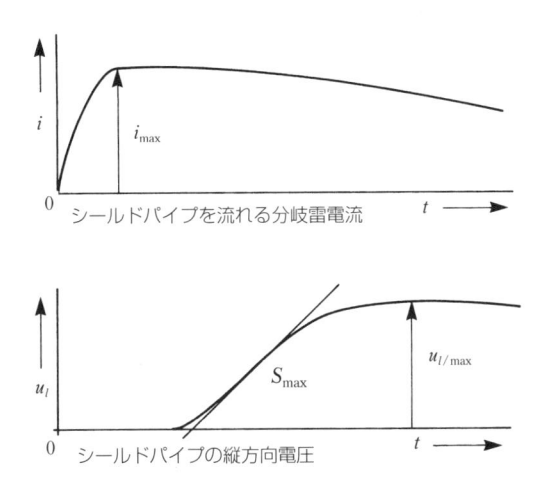

図 13.8 分岐雷電流の原理波形とシールドパイプ縦電圧

式が成り立つ。

$$R_k = u_{l/\max}/i_{\max}$$

以下，非磁性体で円筒型シールドパイプに，最悪のケースで発生する縦電圧の最大値と，立ち上がり時間（峻度）の求め方を説明する。この場合，最悪ケースでシールドパイプを流れる分岐雷電流 i が，最大値 $i_{\max}$ のステップ関数（インパルス電流 $0/\infty$）であるとしてスタートする。この場合有効なカップリング抵抗 R_k は直流抵抗 R_g に等しい。

$$R_k = R_g = \frac{\rho \cdot l}{\pi \cdot s(s+2r)} \quad (\Omega)$$

ρ：シールドパイプの抵抗率（$\Omega \cdot \mathrm{mm}^2/\mathrm{m}$）

l：シールドパイプの長さ（m）

s：シールドパイプの厚さ（mm）

r：シールドパイプの内径（mm）

したがってアルミニウムパイプでは次式が成り立つ（表5.5）。

$$R_k = R_g = \frac{9.2 \cdot l}{s(s+2r)} \quad (\mathrm{m}\Omega)$$

銅パイプでは次式が成り立つ（表5.5）。

$$R_k = R_g = \frac{5.7 \cdot l}{s(s+2r)} \quad (\mathrm{m}\Omega)$$

上式にはm単位のl，mm単位のs，mm単位のrを挿入する。縦電圧の最大値$u_{l/\max}$は，

$$u_{l/\max} = R_k \cdot i_{\max}$$

縦電圧立ち上がり速度の最大値$S_{\max}$は，

$$S_{\max} = \frac{1.4 \cdot \rho^2 \cdot l}{s^3(s+2r)} i_{\max} \quad (\mathrm{V}/\mu\mathrm{s})$$

ρ：シールドパイプの抵抗率（$\Omega \cdot \mathrm{mm}^2/\mathrm{m}$）

l：シールドパイプの長さ（m）

s：シールドパイプの厚さ（mm）

r：シールドパイプの内径（mm）

$i_{\max}$：シールドパイプの分岐雷電流最大値（A）

アルミニウムパイプでは，

$$S_{\max} = \frac{1.2 \cdot l}{s^3(s+2r)} i_{\max} \quad (\mathrm{V}/\mu\mathrm{s})$$

銅パイプでは，

事例

銅製シールドパイプ

$s = 1$ mm, $r = 30$ mm, $l = 100$ m, $i_{max} = 10$ kA

$$R_k = R_g = \frac{5.7 \cdot 100}{1(1 + 2 \cdot 30)} = 9.34 \text{ m}\Omega$$

$$u_{l/max} = 9.34 \cdot 10^{-3} \cdot 10 \cdot 10^3 = 93.4 \text{ V}$$

$$S_{max} = \frac{0.44 \cdot 100}{1^3(1 + 2 \cdot 30)} \cdot 10 = 7.21 \frac{\text{V}}{\mu\text{s}}$$

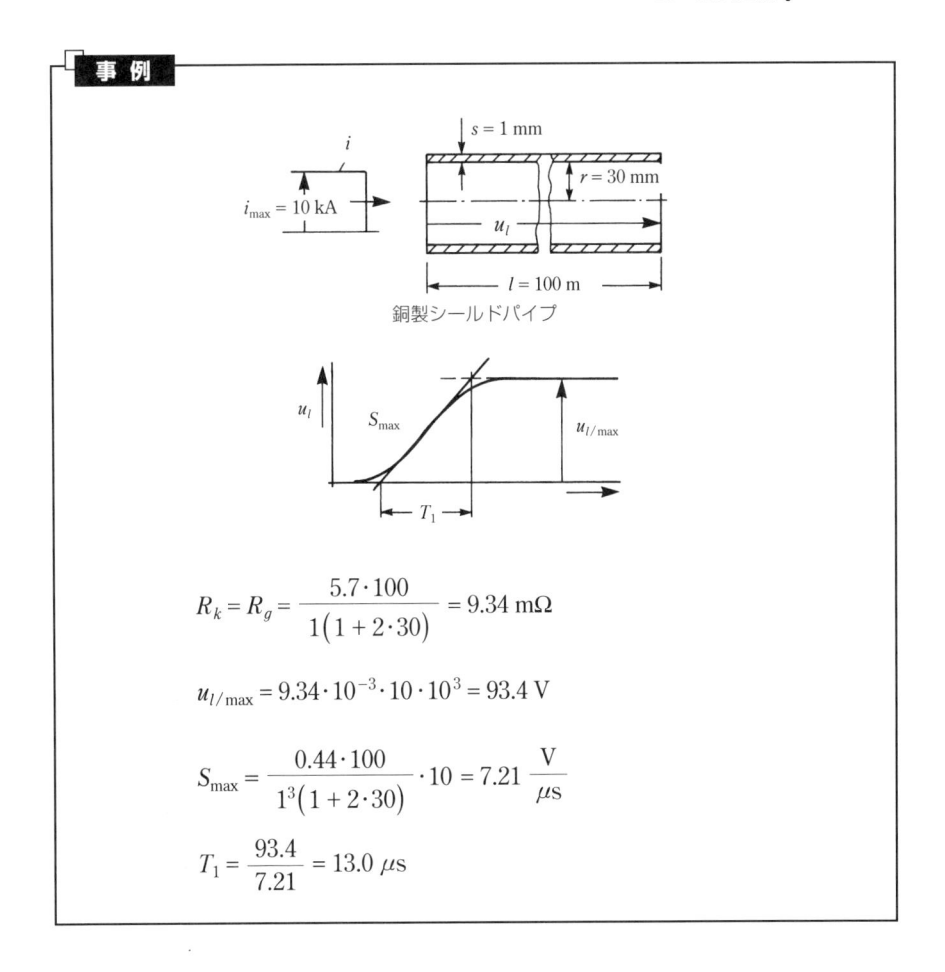

$$T_1 = \frac{93.4}{7.21} = 13.0 \text{ }\mu\text{s}$$

$$S_{max} = \frac{0.44 \cdot l}{s^3(s + 2r)} i_{max} \qquad (\text{V}/\mu\text{s})$$

上式にはm単位のl，mm単位のs，mm単位のr，kA単位のi_{max}を挿入する。実際の応用に対して，縦電圧は峻度S_{max}で$u_{l/max}$まで上昇する電圧として示される（図13.9）。この場合の立ち上がり時間は次式で示される。

$$T_1 = u_{l/max}/S_{max} \qquad (\mu\text{s})$$

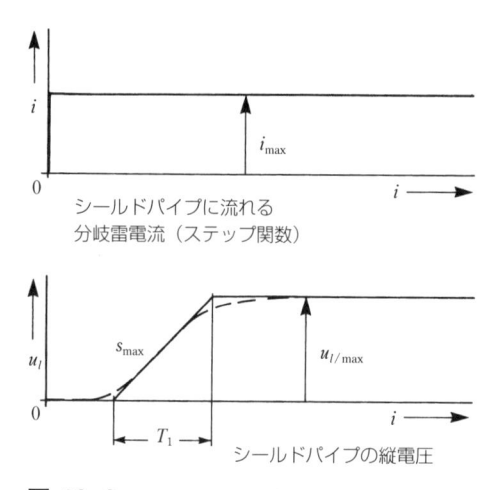

図 **13.9** シールドパイプの理想化した縦電圧

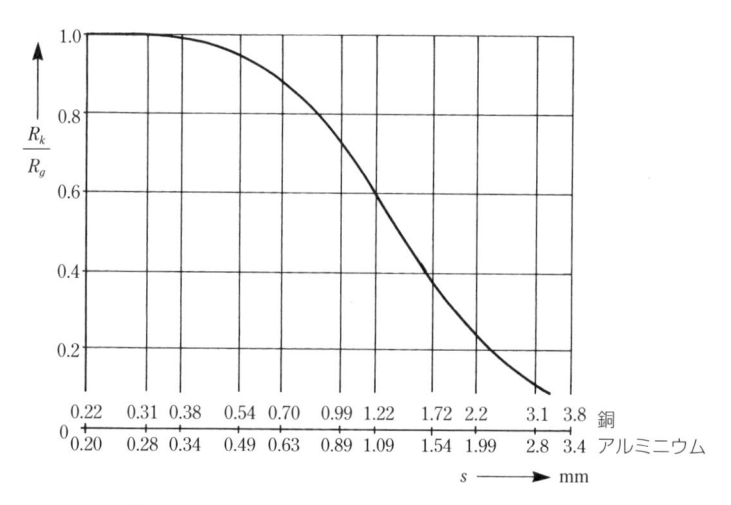

図 **13.10** 壁厚とカップリング抵抗比の関係
(インパルス電流 $8/20\ \mu s$ の場合)

$u_{l/\max}$:縦電圧の最大値 (V)

$S_{\max}$:縦電圧立ち上がり速度最大値 $(V/\mu s)$

シールドパイプに比較的短時間流れるインパルス電流,例えばインパルス電

流 8/20 μs の場合,カップリング抵抗 R_K は直流抵抗 R_g よりも小さくなることがある。図13.10には銅及びアルミニウムシールドパイプの壁厚と R_k/R_g の関係を示している。外被の厚さ s が数 mm となって初めて,$u_{l/\max}$ の著しい低減が見られる。

短時間のインパルス電流に対する R_k は,外被材の固有抵抗 ρ が小さくなるほど,透磁率 μ_r が大きくなるほど小さくなる。鉄磁性材は1よりもかなり大きい μ_r 値を示すので,これらの材料からなる外被は比較的高い μ_r 値を考慮すれば極めて有効であるが,それは外被を流れる電流による磁気飽和が生じない範囲に限られている。

表13.2はステップ関数状分岐雷電流(インパルス電流 $0/\infty$)における鉄パイプに対する縦電圧の立ち上がり時間 T_1 及び $u_{l/\max}$(定義は図13.9参照)を示す。

図13.11は,Steinbigler の測定による鉄パイプのインパルス電流 8/20 μs に

表 13.2 鉄パイプ(内径 30 mm)縦電圧の立ち上がり時間と最大値
(インパルス電流 $0/\infty$ の場合)

$i_{\max}$ (kA)	T_1 (μs)		$u'_{l/\max}$ (V) $l=1$ m	
	$s=1$ mm	$s=3$ mm	$s=1$ mm	$s=3$ mm
30	3.9	38	19	6.1
100	0.3	5.5	63	20

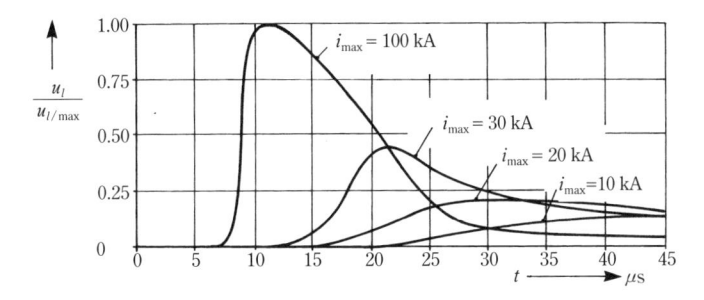

図 13.11 インパルス電流 8/20 μs に対する鉄パイプ
(内径 30 mm,壁厚 1 mm)縦電圧波形
(インパルス電流 $0/\infty$ における $u_{l/\max}$ との比)

表 13.3 銅及び鉄パイプの縦カップリング抵抗と最大縦電圧
（電流ピーク値 10 kA）

		インパルス電流 8/20 μs	インパルス電流 0/∞
R_k ($\mu\Omega/\mathrm{m}$)	銅	93	93
	鉄	94	630
$u'_{l/\max}$ ($\mu\Omega/\mathrm{m}$)	銅	0.93	0.93
	鉄	0.94	6.3

対する縦電圧の時間的経過をインパルス電流 0/∞ に対する値との比で示す。

以下，内径 $r = 30$ mm，壁厚 $s = 1$ mm，断面積 192 mm² の鉄パイプと銅パイプの比較を示す。表13.3に，最大値 10 kA のインパルス電流 8/20 μs，及びインパルス電流 0/∞ に対する縦カップリング抵抗 R'_K 及び最大縦電圧 $u'_{l/\max}$ を示す。インパルス電流 8/20 μs に対して銅及び鉄パイプでほとんど同じ最大縦電圧が発生するが，インパルス電流 0/∞ では鉄パイプの最大縦電圧は銅パイプの場合よりも約 6.7 倍も高いことがわかる。縦電圧の立ち上がり時間は鉄磁性材以外の場合は電流ピーク値に無関係であるが，鉄磁性材の場合にはインパルス電流ピーク値の増加とともに著しく減少する。鉄パイプは通常想定される分岐雷電流（波形 10/350 μs，5.7節参照）において銅パイプに比し，縦電圧の最大値が大きく，立ち上がり時間が短い点で不利である。銅パイプの直線性は，簡単明瞭な縦電圧計算を可能とする。

シールドパイプが地上に設置されている場合，パイプ全長にわたる $i_{\max}$ は一定である。シールドパイプが地下に設置され，大地と導電結合されている場合，距離が増大すれば $i_{\max}$ は低減する。シールドパイプ地表面接地の場合と同じ作用をする。その場合，シールドパイプを伝わる電流 i の伝播速度は，地上設置の場合の光速に比べて著しく低減する。

実施例から，かなり大きな分岐雷電流を流すケーブルのシールドには鉄よりも銅の方が好ましいことがわかった。しかしこのことは，単に雷による磁界の低減のためのシールドルームには当てはまらない（13.1節参照）。

14 接 近

　以下の記述は，雷保護の国際規格制定の際の協議結果に基づいている。その原案はDIN VDE 0185 Part 100の規定の中に見出される。

　接近の問題は図14.1から出発する。ここにはメッシュ形式で形成された建物に対する雷保護設備が示されている。この場合，中間等電位面が，（代表値として高さ20 mごとに，例えば床鉄筋を雷保護装置に接続することによって）実現されている。

　例えば水道，ガス，空調及び電力配線等の金属設備により，インダクションループが生じ，急速に変化する雷磁界により，そのループにインパルス電圧が誘起される。このインパルス電圧によって近接区間で閃絡が起こることを防止

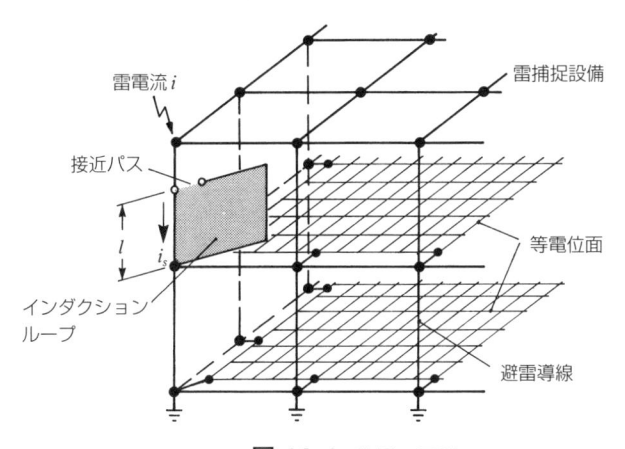

図 14.1 接近の原理

しなければならない。近接区間に十分な安全距離が取れない場合は短絡しなければならない。この場合，誘起電圧により誘導インパルス電流がインダクションループに流れるので，これをチェックしなければならない。

近接区間に必要な安全距離 S の計算のためには，次の簡略化した前提条件（その信頼性は広範な計算によって証明されている）からスタートする。

・インダクションループの一部を形成する避雷導線のみが誘起電圧に関与する（図14.1）。避雷導線には次の電流が流れる。

$$i_s = k_c \cdot i \quad (\text{A})$$

　i：雷電流
　k_c：考察する避雷導線を流れる分岐雷電流の割合を決定する構造係数
　　$k_c = 1$：1次元配置の場合
　　$k_c = 2/3$：2次元配置の場合
　　$k_c = (2/3)^2$：図14.1に示すような3次元配置の場合

・ループ M' の長さに応じた相互インダクタンスは一般に $1.5\ \mu\text{H/m}$ と想定される。相互インダクタンス M は次式で計算される。

$$M = M' \cdot l \quad (\mu\text{H})$$

　M'：単位長当りの相互インダクタンス（$\mu\text{H/m}$）
　l：避雷導線の部分長（図14.1参照）（m）

・最大誘起インパルス電圧は，負極性従属雷の場合に発生することが予期される。その立ち上がり時間 T_1 は $0.25\ \mu\text{s}$ であり（5.7節参照），その最大値 $i_{\max}$ は要求レベルにより，25，37.5または50 kA となる（表5.9参照）。平均立ち上がり電流峻度は $i_{\max}/T_1$，すなわち $T_1 = 0.25\ \mu\text{s}$ に対して100，150または200 $\text{kA}/\mu\text{s}$ となる。

・誘起されたインパルス電圧 U は，平均立ち上がり電流峻度により発生し，ほぼ矩形波電圧で，$T_1 = 0.25\ \mu\text{s}$ の間作用する。

$$U = M \cdot k_c \cdot \frac{i_{\max}}{T_1} \quad (\text{kV})$$

　$i_{\max}/T_1$：平均立ち上がり電流峻度（$\text{kA}/\mu\text{s}$）

k_c：構造係数

M：相互インダクタンス（μH）

- 接近パスはロッド対ロッド型火花放電ギャップの形状を有する。
- インダクションループの接近パスのインパルス閃絡電圧 U_d は，Kind の"平面法則"及び Ragaller の研究により，

$$U_d = k_m \cdot 600 \cdot d \left(1 + 1/T\right) \quad \text{(kV)}$$

d：閃絡パス

k_m：物質係数

$k_m = 1$：接近パスの絶縁媒体が空気である場合

$k_m = 0.5$：接近パスの絶縁媒体が固体（例えば木材または壁等）である場合

T_1：雷電流立ち上がり時間（μs）

誘起されたインパルス電圧 U がインパルス閃絡電圧に等しいとすれば，閃絡パスに関して，

$$d' = \frac{k_c}{k_m} \cdot \frac{M' \cdot l}{600} \cdot \frac{i_{\max}/T_1}{1 + 1/T_1} \quad \text{(m)}$$

k_c：構造係数

k_m：物質係数

M'：単位長当りの相互インダクタンス（μH/m）

l：避雷導線部分長（m）

$i_{\max}/T_1$：平均立ち上がり電流峻度（kA/μs）

T_1：立ち上がり時間（μs）

接近パスにおける閃絡を避けるためには，閃絡パスよりも大きな安全間隔を実現しなければならない。

$$S > \frac{k_c}{k_m} \cdot \frac{M' \cdot l}{600} \cdot \frac{i_{\max}/T_1}{1 + 1/T_1} = \frac{M'}{600} \cdot \frac{l}{1 + T_1} \cdot \frac{k_c}{k_m} \cdot l \cdot i_{\max}$$

$$= k \cdot \frac{k_c}{k_m} \cdot l \cdot i_{max} \quad (m)$$

$k = 2 \cdot 10^{-3}$ (1/kA), $M' = 1.5 \, \mu H/m$, $T = 0.25 \, \mu s$ の場合

k_c：構造係数

k_m：物質係数

l：避雷導線部分長（m）

i_{max}：負極性従属雷のインパルス電流最大値（kA）（表5.9参照）

上述の等式は所要安全間隔計算のための一般式であり，従来の経験則を置き換えることができる。DIN VDE 0185 Part 100に示された安全間隔Sを計算するための係数k_i（8章参照）は$k_i = k \cdot i_{max}$により求められ，四つの保護クラスに分けられる。

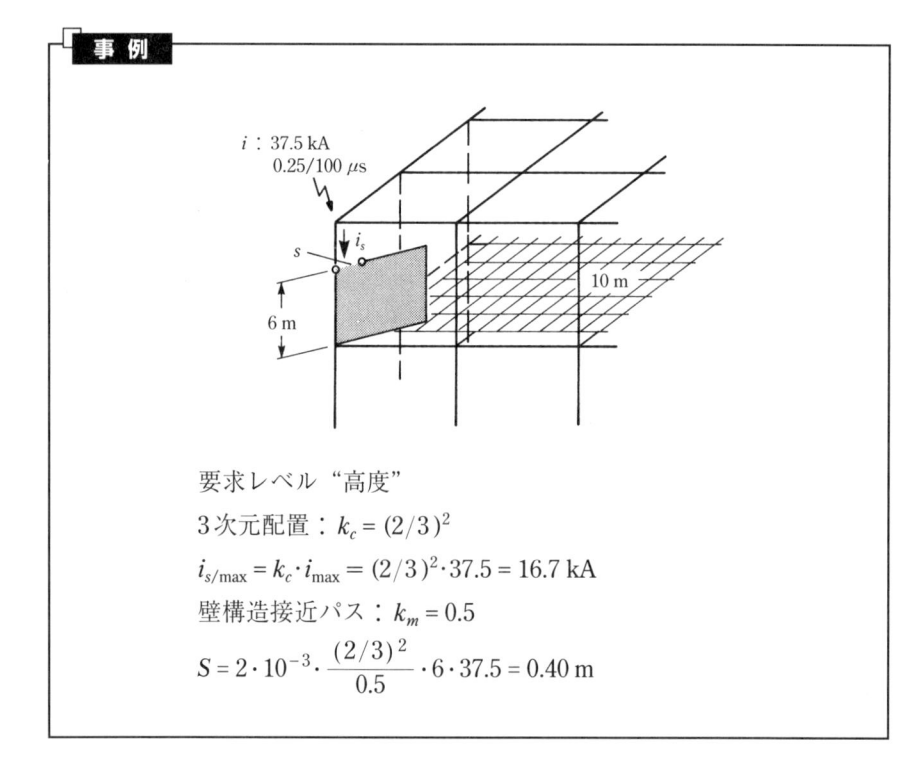

事 例

i：37.5 kA
0.25/100 μs

s i_s

10 m

6 m

要求レベル"高度"

3次元配置：$k_c = (2/3)^2$

$i_{s/max} = k_c \cdot i_{max} = (2/3)^2 \cdot 37.5 = 16.7$ kA

壁構造接近パス：$k_m = 0.5$

$$S = 2 \cdot 10^{-3} \cdot \frac{(2/3)^2}{0.5} \cdot 6 \cdot 37.5 = 0.40 \text{ m}$$

15 雷保護部品及び保護装置の試験方法とインパルスジェネレータ

15.1 雷インパルス電流試験装置の基礎

　雷電流試験装置の課題は，実験室において，作用パラメータが自然雷のそれに相当し，任意に再現し得るインパルス電流を発生することである。直接の効果を調べるために，試料（例えば火花ギャップまたはコネクタ）を電流回路に接続する。特にインパルス電流峻度，雷電流の電荷及び固有エネルギーの効果を調べる。試料に対して十分に一定のインパルス電流を流すためには，試料の電圧降下がインパルス電流ジェネレータの駆動電圧に対して十分に低くなければならない。

　間接的な効果を調べるために，試料（例えば電子機器）をインパルス電流の流れる導線（磁気アンテナ）の磁界に持ち込む。特に雷電流の立ち上がり電流峻度及び電磁誘導作用による影響が調査される。

　直接及び間接効果の調査に対し，通常，容量性のエネルギー蓄積器を用いたインパルス電流発生器が用いられる。この場合，コンデンサが $10〜100$ kV に充電され，スイッチング用火花ギャップを介して，オーミック抵抗及びインダクタンスからなる直列回路に瞬時に放電される。この C-R-L 回路には試料の抵抗及びインダクタンスも含まれ，振動回路抑制方式により，抑制振動または単一極性インパルス電流が流れる。

　直接及び間接効果調査用のインパルス電流ジェネレータの基本構成を図15.1，図15.2に示す。完成した装置を図15.3に示す。DIN VDE 0432 Part 2 よ

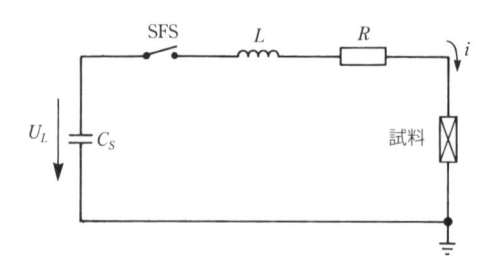

図 15.1 直接効果調査用インパルス電流発生器

U_L：コンデンサ充電電圧
C_S：インパルスコンデンサ
L：インダクタンス（試料のインダクタンスを含む）
R：抵抗（試料の抵抗を含む）
SFS：火花ギャップスイッチ
i：インパルス電流

図15.1の電流発生器

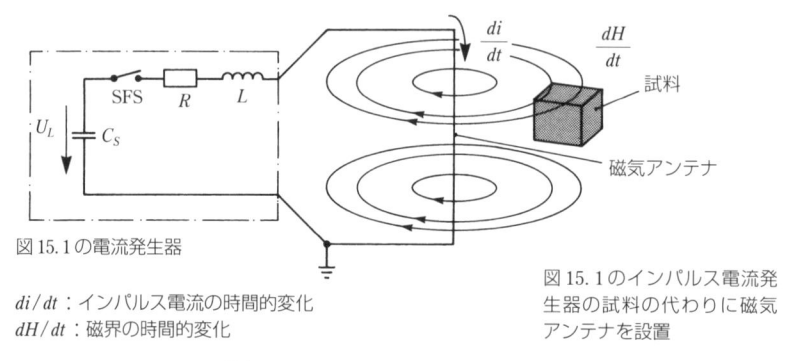

di/dt：インパルス電流の時間的変化
dH/dt：磁界の時間的変化

図15.1のインパルス電流発生器の試料の代わりに磁気アンテナを設置

図 15.2 間接効果調査用試験回路

図 15.3 ミュンヘン防衛大学高圧実験室のインパルス電流発生器
（ダブルジェネレータ，特に2種類の継続インパルスジェネレータ）
最大充電電圧：100 kV，最大供給電気エネルギー：200 kWs

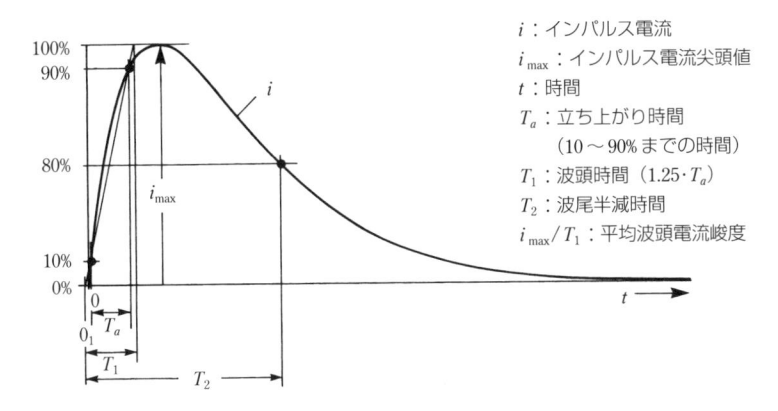

図 15.4 インパルス電流の定義

i：インパルス電流
i_{max}：インパルス電流尖頭値
t：時間
T_a：立ち上がり時間
　　　（10〜90%までの時間）
T_1：波頭時間（$1.25 \cdot T_a$）
T_2：波尾半減時間
i_{max}/T_1：平均波頭電流峻度

り引用した雷電流の電流及び時間パラメータの定義を図15.4に示す。

15.2　C-L-Rインパルス電流回路の基本式

図15.5は充電回路を含めた$C–L–R$インパルス電流発生器の基本回路図を示す。インパルス電流発生器の特性は通常次によって示される。

・最大充電電圧 $U_{L/max}$

・最大蓄積電気エネルギー $W_{e/max} = \dfrac{1}{2} C_s \cdot U_{L/max}^2$

図15.5によるインパルスジェネレータの直列振動回路の電流iに対する微分方程式は，

$$\frac{di^2}{dt^2} + \frac{R}{L} \cdot \frac{di}{dt} + \frac{1}{LC_s} \cdot i = 0$$

$t=0$における初期条件として（スイッチング用火花ギャップ閉），

$$i = 0, \quad \frac{di}{dt} = \frac{U_L}{L}$$

　　C_s：インパルスコンデンサ（F）

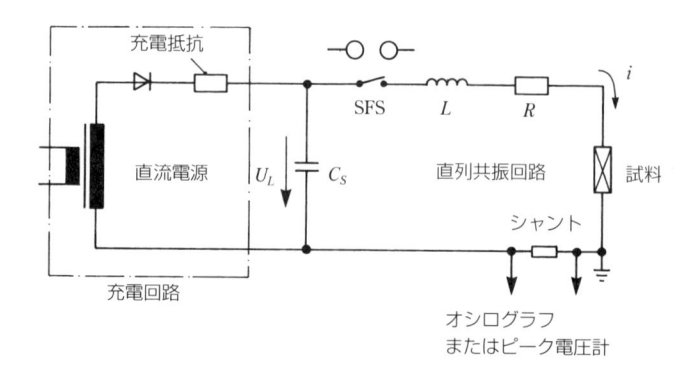

L：直列回路の全インダクタンス
　（試料のインダクタンスも含む）
R：直列回路の全抵抗
　（シャント及び試料の抵抗も含む）
C_S：インパルスコンデンサ
U_L：コンデンサの充電電圧
SFS：スイッチング用火花ギャップ

図 15.5 インパルス電流発生回路

i：インパルス電流（A）
L：インダクタンス（H）
R：抵抗（Ω）
T：時間（s）
U_L：充電電圧（V）

この直列共振回路の定数選定により，希望する電流波形が得られる。以下与えられた充電電圧，蓄積エネルギーの場合に，種々のダンピング回路により異なる波形をもつ雷電流または分岐雷電流が，いかにして発生するかについて説明する。この場合特に到達し得るインパルス電流尖頭値，電荷，固有エネルギー及び最大電流峻度が比較される。

15.2.1　周期的ダンピングの場合の電流

このインパルス電流波形の実例を図15.6に示す。この波形は次の場合に得られる。

$$0 < R < 2\sqrt{L/C_s}$$

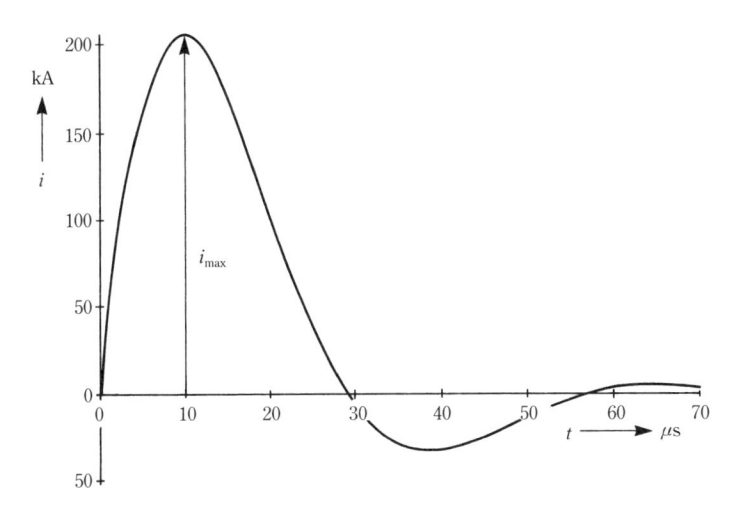

図 **15.6** 周期的ダンピングの場合の電流

この場合，次式が成り立つ（図15.4参照）。

$$0.263 < T_1/T_2 < 0.482$$

インパルス電流の時間的経過に対し，

$$i = \frac{U_L}{\omega L} \cdot \sin \omega t \cdot e^{-t/\tau}$$

ここで，

$$\tau = \frac{2L}{R}, \quad \omega = \sqrt{\frac{1}{LC_s} - \frac{1}{\tau^2}}$$

時点 $t = \dfrac{\arctan(\omega\tau)}{\omega}$ において電流ピーク値 $i_{\max}$ に達する。最大電流峻度（時点 $t=0$）に関して

$$\left(\frac{di}{dt}\right)_{\max} = \frac{U_L}{L}$$

全電荷に関して

> **事例**
>
> $C_S = 30\ \mu\text{F},\ L = 2.1\ \mu\text{H}, R = 0.265\ \Omega,\ U_L = 100\ \text{kV}$
>
> 図15.6の電流波形となる。
>
> $\tau = 15.8\ \mu\text{s},\ \omega = 109 \cdot 10^3 \dfrac{1}{S},\ i_{\max} = 206\ \text{kA}$
>
> $\left(\dfrac{di}{dt}\right)_{\max} = 47.6\ \text{kA}/\mu\text{s},\ Q = 4.15\ \text{As},\ W/R = 564\ \text{kJ}/\Omega$

$$Q = \int_0^\infty |i|\,dt = \frac{U_L/L}{\omega^2 + 1/\tau^2} \cdot \left(\frac{2}{1 - e^{-\pi \cdot \omega \tau}} - 1\right)$$

固有エネルギーに関して

$$W/R = \int_0^\infty i^2\,dt = \frac{U_L^2}{4\omega^2 L^2} \cdot \frac{\tau}{1 + (1/\omega\tau)^2}$$

15.2.2　臨界非振動の場合の電流

このインパルス電流波形の実例を図15.7に示す。
この電流波形は次の場合に得られる。

$$R = 2\sqrt{L/C_S}$$

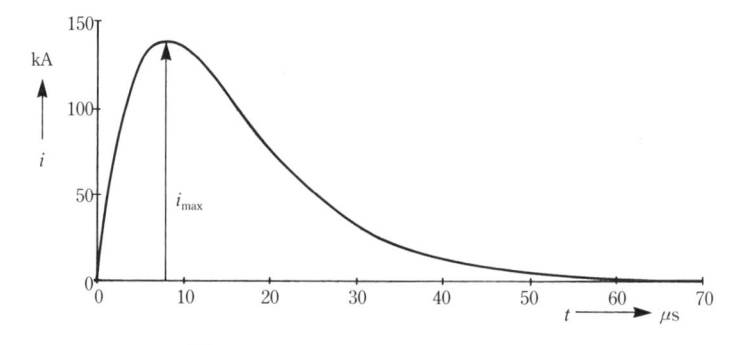

図 15.7　臨界非振動の場合の電流波形

15. 雷保護部品及び保護装置の試験方法とインパルスジェネレータ

この場合，次式が成り立つ（図15.4参照）。

$$T_1/T_2 = 0.263$$

インパルス電流波形に関して次式が成り立つ。

$$i = \frac{U_L}{L} \cdot e^{-t/\tau} \cdot t$$

$$\tau = \frac{2L}{R}$$

時点 $t = \tau$ において電流ピーク値 i_{max} に到達する。最大電流峻度に関して次式が成り立つ（$t = 0$）。

$$\left(\frac{di}{dt}\right)_{max} = \frac{U_L}{L}$$

電荷に関して

$$Q = \int_0^\infty i\,dt = U_L \cdot C_S$$

固有エネルギーに関して

$$W/R = \int_0^\infty i^2\,dt = \frac{U_L^2 \cdot C_S}{4} \cdot \sqrt{\frac{C_S}{L}}$$

事例

$C_S = 30\,\mu\text{F},\ L = 2.1\,\mu\text{H},\ R = 0.529\,\Omega,\ U_L = 100\,\text{kV}$

図15.7の電流波形となる。

$\tau = 7.94\,\mu\text{s},\ i_{max} = 139\,\text{kA}$

$\left(\dfrac{di}{dt}\right)_{max} = 47.6\,\dfrac{\text{kA}}{\mu\text{s}},\ Q = 3.00\,\text{As},\ W/R = 283\,\text{kJ}/\Omega$

15.2.3 非振動ダンピングの場合の電流

このインパルス電流の実例を，図15.8に示す。
この電流波形は次の場合に得られる。

$$R > 2\sqrt{L/C_S}$$

この場合，次式が成り立つ（図15.4参照）。

$$0 < T_1/T_2 < 0.263$$

インパルス電流波形に関して次式が成り立つ。

$$i = \frac{U_L}{\sqrt{R^2 - 4L/C_S}} \cdot \left(e^{-t/\tau_1} - e^{-t/\tau_2}\right)$$

$$\tau_1 = \frac{1}{R/2L - \sqrt{(R/2L)^2 - 1/LC_S}}$$

$$\tau_2 = \frac{1}{R/2L + \sqrt{(R/2L)^2 - 1/LC_S}}$$

電流ピーク値 i_{max} に達する時点は

$$t = \frac{\tau_1 \cdot \tau_2}{\tau_1 - \tau_2} \cdot \ln\frac{\tau_1}{\tau_2}$$

最大電流峻度に関して次式が成り立つ（$t = 0$）。

$$\left(\frac{di}{dt}\right)_{max} = \frac{U_L}{L}$$

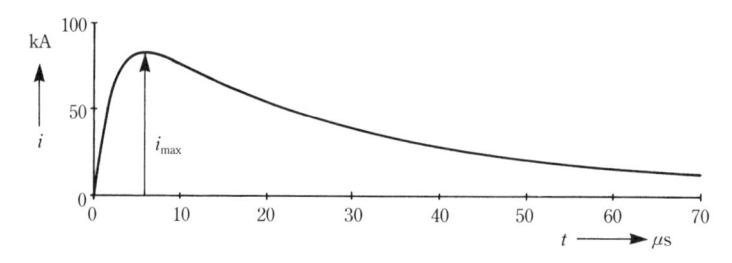

図 15.8 非振動ダンピングの場合の電流

> **事 例**
>
> $C_S = 30\ \mu\mathrm{F},\ L = 2.1\ \mu\mathrm{H},\ R = 1.06\ \Omega,\ U_L = 100\ \mathrm{kV}$
>
> 図15.8の電流波形となる。
>
> $\tau_1 = 29.7\ \mu\mathrm{s},\ \tau_2 = 2.12\ \mu\mathrm{s},\ i_{\max} = 82.6\ \mathrm{kA}$
>
> $\left(\dfrac{di}{dt}\right)_{\max} = 47.6\ \mathrm{kA}/\mu\mathrm{s},\ Q = 3.00\ \mathrm{As},\ W/R = 142\ \mathrm{kJ}/\Omega$

電荷に関して

$$Q = \int_0^\infty i\,dt = \frac{U_L}{\sqrt{R^2 - 4L/C_S}} \cdot (\tau_1 - \tau_2) = U_L \cdot C_S$$

固有エネルギーに関して

$$W/R = \int_0^\infty i^2\,dt = \frac{U_L^2/2}{R^2 - 4L/C_S} \cdot \frac{(\tau_1 - \tau_2)^2}{\tau_1 + \tau_2}$$

15.2.4　インパルス電流ジェネレータにおけるクロウバー火花放電ギャップ

クロウバー火花放電ギャップと称する，追加のスイッチング用火花放電ギャップをC–L–R回路に組み込むことによって特殊な波形が得られる。このために，インパルス電流回路（図15.5）のインダクタンスLを二つの要素L_1, L_2に分割し（図15.9），$L_1 \ll L_2$とする。

SFSの点弧後，点弧しない状態のCFSには，実際上コンデンサの全電圧が加わる。CFSはこの電圧に対して設計しなければならない。この回路により，特に正弦半波電流が実現され，振動型インパルス電流を非振動ダンピングインパルス電流に変えることができる。

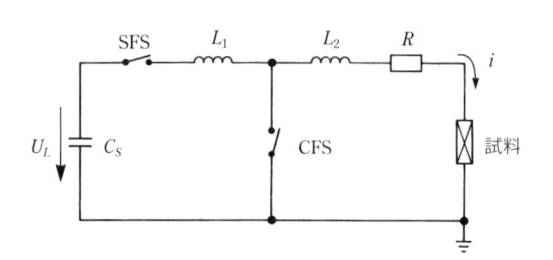

U_L：コンデンサの充電電圧
C_S：インパルスコンデンサ
L_1：部分インダクタンス
L_2：部分インダクタンス
　　　（試料のインダクタンスも含む）
R：直列回路の全抵抗
　　　（シャント及び試料の抵抗も含む）
SFS：スイッチング用火花ギャップ
CFS：クロウバー火花ギャップ

図 15.9 クロウバースイッチング用火花ギャップを用いたインパルス電流ジェネレータ

15.2.5　正弦半波電流

単一極性のインパルス電流の実現が必要な場合，抵抗 R が十分に小さければ，インパルスジェネレータの発生させ得る電荷及び固有エネルギーに対して，非周期臨界振動の場合よりも，正弦半波波形の方がはるかに高い利用度が得られる。この場合，SFS が $t=0$ にて点弧し，CFS が $t=\pi/\omega$ で点弧する（C_S の端子電圧が反転し，U_L まで充電された時点）。このインパルス電流の実例を図 15.10 に示す。R が無視し得るほど小さいという前提で次式が成立つ（図 15.4 参照）。

$$T_1/T_2 = 0.482$$

インパルス電流波形は

$$i = \frac{U_L}{\omega(L_1+L_2)} \cdot \sin\omega t \qquad 0 \le t \le \frac{\pi}{\omega}$$

$$\omega = \sqrt{\frac{1}{C_S(L_1+L_2)}}$$

時点 $t=\dfrac{\pi}{2\omega}$ にて電流ピーク値 $i_{\max}$ に到達する。

最大立ち上がり電流峻度（$t=0$）は，

$$\left(\frac{di}{dt}\right)_{\max} = \frac{U_L}{L_1+L_2}$$

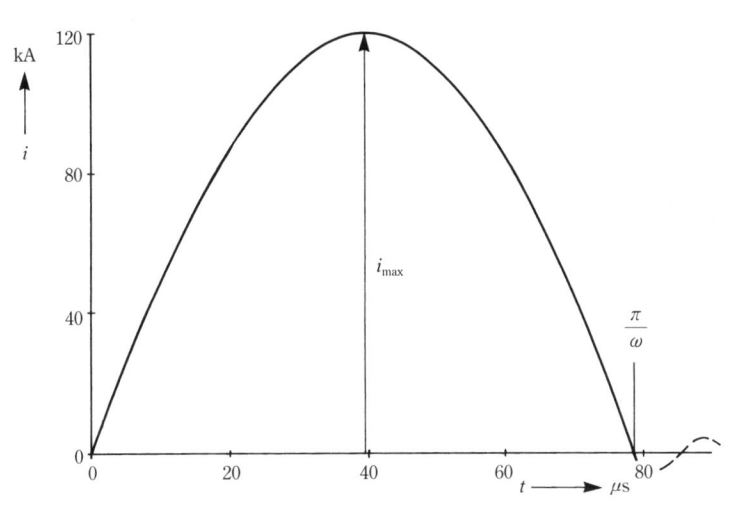

図 15.10 正弦半波電流

> **事例**
>
> $C_S = 30\,\mu\text{F}$, $L_1 = 1\,\mu\text{H}$, $L_2 = 20\,\mu\text{H}$, $R = 0\,\Omega$, $U_L = 100\,\text{kV}$
>
> 図15.10の電流波形となる。
>
> $\omega = 39.8 \cdot 10^3\,1/\text{s}$, $i_{max} = 120\,\text{kA}$
>
> $\left(\dfrac{di}{dt}\right)_{max} = 47.6\,\dfrac{\text{kA}}{\mu\text{s}}$, $Q = 6.00\,\text{As}$, $W/R = 568\,\text{kJ}/\Omega$

電荷に関して

$$Q = \int_0^{\pi/\omega} i\,dt = 2\,U_L \cdot C_S$$

固有エネルギーに関して

$$W/R = \int_0^{\pi/\omega} i^2\,dt = \dfrac{U_L^2 \cdot \pi}{2\omega^2(L_1 + L_2)}$$

15.2.6 非ダンピングインパルス電流の非振動ダンピングインパルス電流への移行

抵抗 R が十分に小さい場合には（図 15.9），長時間継続する単極性電流によって，非振動臨界条件に比較し極めて大きな電荷と固有エネルギーを発生させることができる。この場合 SFS を $t = 0$ にて点弧させ，CFS を $t = \pi/2\omega$ にて点弧させる（C_S が放電した時点）。この電流波形の例を図 15.11 に示す。インパルス電流の時間的経過は次式で示される。

$$i = \frac{U_L}{\omega(L_1 + L_2)} \cdot \sin\omega t \qquad 0 \leq t \leq \frac{\pi}{2\omega}$$

$$\omega = \sqrt{\frac{1}{C_S(L_1 + L_2)}}$$

$$i = \frac{U_L}{\omega(L_1 + L_2)} \cdot e^{-t/\tau} \qquad t \geq \frac{\pi}{2\omega}$$

$$\tau = \frac{L_2}{R}$$

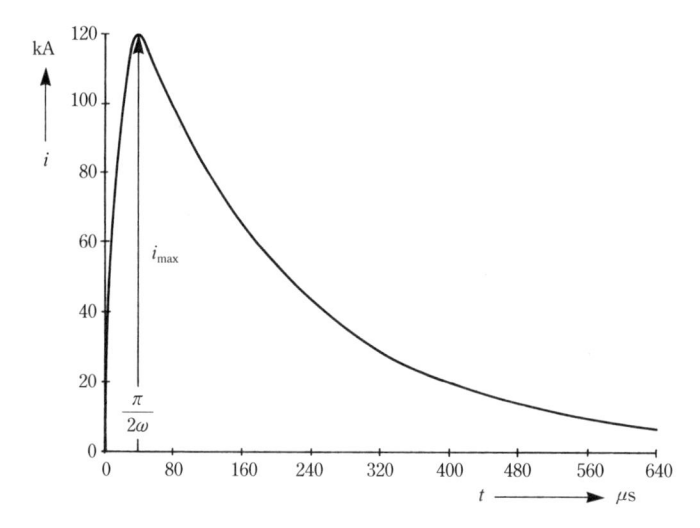

図 15.11 非ダンピングから非振動ダンピング状態に移行した電流波形

> **事例**
>
> $C_S = 30~\mu\text{F}$, $L_1 = 1~\mu\text{H}$, $L_2 = 20~\mu\text{H}$, $R = 100~\text{m}\Omega$, $U_L = 100~\text{kV}$
>
> 図 15.11 の電流波形となる。
>
> $\omega = 39.8 \cdot 10^3~1/\text{s}$, $\tau = 200~\mu\text{s}$, $i_{\max} = 120~\text{kA}$
>
> $\left(\dfrac{di}{dt}\right)_{\max} = 47.6~\dfrac{\text{kA}}{\mu\text{s}}$, $Q = 27~\text{As}$, $W/R = 1720~\text{kJ}/\Omega$

時点 $t = \dfrac{\pi}{2\omega}$ にて電流ピーク値 $i_{\max}$ に到達する。

最大立ち上がり電流峻度 ($t = 0$) は,

$$\left(\frac{di}{dt}\right)_{\max} = \frac{U_L}{L_1 + L_2}$$

電荷に関して

$$Q = \int_0^\infty i\,dt = U_L \cdot C_S + \frac{U_L}{\omega(L_1 + L_2)} \cdot \tau$$

固有エネルギーに関して

$$W/R = \int_0^\infty i^2\,dt = \frac{U_L^2}{\omega^2(L_1 + L_2)^2} \cdot \left(\frac{\pi}{4\omega} + \frac{\tau}{2}\right)$$

15.3 接続部品及び分離用火花ギャップの試験方法

ねじ止め,リベット止め,かしめまたは圧着クランプ及び分離用火花ギャップは,建物及び技術的な設備の雷保護技術において,すべての金属設備間の広範にわたる雷保護等電位化に対する要求により,特に重要である。

避雷導線断面積は該当する要求レベルに応じて,計算によって設計できるが,

クランプ及び分離用火花ギャップは正確な計算による解析ができない。これらの部品では，実験室で模擬した雷電流に基づくタイプテストが必要である。コネクタ及び火花ギャップの負荷に対し，インパルス電流成分と，長時間電流成分からなる雷電流の電荷と固有エネルギーが尺度となる。全雷電流は要求レベルにより，表15.1のパラメータを示す。この表には通常基礎とすべき偏差も示されている。

雷電流のインパルス電流成分のパラメータ，W/R及びQ_{impuls}は，波頭時間$T_1 \ll T_2$の場合，波尾半減時間$T_2 = 350$ μsに相当する指数関数状減衰インパルス電流（時定数$\tau = 500$ μs）によって実現される。

したがってインパルス電流用部品に対する試験電流は，要求レベルにより次の最大値i_{max}を有する近似インパルス電流$X/350$ μs（$X \ll 350$ μs）が適切である。

　　200 kA ± 10%　　　要求レベル"極度"
　　150 kA ± 10%　　　要求レベル"高度"
　　100 kA ± 10%　　　要求レベル"普通"

解析と評価により，全体の雷電流の一部のみが接続子または火花ギャップに流れることが予期される場合には，同じ波形で試験電流最大値i_{max}を低減する。模擬インパルス電流$X/350$ μsを実現するための，雷インパルス電流ジェネレータ回路を図15.12に示す。この回路により次の限界値までのインパルス電流を発生することができる。

$i_{max} = 200$ kA

$W/R = 10$ MJ/Ω

$Q_{impuls} = 100$ As

表 15.1 雷電流パラメータ

要求レベル	W/R (MJ/Ω)	Q_{impuls} (As)	$Q_{long\ time}$ (As) $T = 0.5$s ± 10%
極度	10 ± 35%	100 ± 20%	200 ± 20%
高度	5.6 ± 35%	75 ± 20%	150 ± 20%
普通	2.5 ± 35%	50 ± 20%	100 ± 20%

15. 雷保護部品及び保護装置の試験方法とインパルスジェネレータ

このインパルスジェネレータの原理は15.2.4項に示されている。ミュンヘン防衛大学のインパルス電流実験室の同様なジェネレータを用いて発生したインパルス電流を図15.13に示す。

約0.5秒間作用する持続電流要素$Q_{\text{long time}}$の雷電流パラメータは，近似矩形波電流によって実現される。この矩形波は要求レベルにより次の電流値を示す。

　　約400 A（200 As±20%に相当）　　要求レベル"極度"

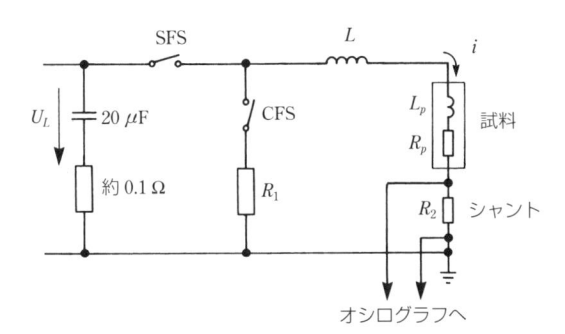

$L + L_p \fallingdotseq 10\ \mu\text{H}$
$R_1 + R_2 + R_p \fallingdotseq 20\ \text{m}\Omega$
$U_L = 160\ \text{kV}\ (i_{\max} = 200\ \text{kA のとき})$
SFS：スイッチ用火花ギャップ
CFS：クロウバー火花ギャップ

図 15.12 雷電流の大エネルギー部分を発生させる雷インパルスジェネレータ

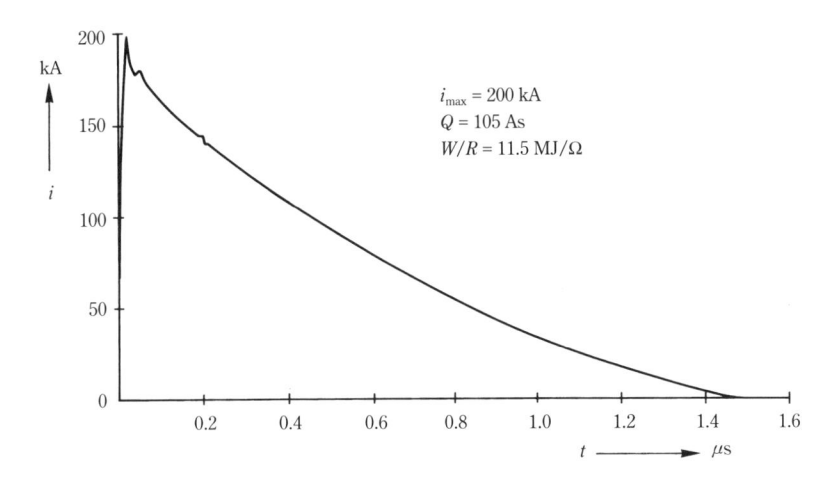

$i_{\max} = 200\ \text{kA}$
$Q = 105\ \text{As}$
$W/R = 11.5\ \text{MJ}/\Omega$

図 15.13 試験用雷インパルス電流

約300 A（150 As±20%に相当）　　要求レベル"高度"
　　　約200 A（100 As±20%に相当）　　要求レベル"普通"
全体の雷電流の一部のみが，接続子または火花ギャップに流れることが予期される場合には，同じ波形で試験電流値を低減する。0.5秒間の矩形波で，次の限界値を発生し得る，持続雷電流ジェネレータ回路の一例を図15.14に示す。

$Q_{\text{long time}}$ = 200 As

ミュンヘン防衛大学のインパルス電流実験室におけるインパルス電流発生器

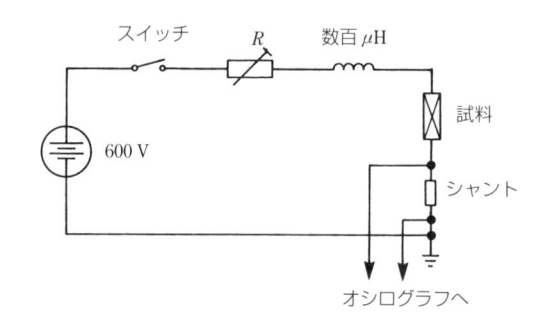

図 15.14 持続雷電流ジェネレータ

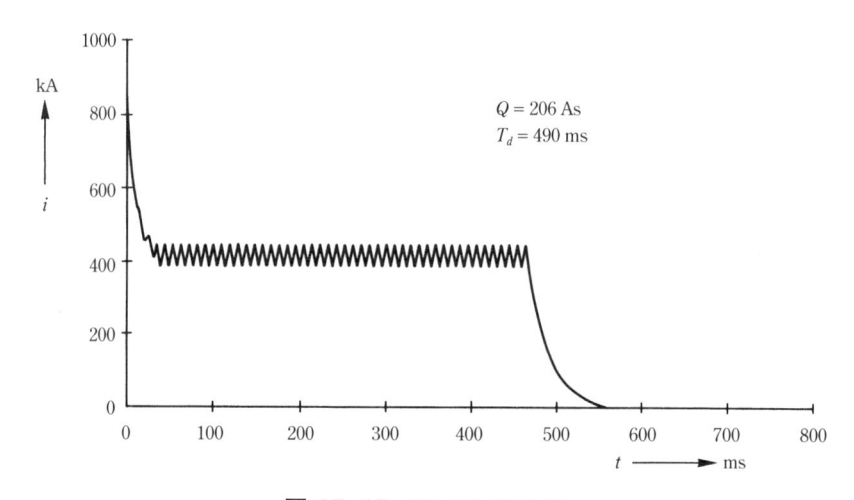

図 15.15 試験用持続雷電流

15. 雷保護部品及び保護装置の試験方法とインパルスジェネレータ　　229

図 15.16　ミュンヘン防衛大学インパルス電流実験室の雷インパルス電流及び持続電流試験装置（要求レベル"極度"にも対応できる）

の電流波形例を図15.15に示す。

インパルス及び持続電流ジェネレータは，並列にして試料に接続することができる。このようにすれば，二つの電流を互いに連接して結合することができる。完成した試験装置を図15.16に示す。DIN 48810には接続子及び分離用火花ギャップの試験方法が規定されているが，目下修正作業中であり，上述のパラメータに適合される。

15.4　磁気誘導の試験方法

雷電流の立ち上がり部分は，およそ100 kA/μsの電流峻度（電流変化率）を示し，この峻度は磁気誘導効果に対して特に重要である。第1雷撃または負極性従属雷のインパルス電流は，要求レベルにより表15.2に示す電流波頭峻度パラメータを示す。図15.17に定義を示す。図中には通常基礎となる誤差も示されている。解析または評価の結果，全体の雷電流の一部分のみが対象となる部品に流れることが予期される場合，同じ時間差Δtにおける電流変化は，これに対応して低減しなければならない。

次の限界値の，電流波頭峻度を実現するための雷インパルス電流ジェネレー

表 15.2 雷電流パラメータ

要求レベル	$\Delta i/\Delta t$ (kA/μs)		Δt (μs)	
	第1雷撃	従属雷	第1雷撃	従属雷
極度	20	200	10	0.25
高度	15	150		
通常	10	100		

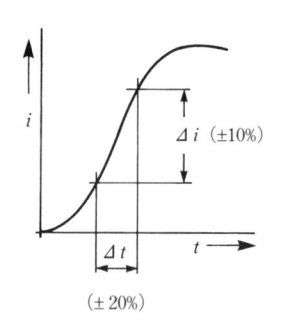

図 15.17 電流波頭峻度

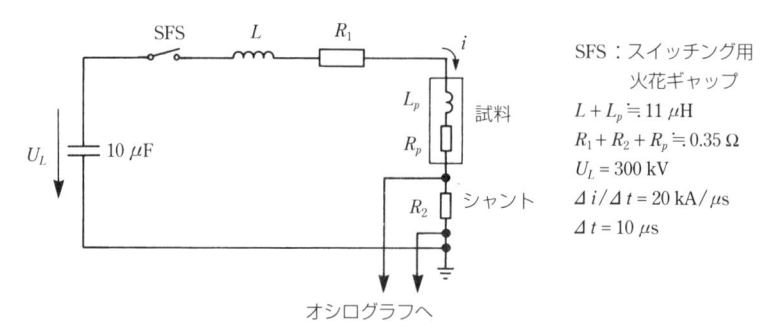

図 15.18 第1雷撃の電流波頭峻度発生用雷インパルス電流ジェネレータ

SFS：スイッチング用火花ギャップ
$L + L_p \fallingdotseq 11\ \mu H$
$R_1 + R_2 + R_p \fallingdotseq 0.35\ \Omega$
$U_L = 300\ kV$
$\Delta i/\Delta t = 20\ kA/\mu s$
$\Delta t = 10\ \mu s$

タ回路図の一例を図15.18に示す。

$\Delta i/\Delta t = 20\ kA/\mu s$

$\Delta t = 10\ \mu s$

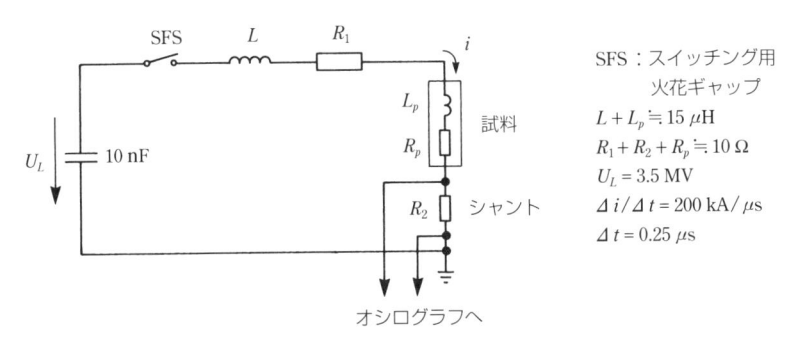

図 15. 19 従属雷の電流波頭峻度発生用雷インパルス電流ジェネレータ

次の限界値の，電流波頭峻度を実現するために用いられる，インパルス電流ジェネレータの回路図の一例を図15.19に示す。

$\Delta i / \Delta t = 200 \text{ kA}/\mu\text{s}$

$\Delta t = 0.25 \mu\text{s}$

15.5 過電圧保護装置の試験方法

遠方雷または誘導効果により，導線に結合する雷インパルス電圧，及び過電圧保護装置を用いてインパルス電圧を制限する場合に発生するインパルス電流を模擬するために，電源及び情報機器用信号線に直接ノイズジェネレータが接続される。ノイズジェネレータは無負荷の場合に一定のインパルス電圧 u，短絡の場合に一定のインパルス電流 i を発生する。この場合，見掛けの内部インピーダンス Z_i は，次式で決められる。

$Z_i = u_{\max} / i_{\max}$ （Ω）

$u_{\max}$：無負荷状態におけるインパルス電圧最大値（kV）

$i_{\max}$：短絡状態におけるインパルス電流最大値（kA）

定義を図15.20に示す。

オーミック，キャパシティブまたはインダクティブに導線に結合した雷ノイ

ズを模擬するために，特に二つのタイプのジェネレータが用いられる。

・次に示すノイズジェネレータ

　　無負荷インパルス電圧 $9.1/720\,\mu\text{s}$

　　（概略：$10/700\,\mu\text{s}$）$u_{max} \pm 6\,\text{kV}$ 以下

　　短絡インパルス電流 $1.1/180\,\mu\text{s}$

　　$Z_i = 17.6\,\Omega$，$i_{max} \pm 340\,\text{A}$ 以下

　または短絡インパルス電流 $4.8/320\,\mu\text{s}$

　　$Z_i = 41.4\,\Omega$，$i_{max} \pm 145\,\text{A}$ 以下

ジェネレータの回路図を図 15.21 に示す。

・次に示す（ハイブリッド）ノイズジェネレータ

　　無負荷インパルス電圧 $1.2/50\,\mu\text{s}$

　$u_{max} \pm 10\,\text{kV}$ 以下

　短絡インパルス電流 $8/20\,\mu\text{s}$

　　$Z_i = 1\,\Omega$，$i_{max} \pm 10\,\text{kA}$ 以下

　または短絡インパルス電流 $8/20\,\mu\text{s}$

　　$Z_i = 2\,\Omega$，$i_{max} \pm 5\,\text{A}$ 以下

ジェネレータの可能な回路図を図 15.22 に示す。完成した装置を図 15.23 に示す。

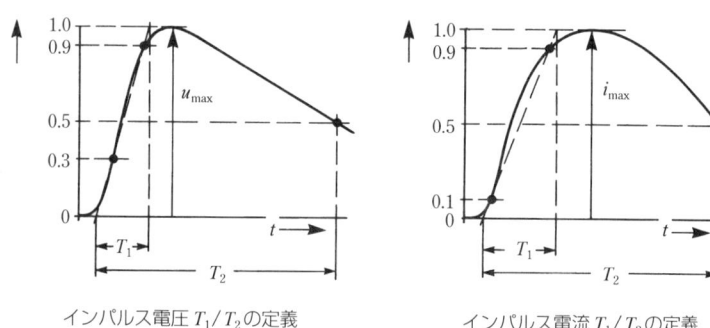

インパルス電圧 T_1/T_2 の定義

インパルス電流 T_1/T_2 の定義

T_1：波頭立ち上がり時間
T_2：波尾半減時間

図 15.20 ノイズジェネレータに関する定義

15. 雷保護部品及び保護装置の試験方法とインパルスジェネレータ

$R = 2.5\,\Omega$ ($Z_i = 17.6\,\Omega$ に対し)
$R = 25\,\Omega$ ($Z_i = 41.4\,\Omega$ に対し)
$U_L = 6\,\text{kV}$ ($u_{max} = 6\,\text{kV}$ に対し)

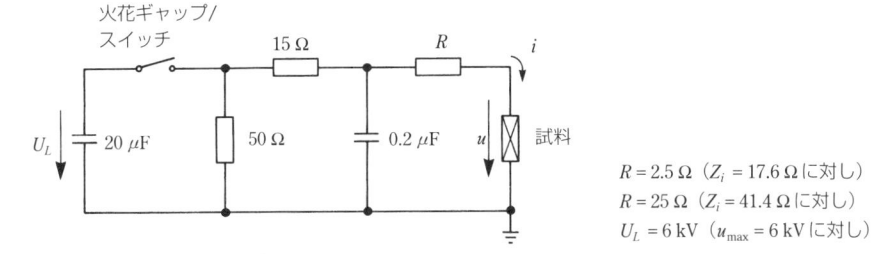

図 15.21 インパルス電圧 $10/700\,\mu\text{s}$ 用ノイズジェネレータ

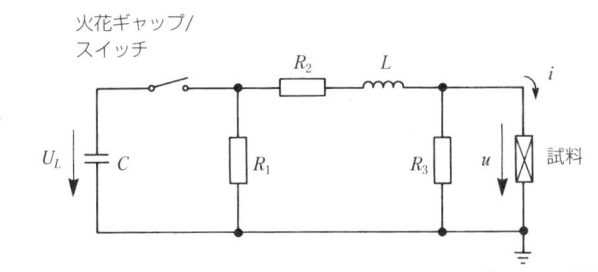

$C = 11.5\,\mu\text{F}, R_1 = 10.5\,\Omega, R_2 = 0.39\,\Omega, R_3 = 13\,\Omega, L = 5.5\,\mu\text{H}$ ($Z_i = 1\,\Omega$ に対し)
$C = 5.75\,\mu\text{F}, R_1 = 21\,\Omega, R_2 = 0.78\,\Omega, R_3 = 26\,\Omega, L = 11\,\mu\text{H}$ ($Z_i = 2\,\Omega$ に対し)
$U_L = 10.6\,\text{kV}$ ($u_{max} = 10\,\text{kV}$ に対し)

図 15.22 インパルス電圧 $1.2/50\,\mu\text{s}$,インパルス電流 $8/20\,\mu\text{s}$ 用ハイブリッドジェネレータ

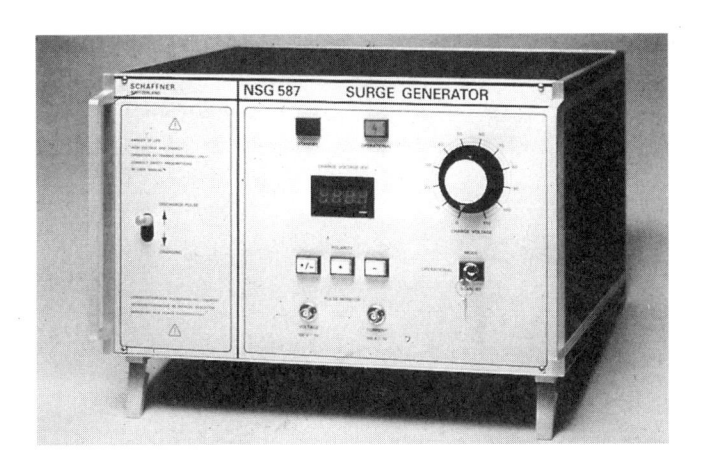

図 15.23 ハイブリッドジェネレータ（Schaffner社）

波頭立ち上がり時間 T_1，波尾半減時間 T_2，インパルス電圧最大値 u_{max} またはインパルス電流最大値 i_{max} の許容誤差は通常 ±10% と見積もられる。

テストは普通両極性で行われ，無負荷電圧を段階的に所要の最終値まで上げる。特に非直線性の過電圧保護装置に対して，例えば 1%, 2%, 5%, 10%, 20%, 50%, 100% のステップが特に重要な意味をもつ。上記のテストは保護エレメント付きの機器及び全体の装置に適している。その場合，ノイズジェネレータを建物の電源配線または情報配線の引込み口に接続してもよい。

無負荷及び短絡時のノイズ量を，それぞれの要求に従って任意に組み合わせて試験を行う。高インピーダンスの試料は比較的高いインパルス電圧，低インピーダンスの試料は比較的高いインパルス電流が要求される。

16 人身に対する雷保護

16.1 落雷の危険

ほとんどすべての落雷事故は建物外で起こる。もし人が保護された空間外にいる場合、直撃雷はほとんど常に致命的な結果となる。ドイツ連邦共和国における 1952～1988 年の落雷による被災者数を図 16.1 に示す（VDE（ABB）の雷保護及び雷研究委員会内の小委員会「人身に対する雷保護」の日刊新聞統計による）。

平坦な大地に雲-大地雷が落雷すると、インパルス電流が流れる。雷電流の立ち上がりと同時に、人体抵抗約 500 Ω の被雷者に加わる電圧は数百 kV に達し、続いて人体表面に沿って沿面放電が起こる。この放電は、雷電流が約 1 000 A で発生する。したがって雷電流ピーク値の代表値、数十 kA に比較すれば、ずっと小さな値で既に起こる。そのため、雷電流の大部分は人体中を流れず、沿面アーク放電（図 16.2）の形で人体表面を流れる。それによって、通常皮膚に火傷痕跡が生じ、衣服が引き裂かれる（図 16.3）。数千 V の沿面アーク放電電圧の場合には雷作用の間に体内を流れる電流は数 A 以内である。この影響のみであれば、直撃雷であっても被雷者は生存する。

致命的な危険は、主として人体内及び表面電流の流れ方によって決まる。更に被雷者がどの位置（頭、腕、脚）に、どのように、（直接または間接に）雷撃を受けたかによって決まる。

山頂及び高い塔では更に、比較的小さいが連続的な電流によって特徴のある、

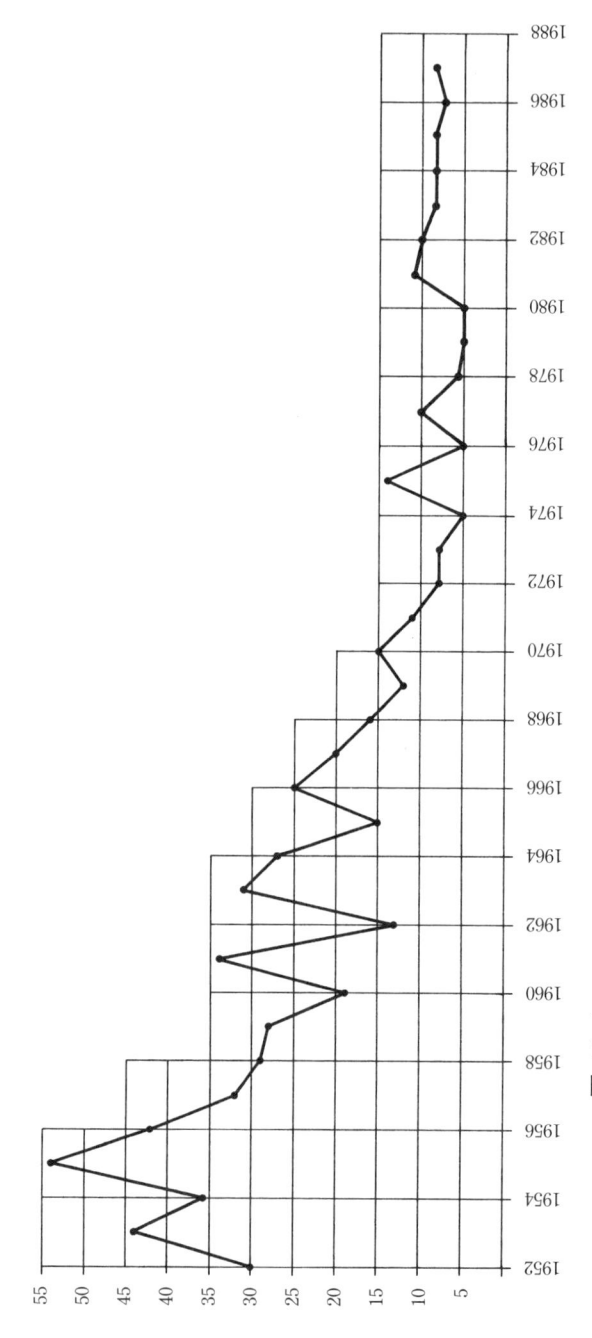

図 16.1　1952年より1988年までのドイツ連邦共和国における落雷による死亡者数

16. 人身に対する雷保護 | *237*

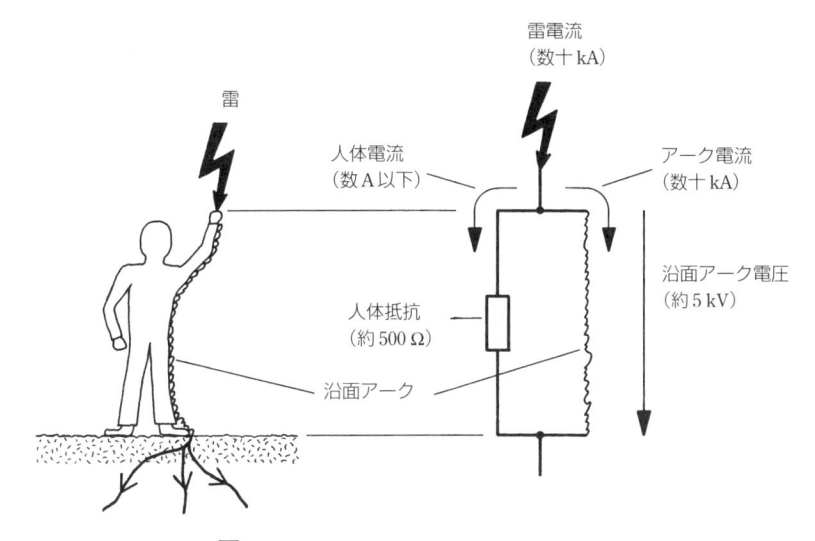

図 16.2 雲-大地雷の人体に対する直撃

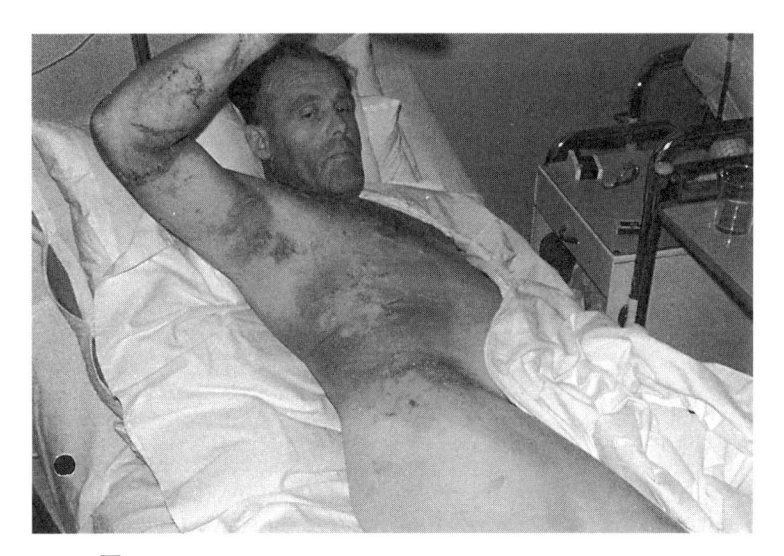

図 16.3 落雷を受けたファウスト・バル*選手（W. Aumeier）

＊訳注：2 m の高さに張った網越しに，拳でボールを打ち合う5人制の競技。

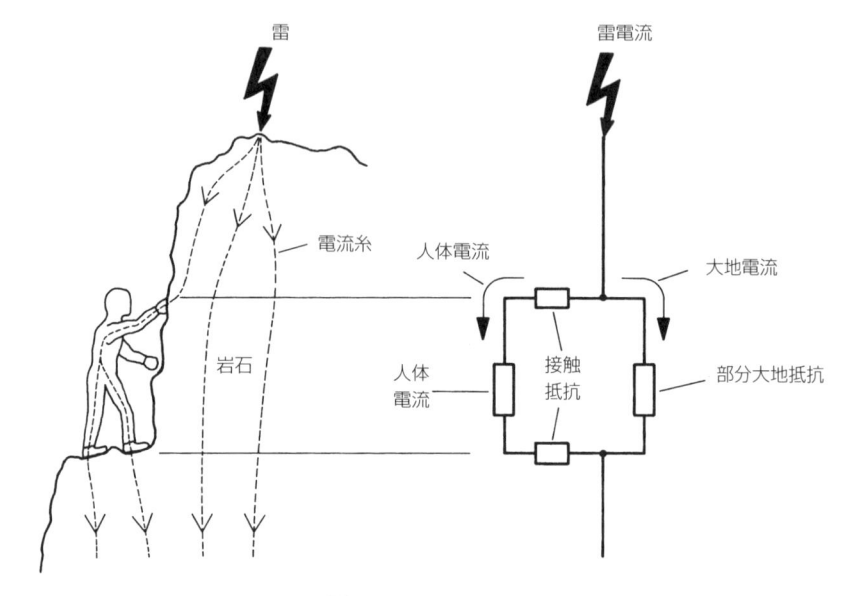

図 16.4 近傍落雷

大地−雲雷の危険がある。この場合，電流値は数百Aであるが，持続時間は数分の1秒に達し，人体に沿って沿面閃絡が起こる。被雷者が生存するチャンスはない。

落雷に対し保護された場所でも，雷電流が地中を進むときの形態，「電流糸」によって，致傷または致命的な「ステップ電流」を受けることがある（図16.4）。

広い場所ほど，大地固有抵抗値が高いほど，両足を広げて立っていたり，地面に横たわっていたり，例えば岩壁に手掛りを探して手足でブリッジしている場合ほど，人の接触抵抗が低いほど危険度が高い。ステップ電流の危険は，山岳地では落雷点から数百mの距離まで存在する。同様にして，ステップ電流効果は遊泳中にも生ずる。

落雷によって受ける障害の尺度は，人体に変換されるエネルギーである。

$$W = R \cdot \frac{W}{R} \quad \text{(J)}$$

R：人体抵抗（Ω）

$\dfrac{W}{R}$：人体に侵入する固有エネルギー（J/Ω）

人体内には，際立って良好な電流通路はない。つまり人体はほとんど骨組みのない「ゲル」である。

人体が雷電流を感ずる閾値は約 1 mJ であるが，致命的限界値は数十 J である。人体抵抗は約 500 Ω（手から足先までの電流路）であるから，発生エネルギー W/R が，約 0.1 J/Ω になれば致命的になる。雷の W/R 値の 100 万分の 1 において既に，人体にとって致命的であることがわかる。山岳地や足場上では，人体電流の病理学的限界値よりもはるかに下でも危険である。なぜなら，驚愕反応またはコントロールできない筋肉反応によって転落することがあるからである。圧力波，音波及び眩惑効果による危険についても言及しておかねばならない。

雷作用による人身障害については次のことが知られている。
・特に腕，脚部の，普通回復可能な麻痺
・脳障害及び中枢神経システムの障害
・聴覚，視覚の撹乱または障害
・血圧上昇，1 カ月以上にわたる場合もしばしばある。
・雷電流入口，出口付近の電流痕（ただし，その痕跡が薄く，または全くない場合もある）
・特に電流入口，出口付近の 1～3 度の火傷
・一時的な意識障害
・神経系統の障害
・脳に電流が流れることによる失神，呼吸停止
・心臓に電流が流れることによる心停止，心室細動及び心臓障害（1 年以内の心電図変化）
・転倒による骨折，特に頭蓋，脊椎及び四肢の骨折

雷撃によって心臓が停止したり，または不規則な鼓動となることがある。その場合，呼吸と循環も停止する。この結果生ずる酸素欠乏のために，3～4 分後に脳の永久障害が起こる。そのため，心臓停止の場合には，現場で直ちに対処しなければ生命救助ができない。心臓停止または心室細動は次の症状によっ

て判別される。
- 被害者は意識不明で，多分痙攣状態である。
- 呼吸は非常に緩慢か，または全く行われない。
- 瞳孔が著しく拡大している（テストのために，上瞼を引き上げる）。
- 脈拍は頸動脈でも触知できない。

被害者が呼吸していないが，脈拍はなお（規則的に）触知できる場合には，次の対策が推奨される。

まず第1に呼吸路を開けなければならない。そのためには次のことが必要である。
- 圧迫している衣類のボタンをはずし，弛める。
- 指を用いて口及び喉を清拭する。
- 手のひらで顎を上に向け，後頭部を襟首に押し付ける（これにより，舌の後側がもちあがり，呼吸路が開く）。

それでもなお，自己呼吸が行われない場合，口-口または口-鼻呼吸を行わなければならない。その場合，
- 頭は首すじに沿って伸ばす。
- 口-口呼吸の場合は被害者の鼻を，口-鼻呼吸の場合は被害者の口を手で圧迫して閉じる。一方呼吸供給者の口は被害者の口または鼻孔を包み込まねばならない（場合によっては保護具を用いる）。呼吸はゆっくりと，しかし力強く，胸部がもちあがるほど吹き込まなければならない。次に呼吸供給者は，被害者の口または鼻をフリーにし，息をはかせる。同時に被害者の胸部を観察し，胸部が再び低下した後，被害者が自己呼吸を始めるまで，呼吸供給を反復する。

被害者が呼吸せず，脈拍が不規則な場合，または（頸動脈において）触知し得る脈拍がない場合，硬いマット上または地上に仰臥させ，呼吸路を開けた後，胸骨（下部から3分の1の部分）に掌を十字に重ねて，約1秒間隔で10回，約5 cm下まで押す（心臓加圧マッサージ）。加圧は上から垂直に行い，救助者が成人の場合，自分の体重を適度にかけてよい。引き続いて頸動脈で脈拍をチェックする。いまだ脈拍がない場合，心臓加圧マッサージと人工呼吸を交互に，または救助者が2名の場合，同時に行う。脈拍と呼吸が回復しない場合，心臓

加圧マッサージ及び人工呼吸は，救命士または医師が到着するまで続けなければならない。

そのほかに注意すべき点は，
・人工呼吸で，被害者の胸部が動かない，または胃の範囲のみが隆起する場合には供給された空気が肺に到達していない。舌が呼吸路を閉ざしているので，頭をより強く首すじに沿って引き伸ばさなければならない。
・心臓マッサージの場合の圧力は，内臓を損傷する恐れがあるので，上述よりも強くしてはならない。

16.2 雷保護対策

雷鳴がよく聞こえる範囲は約 10 km に過ぎないので，60 km/h の進行速度をもつ雷セルは，最初に知覚し得る雷鳴があってから 10 分後には既に観測者の位置にきている。雷に対して保護された場所を探すための時間は非常に短いことがわかる。

雷の際に常に避けねばならない危険な場所は，
・高い樹木のある森の周辺部
・金属フェンス（十分な接地がない場合，数百 m 先まで雷電流を導くことがある）
・孤立した樹木

雷の発生中に屋外にいた場合，遅滞なく窪地，切り通し，突出した岩角の根元等の，雷撃に対して保護された立地を探さねばならない。森の中でも周辺の樹木の中心点，または高圧線の下で，スパン中心点（ここは，直撃雷に対して保護され，大地に対して雷電流や地絡電流の流れる可能性のあるマストから最も遠く離れている）も良好に保護された場所である。いずれの場合でもステップ電流の危険を避けるために，両脚を閉じていなければならない。足の下に金属板等があれば，より好都合である。どんな場合でも大地や岩壁に手を触れたり，山岳地で鋼索につかまったり，または牧場の柵に近寄ったりしてはならない。特に落雷に対して，完全には保護されていない場所では，頭を縮め，脚を閉じ，かがんだ姿勢が推奨される。孤立した樹木のある広場では，幹及び大枝

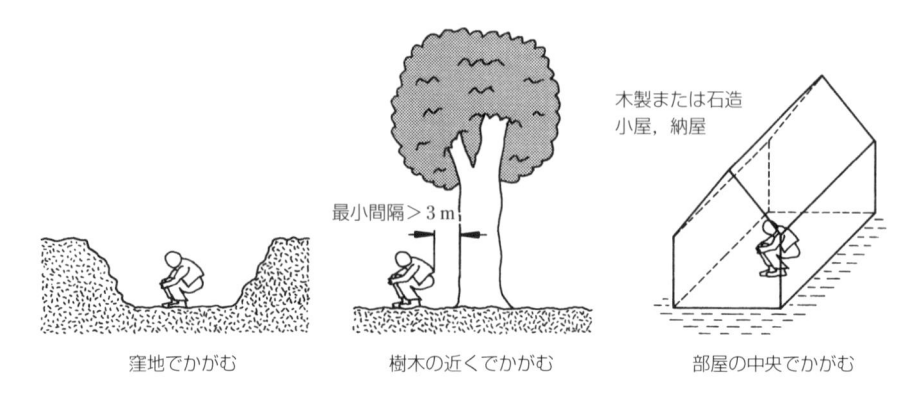

窪地でかがむ　　　　樹木の近くでかがむ　　　　部屋の中央でかがむ

図 16.5 雷の際の正しい行動：脚を閉じてかがむ

から最小3mの安全距離を取ってかがむ。樹木に近いことによって直撃雷を回避し，間隔を取ることによって雷の「跳びつき」を，脚を閉じていることによって危険なステップ電流を回避する（図16.5）。

　ボートに乗っている場合は，金属製の橋の下，高い防波堤の近傍または岸壁を探す。スポーツ場その他の屋外での催しでは，周囲で最も高い点にいる人たちが落雷事故に遭うことが多い。傘を広げているときは，周囲よりも更に突き出しているため，危険度が大きい。したがって雷が通り過ぎるまでプレイを中断することが得策である。

　スタジアムでは屋根のない観覧席上の観客が，雷に対して最も危険である。したがって鋼または鉄筋コンクリート製の屋根があれば，落雷の危険は著しく低減する。照明塔や旗マストの近くにいる観客は特別に危険である。通常，これらには確かに接地設備があるに違いないが，場合によってはここから雷電流が跳出してくるからである。これらのマストからは，少なくとも3mは離れていなければならない。審判員または主催者が決定した場合は，スポーツや試合を中断したり，または完全に中止しなければならない。とりわけ雷によりパニックが起こらないように注意しなければならない。パニックが起こった場合，雷による被害者よりも多くの犠牲者が出ることがある。

　雷雨の際に最も危険な場所の一つが，ゴルフ場である（図16.6）。アメリカではヨーロッパよりもゴルフが盛んであるが，落雷による傷害，致死数の約

図 16.6 ゴルフ場の落雷痕跡 (P. Krause)

20%がゴルフ場で起こっている。ゴルファー Lee Trevino は最も有名な犠牲者の1人である。他の2名のプレイヤーとウェスタンオープン中に落雷に遭い，地面にたたきつけられた。長い苦難の道と複雑な脊髄手術の後，彼は非常に強い意志の力で，事故の1年後に再びトップへの道を見出した。木製の保護ヒュッテは雷保護装置を取り付けなければ安全ではない。雷保護ヒュッテは，比較的簡単な方法，わずかなコストで実現可能であり，十分な保護が可能である（図16.7）。

　安全な保護ヒュッテがなく，自動車，家屋または森が遠く離れている場合，残る手段は（前述のように）地上にかがみ，うずくまることである。

　自動車は既にしばしば落雷に遭っている。この場合乗員には何も起こらない。なぜなら乗用車またはトラックやトラクタの金属製車体はほとんどいわゆるフ

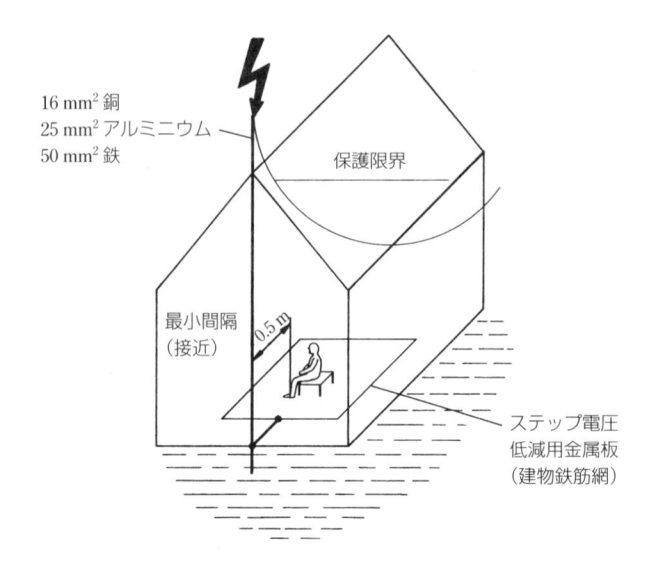

図中ラベル:
- 16 mm² 銅
- 25 mm² アルミニウム
- 50 mm² 鉄
- 保護限界
- 最小間隔（接近）
- 0.5 m
- ステップ電圧低減用金属板（建物鉄筋網）

図 16.7 個人用雷保護ヒュッテ

ァラデーケージと同じ作用をする．有名な英国の物理，化学者ファラデー（Michael Faraday, 1791 〜 1867）は実験によって，金属ケージの外側で起こる電気的現象はケージの内部に電気的な効果を引き起こさないことを実証した（図16.8）．

　雷電流の侵入を防ぐためには，完全に閉じた金属ケースは必要でない．比較的網目の大きい金属ケージ，例えばリムジン（窓付き）のようなものでもよい（図16.9）．オープンカーは安全度が低いが，屋根架台または巻き上げ枠が金属であり，ほろをかけてある場合は，ある程度まで保護する．

　ファラデーケージ効果とは無関係であるが，雷雨中の自動車の走行において，乗員が安全であるという保証はない．運転者が眩惑や驚愕により，反射的に自動車の運転を誤ることがある．ほかに，実験により鋼板への落雷の際，タイヤが損傷することがあることがわかった．したがって，雷雨中，運転者は駐車場に車を止め，ドアを閉めて雷が十分遠ざかるまで車内にとどまることを推奨する．運転を中断したくない人は，どんな場合でも車の速度を著しく低減し，落雷によって信号機，道路照明，または踏切の警報信号も故障しているかもしれ

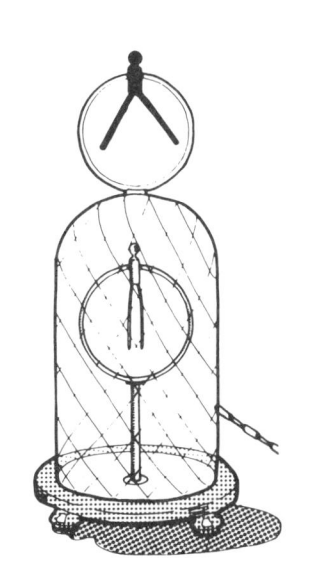

図 16.8 遮蔽効果を証明するために用いられた金属網中のエレクトロスコープ

図 16.9 乗用車に対する模擬落雷

ないことを考慮しなければならない。

　雷雨中，バイクの運転をしている人は，家屋，自動車内，鋼製または鉄筋コンクリート製の橋の下等の保護場所を探すのが最もよい。これらが不可能の場合，下車して自転車またはバイクから数m離れ，例えば窪地内にかがんだ姿勢でうずくまることを奨める。

　航空機が飛行中，または地上で落雷に遭うことがある。多くの場合，落雷が起こっても被害は生じない。なぜなら，航空機の金属製の機体は，自動車，鉄道車両またはリフトのゴンドラと同様，ファラデー原理により乗客を保護するからである。一般的には雷とともに起こる乱気流の方が雷よりも危険である。とりわけ，雷撃によって機上の電子機器が損傷することがある。これは過去数件の航空機墜落事故の原因となった。

落雷点は，航空機の急速な動きによって機体表面を移動し，直接落雷を受けない領域にも達することを考慮しなければならない。落雷後，自動車の車体と同様，翼または胴体に小さな孔または亀裂が確認されている。

　雷雨中テントにいる人は，当然のことながら，家屋内にいる人よりもかなり大きな落雷の危険を負う。テントを「正しい」場所に設置することによって，危険を低減することができる。そのためには，決してテントを暴露した場所，マスト，竿に近い場所に設置してはならない。森林の縁，孤立した樹木，または樹木から長く張り出した大枝の下に設置してはならない。これらの高所の突起物は雷の好ましい標的となる。森の中では，可能な限り低い隣接する樹木から，できるだけ等間隔（最小3m）の位置に設置しなければならない。

　雷雨の際には，絶縁エアマット上にかがみ，または閉じた金属枠を有する寝椅子に座り，テント支柱との間隔をできるだけ大きく保ち，テントの壁には触れないようにする。図16.10及び図16.11は，どうすれば落雷の際テントが安全に守られるかを示している。

　金属製外被をもつ居住自動車または居住用可動車の場合，ファラデーケージと類似の構造により，自動車の場合と全く同様な保護原理が成立つ。ただし開閉可能な屋根は閉じられており，外部電源が電源プラグを抜くことによって遮断されており，リード線が少なくとも1m以上居住用自動車または居住用可動車から離されており，その他すべての導線，ケーブル接続（例えば電話，アンテナ線）が分離されていることを前提とする。アンテナが引込式ならば引き込めておく。アンテナは居住車の金属枠と導線で結ばれていなければならない。固定された居住車，居住自動車の場合，テレビ用アンテナは少なくとも3m離して金属支柱上に取り付け，雷雨の際にはケーブルを切り離すことを推奨する。金属外被のない自動車，居住車に対しては，雷保護装置のある建物の中の共同広場が安全である。

　樹上に設けた見張り場*の場合，ハンターの最も簡単な保護は，は，樹木の幹にクランプを用いて，16 mm^{2}以上の導線を敷設することによって得られる（ハンターと導線の距離をできるだけ大きくとる）（図16.12）。

　導線は見張り場から少なくとも数m上から大地に導かれねばならない。雷電

　　＊訳注：狩猟の待場。

16. 人身に対する雷保護 | *247*

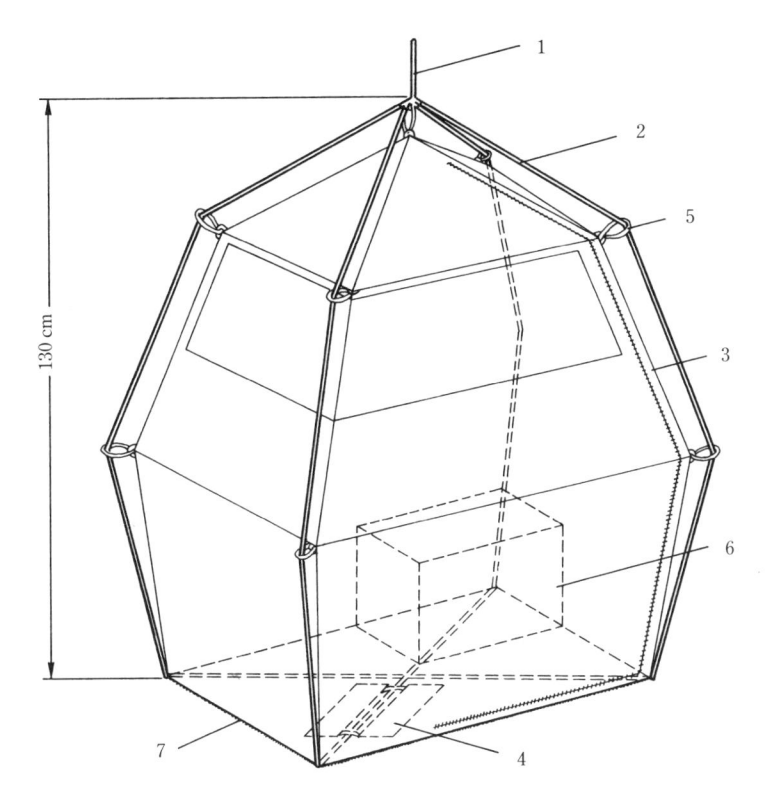

1. 避雷針：落雷点を確定する
2. 金属支柱：対称的に電流を流すことによって，テント内部の磁気遮蔽を十分に行うことが可能
3. 金属編み込みテント外被：テント内部の電気的遮蔽
4. 足板：ステップ電流防止
5. 絶縁チューブ：テント外被には雷電流が流れない
6. 膨らまし得る腰掛け用クッション
7. 環状等電位導体：全金属部品に接続

（立っている人に比し）落雷頻度，圧力，音響負荷が低減される。
落雷点と内部の人の頭との距離を十分にとれる。
テントは人の重みで固定され，平坦地では支索不要。

図 16.10 雷保護用テントの構造

図 **16.11** ミュンヘン工科大学高電圧実験室における
アーク放電を用いた雷保護テント実証試験

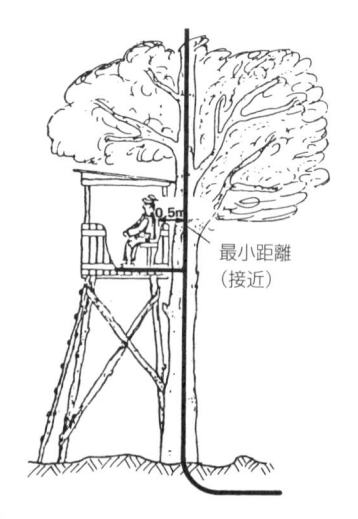

図 **16.12** 見張り場に対する応急雷保護

流を金属導線に流すので，人体を流れる分流や，保護されている樹木の幹の裂断は生じない。ステップ電流の緩和のために，見張り場の床に金属製敷物を敷き，避雷導線と導電的に接続する。

　高地の湖，内陸湖及び港におけるスポーツ用ボート，船舶への落雷はあまり知られていない。このことは船内の雷保護によって事故防止されているためかもしれない。しかし雷電流を危険なく水中に放流することが，必要な注意を払わずに常に可能とは限らない。必要な注意が払われなければ，水上でも陸上と同じように，かなり多くの人的，物的損害が生じ得る。しかしこれらの危険は多くの場合，簡単な対策で著しく低減することができる。

　鋼製のモータークルーザー及びヨットでは，構造上必然的にマスト先端から鋼製の船体まで一貫した，電気電導性接続が行われている。それによって，ファラデー原理に基づく良好な保護が与えられる。もちろん燃料タンクは躯体と良好な電気的接続を行い，落雷の際に火災や爆発に対し危険な放電が起こらぬように注意しなければならない。外側に金属竜骨または金属センターボードのある，木製またはポリエステル製のヨットでは，常にマストに落雷し横索または支索が放電路として用いられる。これらの鋼製緊張線及び保持線は，甲板上の保持点及び金属製竜骨，センターボードと電導性接続が行われている場合に限り，避雷導線として適切である（図16.13）。

　マストがアルミニウム製である場合，マスト脚部と金属竜骨または金属センターボードとが接続されていれば十分である。金属索を船体の下側に引き入れ，支索及び金属製手摺と接続すれば更に改善される。建造時に適切な保護対策が行われていない，バラスト埋め込み型の木製またはポリエステル製ボートの場合，後付けで保護装置を設置することは非常に困難である。この場合には応急の雷保護装置として，「甲板上支索法」が提案される（図16.14）。

　横索または支索の下端で，ボートの両側にそれぞれ約 50 mm^2 の銅または鋼導線を特別なクランプで固定する。両側の導線は船体外側で約 1.5 m の深さまで水中に沈める。木製またはポリエステル製で雷保護のないボートで雷雨に襲われた場合，アンカー用鎖を接地として用いることができる。この場合，鎖を何回も支索に巻きつけ水中に吊り下げる。もちろんこの対策は雷雨の始まる以前に行わねばならない。そうでなければ支索を介して雷撃に遭う危険がある。

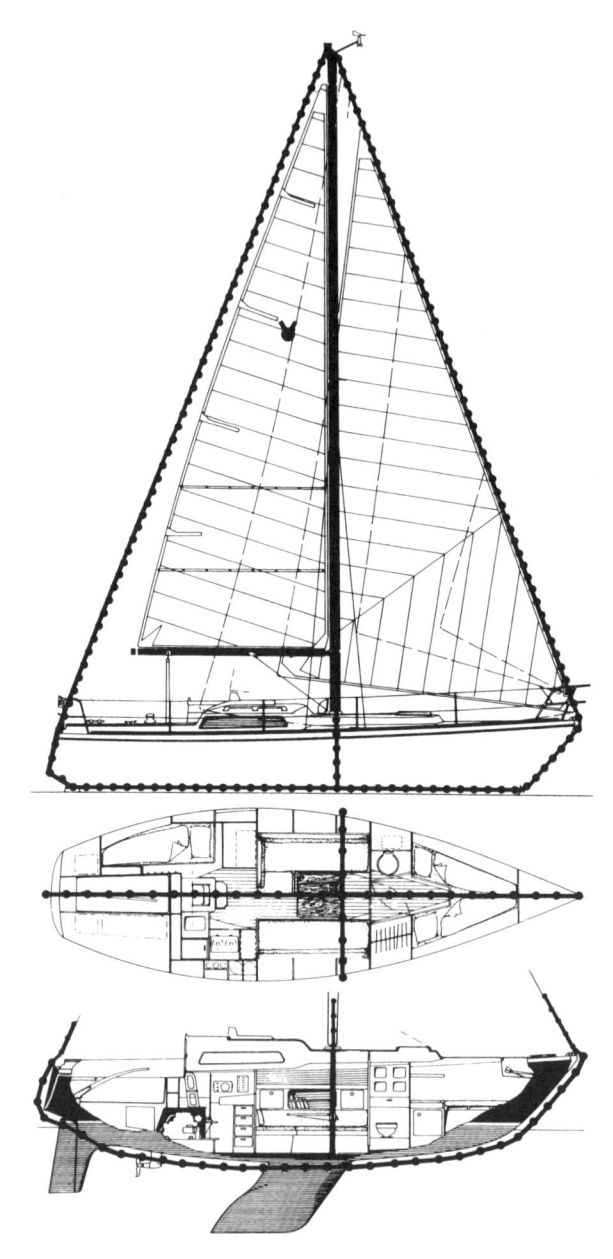

図 **16. 13** ヨット用雷保護装置

16. 人身に対する雷保護 | 251

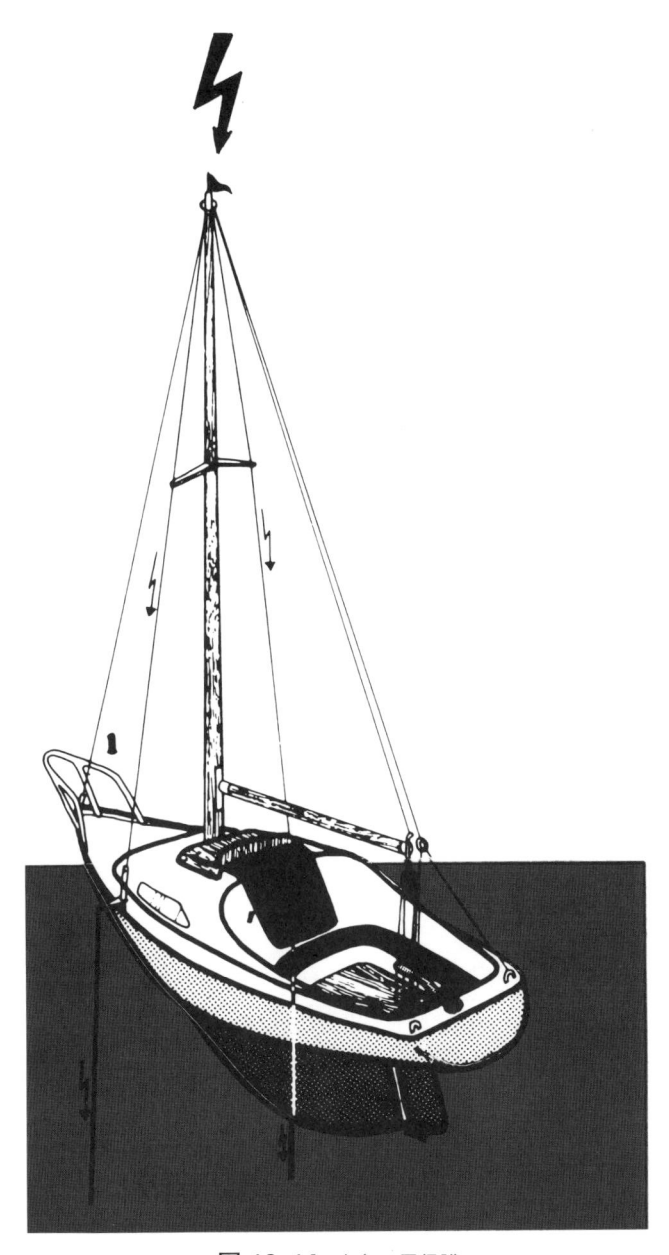

図 **16.14** 応急の雷保護

更に雷雨中は，決して甲板上に立っていてはならない。横索，支索または他の金属物体に触れてはならない。雷保護装置が設置されている場合は，定期的に等電位化（すなわち甲板上のすべての金属設備の避雷導線による甲板との接続）が正常かどうかをチェックしなければならない（雷雨中にはじめてチェックは不可）。

サーフ，ルーダー，パテル，トレット及び革製ボートでは，雷保護装置の設置は不可能である。したがってそのような小型の水上スポーツ用具を使用している人は，雷雨の接近の場合できるだけ早く岸に向かい，雷保護のある場所を探さねばならない。雷雨中の水泳または徒渉は生命の危険がある。落雷により，落雷点から数十mの範囲で麻痺（溺れる危険）または致死が起こる。したがって最初に雷の兆候が現れたときに水辺から立ち去らねばならない。魚釣りの場合には釣り竿を下に置き，保護された場所を探さねばならない。岸辺から遠く離れた水上にいて，突然の雷雨に遭った場合，ボートの中でかがみ，サーフ板のマストを倒して，板の上にうずくまっていた方がよい。それによって，直撃雷の危険は低減する。

更に助言とヒントとして，

- 日傘，雨傘及び他の「突出した」物体は，直撃雷の危険を増す。それらは甲板上に平らに置き，雨除けのためにはできるだけ，防水性のマントを用いる。
- 湖水や川は一般的には海上よりも危険である。なぜなら，海水は塩分のために淡水よりもずっと電気抵抗が低く，人体よりも雷電流をよく導電するからである。
- 海岸では落雷の危険のほかに，暴風による危険を軽視してはならない。雷の多くは沿岸部に停滞する。なぜなら雷雲の発生に必要な強い暖気流は，比較的冷たい水面上では急速に減衰するからである。そのために，岸辺や磯では，突風や乱流が特に頻繁に起こる。

17 ドイツ連邦共和国における雷保護規定

本章では，雷保護装置の必要性，仕様及び試験の問題に関するドイツ連邦共和国の関連規定の概観（1989年の状態）を示す。

この場合，次の2項目に区別している。
- DIN VDE 規定，DIN VG 規定，VOB，州規定のような一般的規定
- 特別のケースについての規定（アルファベット順表記）

17.1 一般的規定，基準

17.1.1 雷保護対策基準

17.1.1.1 雷保護

この項では雷保護に関する基準をまとめた。

DIN VDE 0185 Part 1，2/11.82「雷保護装置」

これらの基準は雷保護装置の計画，拡張及び変更を含めた建設に対して適用される。DIN VDE 0185は次のように区別される。

- 外部雷保護とは，雷電流を捕捉し接地設備に導電するために，保護すべき設備の外部，側面，内部に敷設され，または存在する装置の全体をいう。
- 内部雷保護とは，建築設備内部の金属設備及び電気装置に与える雷電流及びその電磁界の作用に対する対策の全体をいう。
- 雷保護等電位化とは，雷作用による電位差の除去に必要な対策であって，VDE 0190の要求を超える。そのために，雷保護装置は，導線または火花

ギャップ放電路を介して金属設備と接続され，必要な場合，電気設備の活線部分も過電圧保護装置を介して接続される。この対策は「雷保護等電位化」と称される。

DIN VDE 0185 Part 1 は雷保護装置設置の一般的な指針であるが，Part 2 は特殊な装置の設置に関する指針を示している。例えば，

- 特殊な様式の建造物
    - 独立した煙突
    - 教会塔及び教会
    - 鉄筋コンクリート製通信塔
    - ケーブルカー
    - サイレン
    - 病院，クリニック
    - スポーツ施設
    - エアハウス
    - 橋
- 非固定施設及び設備
    - 建築現場における回転塔クレーン
    - 建築現場における自動車クレーン
- 火災の危険のある地域
    - 軟質材屋根付建物
    - 屋外貯蔵所
    - 風車
- 爆発の危険のある地域
    - 建物
    - 屋外施設
- 爆薬による危険のある地域
    - 独立雷保護装置
    - 建物付属雷保護装置
    - 屋外設備
    - 建物内弾薬庫

・屋外弾薬庫

DIN VDE 0185 Part 100（Draft）/10.87（IEC 81（CO）6）「建物雷保護に対する規定・一般的原則」

この規格ドラフトは，60 m 以下の通常の建物の雷保護装置の計画と設置に対し適用される。この規格ドラフトは，建物及び建物内または建物上の人，設備及び装置の雷保護装置の計画，設置，試験及び保守に対する指示を含む。DIN VDE 0185 Part 1, 2 に対し，以下に記述する，注意すべき変更点を含む。

4段階の保護クラス（I〜IV）が規定され，保護クラスIに最も高度の要求が設定されている。雷捕捉設備の計画に対して，次の方法が用いられる（互いに無関係に，または任意に組み合わせて）。

・保護角

・回転球体法

・メッシュ幅

見積もるべき，保護角，回転球体半径またはメッシュ幅の大きさは，保護クラスによって決まる。同様に，避雷導線の平均間隔は，保護クラスに対してそれぞれ示されている。

雷保護等電位化は，雷保護装置，建物の鉄骨，金属製設備，外部の導電部分の接続，及び必然的に保護空間内の電力，電話設備を結ぶ等電位導線またはアレスタ（雷電流または過電圧アレスタ）の接続により達成される。電力及び電話設備を含む，雷保護等電位化に対し次の点が大切である。

・「雷保護等電位化は，電力及び電話設備に対して実施すること」

・「雷保護等電位化は，できる限り建物の引込口付近で行うこと」

・「すべての導線は，直接または間接に接続されなければならない。電圧が印加されている導線は，過電圧アレスタを介して雷保護装置に接続しなければならない」

雷保護装置に対する設備の接近に対しては次のように定められている。局部的な等電位化電位が達成されない場合には，危険な火花放電を避けるために，雷保護装置と金属設備及び外部の導電部及び導線との間隔は安全間隔よりも大きくなければならない。

DIN VG 96900〜96907「核-電磁インパルス（NEMP）及び落雷に対す

る保護」

NEMP−及び雷保護について記述した，このVG（防衛機器）規格の図式総括を図17.1に示す。

DIN VDE 0101/11.80「定格電圧1 kV以上の電力機器の設置」

このVDE規定には（モデルテスト，測定及び長期間の観察及び経験に基づいて）「避雷導線」及び高さ25 m以下の「避雷針」の保護範囲について示されている。

KTA 2206/規定草案「雷作用に対する原子力発電所の設計」

17.1.1.2 過電圧保護，絶縁協調，等電位化及び接地

この項では過電圧保護，絶縁協調，等電位化及び接地について記述したDIN VDE規定をとりまとめた。

DIN VDE 0100/05.73「定格電圧1 000 V以下の電力設備の設置に関する規定」

第18節に大気中の放電による過電圧に対する電気設備の保護が取り扱われている。

「架空配電線。回路電圧1 kV以下の配電網の保護，なるべく配電網の分岐点に，とりわけ長い分岐線の末端にはアレスタを取り付けること。アレスタの取付間隔は1 000 m，雷雨頻度の高い地域では500 mを超えてはならない。中間に接続されたケーブルの端末接続点にアレスタを接続することが目的に適う」

これは架空配電網の過電圧保護であり，ここで組み込まれたアレスタは通常，配電線に接続された需要家設備を保護するものではない。したがって，DIN VDE 0100第18節では，更に次のように規定されている。

「需要家設備の保護：需要家設備はアレスタによって保護される。アレスタは家屋引込口に近い所に，VDE 0675を考慮して取り付けなければならない。アレスタ接地と需要家設備の接地は互いに接続しなければならない」

DIN VDE 0100 Part 410/11.83「定格電圧1 000 V以下の電力設備の設置，保護対策：危険な人体電流に対する保護（VDE規定）」

このVDE規定は，主等電位化と補足的等電位化を区別している。

「主等電位化：主等電位化は各家屋引込口または同等の給電設備において，

17. ドイツ連邦共和国における雷保護規定 | *257*

全般的な基礎事項	
VG 96 901	Part
定義	1
危険なデータ	4

計画及び方法	
VG 96 902	Part
組織的な規定	1
システム、装置の計画	2
システム、装置の方法	3

試験方法、装置及び規格	
VG 96 903	Part
横断装置のリード線接続部へのNEMPノイズ供給	70
横断装置のケーブル及び束線へのNEMPノイズ供給	78
NEMPシミュレータによるフィールドテスト（導波管）	50
NEMPシミュレータによるフィールドテスト（開放型アンテナ）	53

構造上の対策及び保護装置	
VG 96 907	Part
一般	1
種々の応用に対する特記事項	2

NEMP及び落雷に対する保護 概観 VG 96 900

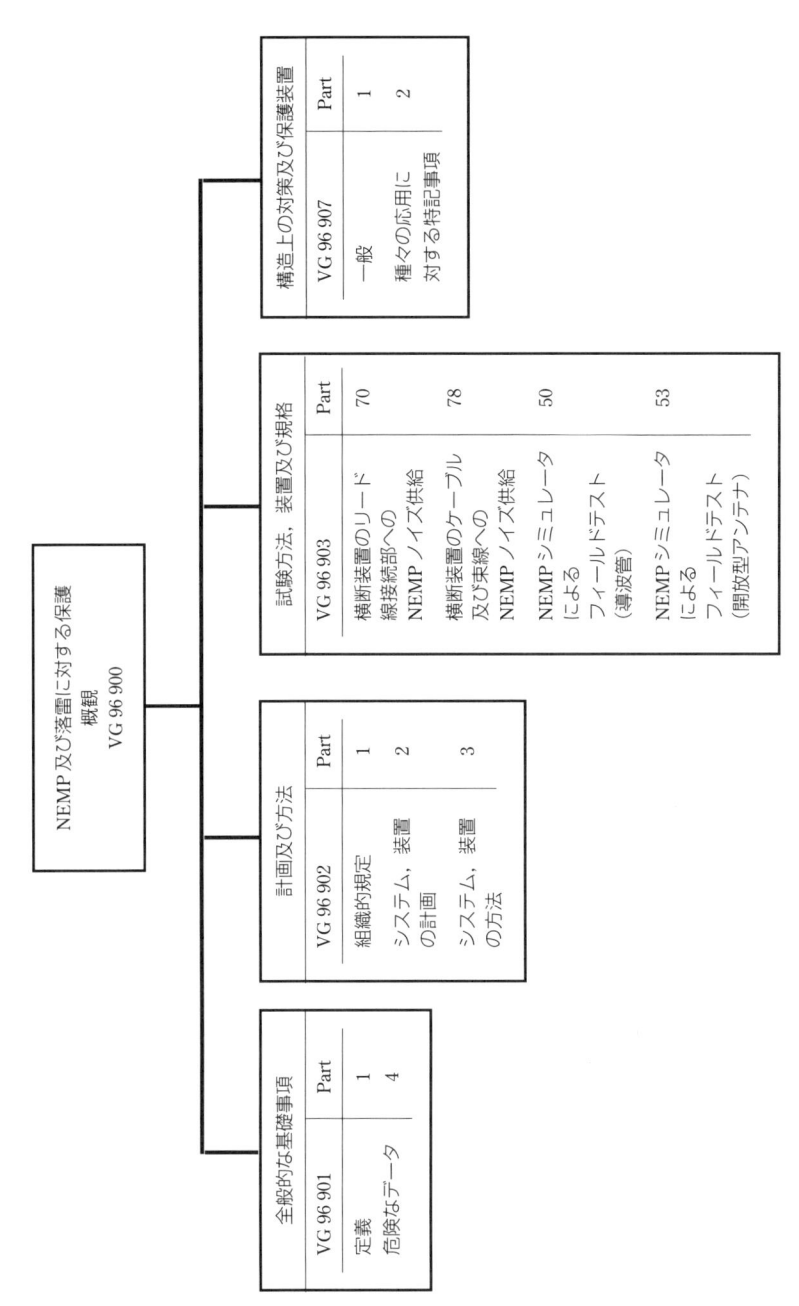

図 17.1 DIN VG 96 9…の構成（1989年2月の状態）

次の導電部分を互いに接続しなければならない。
- 主保護導線
- 主接地導線
- 雷保護接地
- 主水道管
- 他の金属管システム，例えば集中暖房及び冷房装置の直立導管，建物構造の金属部分等」

「補足的等電位化：すべての固定された，同時に手の触れる物体，保護導線端子及びすべての「外部導電部分」は補足的等電位化に組み込まなければならない。これには，実行可能な限りにおいて鉄筋コンクリート建築物の鉄筋も含まれる」

DIN VDE 0100 Part 540/05.86「定格電圧 1 000 V 以下の電力設備の設置。電気的運転手段の選定と設置。接地，保護導線，等電位化導線」

ここでは次のように述べられている。

「主接地母線，等電位母線：各家屋引込口または同等の電源設備には主接地母線（−端子）または等電位母線を設置しなければならない。これに次の導線を接続しなければならない。
- 接地導線
- 保護導線
- PEN 導線
- 主等電位化導線（DIN VDE 0100 Part 410 参照）
- 機能接地用接地導線（必要の場合）
- 雷保護接地用導線

DIN VDE 0100 Part 443（Draft）/04.87「定格電圧 1 000 V 以下の電力設備の設置。保護対策」(国際文書 IEC64（CO）168「大気現象による過電圧に対する保護」のドイツ語版)

この規格草案には周辺条件 AQ1 から AQ3 が規定され，それに従って過電圧アレスタの適用が指定されている。

雷作用の分類：
- AQ3：直接の雷作用

- AQ2：間接の雷作用，給電網からの危険
- AQ1：無視し得る雷作用

DIN VDE 0100 Part 443A1（Draft）/02.88「定格電圧1000 V以下の電力設備の設置，保護対策，大気現象による過電圧に対する保護，DIN VDE 0100 Part 443に対する変更1，IEC64（CO）181と同じ」

DIN VDE 0110 Part 1/01.89「低圧設備の電気的運転手段に対する絶縁協調。基本規定」

　この規定は，IEC報告書664（1980）の実質上の転用であり，IEC報告書664 A（1981）の最初の補完である。ここでは定格電圧1 200 V（直流）または1 000 V（定格周波数30 kHz以下の交流）の，電気的運転手段に対する空間及び沿面距離を含めた低圧装置の絶縁協調が規定されている（この規定はDKEの技術委員会及び下部委員会で調整された）。

　定義

「・過電圧カテゴリー：予期される過電圧に対する電気的運転手段の格付け
- 過電圧保護予防手段：予期される過電圧を制限する部品，グループまたは設備
- 絶縁協調：以下に対する運転手段の絶縁特性値の格付け
  - 予期される過電圧及び過電圧保護
  - 予防手段の特性値
  - 予期される周囲条件及び汚染に対する保護対策」

　絶縁協調は，例えば次により得られる。

「適用された過電圧保護手段の特性値，及び汚染に対する適切な保護対策を考慮した上で，予期される環境条件，過電圧に対して絶縁空間距離を決定する」

「発生する過渡過電圧が当該カテゴリーに決められた値以下であるか，またはその値に制限されることが確認された場合には，1段下の過電圧カテゴリーの絶縁空間距離が許容される」

　この規格では，接続点における過電圧に影響を有する代表的なエレメントを特に過電圧保護－予防手段と称している。

「装置委員会は運転手段が設置される回路網の過電圧保護カテゴリー及び回

表 17.1 想定インパルス電圧
（電圧波形：1.2/50 μs，DIN VDE 0432 Part 2 による）

導線-大地間電圧（V）定格回路電圧（V_{eff}, V_- 以下）より算出	過電圧カテゴリーに対する想定インパルス電圧（V）			
	I	II	III	IV
50	330	500	800	1 500
100	500	800	1 500	2 500
150	800	1 500	2 500	4 000
300	1 500	2 500	4 000	6 000
600	2 500	4 000	6 000	8 000
1 000	4 000	6 000	8 000	12 000

路定格電圧に対する想定インパルス電圧を選択しなければならない」

想定インパルス電圧は表17.1にまとめられている。

DIN VDE 0110 Part 2/01.89「低電圧装置における電気的運転手段に対する絶縁協調，空間及び沿面距離の選定」

この規定では，過電圧カテゴリーについて次のように説明されている。

「・過電圧カテゴリー I の運転手段は，過電圧が発生し得ない，または，特に例えば過電圧アレスタ，フイルタまたはキャパシタ等によって，過電圧に対し保護されている装置の機器または部分における応用にのみ規定される。

注意：この過電圧カテゴリーの運転手段は，主に小電圧で運転される。

・過電圧カテゴリー II の運転手段は，雷過電圧を考慮しなくてもよい装置またはその部分における応用に対して規定される。

注意：このカテゴリーには，例えば家庭電気器具が該当する。

・過電圧カテゴリー III の運転手段は，雷過電圧は考慮しなくてよいが，運転手段またはそれに関係する回路網の安全及び常用性の見地から，特別な要求が設定されている装置またはその部分における応用に対して規定される。

運転手段自身から発生する過電圧は，過電圧カテゴリー II の値を超えてはならない。

注意：このカテゴリーには，固定した設備，例えば，保護装置，リレー，スイッチ及びコンセント等が該当する。

・過電圧カテゴリー IV の運転手段は，雷過電圧を考慮しなければならない

表 17.2 想定インパルス電圧に対する定格回路電圧の分類

DIN IECによる交流電圧システムに対する定格回路電圧 (V)	過電圧カテゴリーに対する想定インパルス電圧 (V)			
	I	II	III	IV
230/400 277/480[1)	1 500	2 500	4 000	6 000
400/690	2 500	4 000	6 000	8 000
1 000	4 000	6 000	8 000	12 000

1) 定格電圧500 V も含まれる

装置またはその部分における応用に対して規定される。

運転手段自身から発生する過電圧は, 過電圧カテゴリーIIの値を超えてはならない。

注意1 : このカテゴリーには, 架空線に接続される運転手段, 例えば遠隔制御受信機, 積算電力計等が該当する。

注意2 : 建物が (地下に埋設された) ケーブル網により給電されている場合, 運転手段の分類は過電圧カテゴリーIIIで十分である。

メーカは, 運転手段の定格電圧範囲により, 過電圧カテゴリーに対応して, 想定インパルス電圧を選定しなければならない」

表17.2に想定インパルス電圧に対する定格回路電圧の分類を示す。

DIN VDE 0115 Part 1/06.82「軌道, 一般的構造及び保護規定」

このVDE規格には可燃性液体容器を有する軌道施設の雷保護及び過電圧保護の規定が含まれる。

DIN VDE 0141/07.76「定格電圧1 kV 以上の交流電源設備の接地に対するVDE規格」

このVDE規格に対し, ドラフトDIN VDE 0141A1/10.86及びDIN VDE 0141A2/05.88がある。

これらの基準には, 雷保護用接地及び接地設備の1点から基準接地まで, 雷電流が流れる際に有効なインパルス接地抵抗についての記述がある。

DIN VDE 0151/06.86「接地用材料と腐食に関する対策」

この規格も雷保護接地設備の布設の際に注意しなければならない。

DIN VDE 0160/05.88「電力用設備に対する電子式配電機器の装備」

この規格には，過電圧カテゴリーに対応し，電子式配電機器（EB）の想定電圧が次のように調整されている。
- 回路網に接続されることが決定しているEBのすべての電源回路：過電圧カテゴリーIII
- EBの他のすべての電源回路：過電圧カテゴリーII
   大気現象による過電圧の危険にさらされるEBの電源回路においては，過電圧カテゴリーIVを基本としなければならない。ただしこれについては特別な合意が必要である。

DIN VDE 0165/09.83「爆発の危険性のある領域における電気設備の設置」
この規定によれば，大気放電による発火の危険を制限するためには，DIN VDE 0185 Part 1, 2に注意しなければならない。

DIN VDE 0190/05.86「電気設備の主等電位化へのガス，水道管の取込み。DVGWの技術規定」
この基準には水道管網，水道使用者管が接地または接地導線として用いてよい場合が規定されている。

DIN VDE 0800/Part 1/04.84「通信技術－装置の設置と運転」
このVDE基準の適用は次の範囲に及ぶ。
「人，家畜及び財産の危険の除去に関連する通信技術設備（以下電話設備という）の安全。この規格は他のVDE規格が適用されない情報またはデータ処理装置の安全にも適用される。
   注意：通信技術には例えば次のものが属する。
- あらゆる種類，大きさ，有線及び無線伝送方式の，電話，ファクシミリ，画像伝送装置
- 交互通信及び対話通信装置
- 電気的時刻表示装置
- 火災，侵入，襲撃に対する警報装置
- その他の危険表示装置及び安全装置
- 鉄道及び道路交通用信号装置
- 遠隔操作装置
- ラジオ，テレビ，音声及び映像装置」

過電圧保護に対して次のように述べられている。

「過電圧が予期される場合，通信設備の中で人身に危険を及ぼす可能性のある部分，または過電圧によって生ずるストレスに耐えられぬ部分は，適切に保護されねばならない。一般的に次の場合には，過電圧保護装置が必要である。

a) 通信線（架空線，架空ケーブル，地下ケーブル，給電線）及びこれらと導電的に結合している器具の，大気放電の結果，隣接する電力設備の影響，場合によっては電力設備からの直接の電圧侵入による過電圧に対する保護。

b) 装置中の高感度部品（電子部品，半導体部品等）の保護。保護作用は過電圧保護装置の相互作用により達成される（集積型保護装置）。

c) 電流回路に属さない導電性設備部分間に発生し得る過電圧が，運転上の理由から導電性接続によって等電位化することができない場合」

DIN VDE 0800 Part 2/07.85「通信技術における接地と等電位化」

導線遮蔽の取扱い，及び等電位化に対する鉄製構造物または鉄筋の組込みについて，次のように述べている。

「導線遮蔽は導電性材料からなる遮蔽であり，導体と一定の幾何学的配置を有している。

注意：電磁遮蔽仕様（DIN IEC 50 Part 151/12.83 151-01-16項）の場合，その両端が当該電位に接続されているので，導線遮蔽は等電位化に寄与することが可能である」

「鋼製構造材及び鉄筋の接地設備への組込み。機能上，特別に高度の要求が建物の接地設備に設定されている場合には，建物の異なる位置間の電位差，及びそれに起因する均衡電流を緩和するための予防手段として鋼製構造材及び鉄筋を接地設備に組み込まなければならない。鉄筋の部分が互いに導電的に接続されている場合には，その鉄筋は接地母線に接続しなければならない。

注意：電位の異なる場所間で，等電位化導線に平行して鉄筋を通って均衡電流が流れる場合，インピーダンスが高すぎるために通信回線と許容できない結合が生じ，または接触抵抗の変動がある場合に通信設備の障害が生ずることがある。鉄筋の導電結合は例えば溶接，または入念なバインドによって得られる。建築構造上溶接が不可能の場合には，相互に溶接した付加

鋼材を用い，鉄筋とバインドしなければならない。建物の鉄筋の導電接続は（プレハブ構造でも同様であるが），建物の建設中にのみ可能である。したがって鋼製構造及び鉄筋を介する等電位化は建築の基礎設計の際に既に考慮されなければならない」

DIN VDE 0845 Part 1/10.87「雷作用，静電充電及び電力設備からの過電圧に対する通信設備の保護－過電圧対策」

適用範囲「この基準は通信設備に対し危険な，または妨害作用のある過電圧の対策に適用される。これらの過電圧は電磁的な影響，または雷作用，または静電的充電に起因する。その場合，通信設備に属する機器及び伝送線も考慮する。外部雷保護（雷電流の捕捉及び導電）に対しては，DIN VDE 0185 Part 1 が有効である。アンテナ設備に対して DIN VDE 0855 Part 1 及び 2 が有効である」

17.1.2 部品，保護機器，試験に関する規格
17.1.2.1 DIN 規格（1989 年 5 月の状態）

DIN 48 801/03.85「雷保護装置―導線，ねじおよびナット」
DIN 48 802/08.86「雷保護装置―突針」
DIN 48 803/03.85「雷保護装置―部品配置と組立寸法」
DIN 48 804/03.85「雷保護装置―導線及び部分の固定部品」
DIN 48 805/05.73「避雷針用支柱ホルダー」
DIN 48 806/03.85「雷保護装置―導線及び部分の名称と定義」
DIN 48 807/08.86「雷保護装置―屋根貫通部」
DIN 48 809/12.76「雷保護装置用クランプ」
DIN 48 810/08.86「雷保護装置―接続部品及び分離火花ギャップ（要求，試験）」

「これらの規格は DIN VDE 0185 Part 1, 4項による雷保護設備設置の際に使用されねばならないクランプ，接続材，クリップ，接続および渡り線，膨張吸収部品，分離部品及び分離用火花ギャップ等の接続部品に適用される。

これらの規格には，連結，接続及び分離用火花ギャップが雷電流による負荷を受けた後もなお，正常に機能することを確認するための要求事項と試験方法が規定されている」

これらの規格は，現在修正作業中であり，修正後DIN VDE規格として公表される。

DIN 48 811/03.85「雷保護装置—軟質材屋根用屋根導体ホルダー（クランピングキャップ）」

DIN 48 812/03.85「雷保護装置—軟質材屋根用屋根導体ホルダー（木製スティック）」

DIN 48 814/08.86「雷保護装置—煙突枠」

DIN 48 818/08.86「雷保護装置—クリップ」

DIN 48 819/08.86「雷保護装置—クランプシュー」

DIN 48 820/01.67「雷保護部品用図面記号」

DIN 48 821/03.85「雷保護装置—ナンバプレート」

DIN 48 826/06.74「雷保護装置用屋根導体ホルダー」

DIN 48 826 Part 11/Draft 01.80「雷保護装置用屋根導体ホルダー（DIN 48 826の補完）」

DIN 48 827/03.85「雷保護装置—軟質材屋根用屋根導体ホルダー（雨どい保護及びクランピングバット）」

DIN 48 828/05.74「避雷導線用ホルダー」

DIN 48 829/03.85「雷保護装置—屋根導体ホルダー（平屋根用導線ホルダー及び固定板）」

DIN 48 830/03.85「雷保護装置—解説」

DIN 48 831/03.85「雷保護装置—試験報告書」

DIN 48 832/03.85「雷保護装置—雷捕捉チップ」

DIN 48 833/08.86「雷保護装置—基礎接地用スペーサ」

DIN 48 834/08.86「雷保護装置—基礎接地用楔形接続子」

DIN 48 835/08.86「雷保護装置—分離片」

DIN 48 837/08.86「雷保護装置—接続片」

DIN 48 838/08.71「雷保護装置—ねじなし導体ホルダー」

DIN 48 839/03.85「雷保護装置—分離点ボックス及び枠」

DIN 48 840/03.85「雷保護装置—薄板用接続クランプ」

DIN 48 841/03.85「雷保護装置—接続及びブリッジ用部品」

DIN 48 842/03.85「雷保護装置―膨張片」
DIN 48 843/03.85「雷保護装置―クロス接続片（軽仕様）」
DIN 48 845/03.86「雷保護装置―クロス接続片（重仕様）」
DIN 48 850/03.87「雷保護装置―接地導入棒」
DIN 48 852 Part 1/03.85「雷保護装置――一体型接地棒（型材接地棒）」
DIN 48 852 Part 2/03.85「雷保護装置―分離型接地棒（深打ち接地用）」
DIN 48 852 Part 3/03.85「雷保護装置―接地棒（深打ち接地用接続クリップ）」

17.1.2.2 DIN VDE 規格

DIN VDE 0432 Part 2/10.78「高電圧試験技術，試験方法」

この規格では，テスト用の雷インパルス電圧及びインパルス電流が規定されている。

DIN VDE 0618 Part 1（Draft）/08.87「等電位化用運転手段―主等電位化用母線（PAS）」

「この規格は，乾燥または高湿の空間における装置の主等電位化用母線のタイプテストに適用される。等電位化母線の用途は DIN VDE 0100 Part 410 及び Part 540，DIN VDE 0185 Part 1 及び 2，DIN VDE 0190 及び DIN VDE 0855 Part 1 による，以下の接続または結合に用いられる。

・等電位化用導線
・PEN 導線
・PE 導線
・接地導線
・その他の均衡用導線
・機能接地用接地導線
・雷保護接地用導線
・基礎接地用接続端子」

「雷電流負担能力とは，運転手段が雷電流または雷分岐電流を，機能を損なうことなく受容し，他へ導く能力をいう」

「10 mm^2 以上の導線のクランプ点は，雷電流負担能力がなければならない」

「10 mm^{2}以上のクランプ点には追加してこの試験を実施しなければならない。試験電流はDIN 48 810/08.86，4.1.3.5項による。試験はクランプ端子の最小，最大断面積に対応して決められた公称断面積の導線を用いて行う」

DIN VDE 0675 Part 1/05.72「過電圧保護装置の指針―交流電圧回路用弁型アレスタ」

DIN VDE 0675 Part 2（Draft）/07.82「過電圧保護装置―交流電圧回路用弁型アレスタの応用」

DIN VDE 0675 Part 3/11.82「過電圧保護装置―交流電圧回路用火花放電ギャップ」

DIN VDE 0675 Part 4/09.87「過電圧保護装置―交流電圧回路用金属酸化物アレスタ（火花放電ギャップなし）」

DIN VDE 0675 Part 5/10.88「過電圧アレスタ―定格電圧1 kV以上の交流電圧回路用金属酸化物アレスタ（火花放電ギャップなし）の選定」

DIN VDE 0675 Part 6として，「定格電圧100～1000 Vの交流電圧回路用過電圧保護装置，過電圧アレスタ」に対する規格案が準備されている。この規格は定格電圧100～1 000 V，定格周波数50及び60 Hzの交流回路用アレスタに適用される。この中で，それぞれの用途（例えば架空線，室内用）のアレスタに対する要求と試験方法が規定されている。

更に，規格**DIN VDE 0845 Part 2**「通信設備の雷作用，静電充電，電力設備からの過電圧に対する保護装置」が準備中である。この中で，DIN VDE 0845 Part 1で導入された過電圧保護装置に対する要求と試験が確定される。

17.1.3 建築工事発注規則（VOB）

DIN 18 384/09.88: VOB 建築工事発注規則：Part C：建築工事の一般的技術的契約条件（ATV）：雷保護装置

このVOBは連邦，州及び地方団体のすべての建築工事の公告の際に適用される。

17.1.4 標準工数ブック（StLB）

StLB土木建築用標準工数ブック―工事範囲050雷保護及び接地，1985年3月

発行。この標準ブックの目的は建築物に対する工事規定の中で統一したテキストを用いることであり，データ処理を可能とすることである。

17.1.5　州　規　定

ドイツ連邦共和国各州の建築規定の中で，保護を要する建築設備の雷保護装置は種々の様式で規定されている。

「場所，建築様式，用途により，雷撃が容易に起こり，または重大な結果を引き起こす可能性のある建物は，永続的に有効な雷保護装置を備えなければならない」以下の規定は同文。

・ベルリン建築規定（BauOBln）28.2.1985.
・バイエルン建築規定（BayBO）2.7.1982.（ここでは「雷撃」の代わりに「落雷」といっている。）
・ブレーメン建築規定（BremLBO）23.3.1983.
・ヘッセン建築規定（HBO）24.3.1986.
・ノルトライン-ウェストファーレン州建築規定－州建築規定－（BauONW），26.6.1984.
・シュレスウィヒ-ホルスタイン州建築規定 24.2.1984.

バーデン-ヴュルテンベルグ州建築規定（LBO）1.4.1985. では，次のように規定されている。

「特別に雷の危険のある建物，または雷撃により重大な結果を招くことがある場合，永続的に有効な雷保護装置を備えなければならない」

ニーダザクセン建築規定（NbauO）11.4.1986. では，次のように規定されている。

「場所，建築様式，用途により，雷撃が容易に起こり，または重大な結果を引き起こす可能性のある建物は，永続的に有効な雷保護装置を備えなければならない」

ラインランド-ファルツ州建築規定（LbauO）20.7.1982. では，次のように規定されている。

「雷撃が容易に起こり，または重大な結果を引き起こす可能性のある建物は，永続的に有効な雷保護装置を備えなければならない」

ハンブルグ建築規定（HbauO）1.7.1986.では，次のように規定されている。「場所，高さ，建築様式，または用途により雷撃が容易に起こり，重大な結果を引き起こす可能性のある建物は雷保護装置を備えなければならない」

17.1.6　雷保護式と危険度指数

雷保護装置は，州の建築規則または特別な規定によって強制的に規定されてはいないので，雷保護装置の必要性についての決定は建築監督官庁，所有者または運営者の判断による。「雷保護式」は決定のための補助手段となる。この方法により，建物の雷危険度の評価が可能となる。これによって落雷確率と落雷の結果が数値的に見積もられる。最初の雷保護式は1943年に英国で発表された。この雷保護式からノルトライン-ウェストファーレン州経済局により，簡略式が1960年に提示された。この式は連邦防衛局の設備計画の際に，建設省の決定の補助手段として用いられている。

1965年に，英国の雷保護規定の中に，極めて簡略化した式が発表された。この間，ポーランド，オランダ，イタリアでも建物の雷保護装置の必要度を求める類似の方法が規定されている。

TÜVラインランドにより，次の項目を含む「雷危険度指数」が作成されている。

・落雷確率
・建築様式に起因する結果
・財産による利用度に起因する結果
・人による利用度に起因する結果

雷保護に関する明確な規定または規則がない場合に，この雷危険度指数は良好な決定補助手段となる。この指数はDIN VDE 0185の解説の中で発表されている。

17.2　特別なケースに対する規定（1989年3月の状態）

特別なケースに対する規定は，以下に設備様式のアルファベット順にまとめられている。

鉱　山

次のノルトライン-ウェストファーレン州鉱山局の鉱山規定に, 雷保護に関する言及がある。
- 電気設備に関する鉱山規定（BVOE）
- 石炭鉱山に関する鉱山規定（BVOSt）
- 褐炭鉱山に関する鉱山規定（BVOBr）

クラウスタール-ツェラフェルト鉱山局は一般的な鉱山規定（ABVO）及び深坑規定を発行している。

ザールブリュッケン鉱山局の責任者は下記に署名している。
- 石炭鉱山警察規定
- 非石炭鉱山警察規定
- 深部ボーリング及びボーリング坑による石油及び天然ガス採掘に関する鉱山警察規定
- 鉱山監督の範囲における, 委託爆発物貯蔵庫の設置及び運営規則

可燃液体の貯蔵, 充填, 運送

ここではまず可燃液体に関する技術規定, TRbF100, 一般的安全要求, 1987年9月を挙げなければならない。更に可燃液体の貯蔵, 充填及び運送用装置に関する州規定（可燃液体に関する規定－VbF）27.2.1980がある。付録IIでは, 許可を必要とする可燃液体の貯蔵, 充填または運送のための地上設備を伴う建物は, 落雷による点火の危険に対して保護されていなければならないと要求している。同様なことが屋外の地上タンク, 及び全体が地下ではなく, 壁, コンクリートまたは複数のこれらの材料に取り囲まれている地下タンクに適用される。

この規定は更に雷保護設備の試験期限を3年間と定め, 試験証明書を提示することを定めている。

可燃ガス

アセチレン設備及びカルシウムカーバイト貯蔵庫には, アセチレン設備及びカルシウムカーバイト貯蔵庫に対する技術規定（TRAC）が適用される。その中でTRAC201（1973年9月）, 203（1974年12月）, 205（1973年9月）, 209（1982年11月）, 及び301（1971年7月）には雷保護設備に関する要求を含んでいる。

高圧ガス管に関しては，高圧ガス管技術規定（TRGL）が適用される。

TRGL181（1977年1月制定，BMA，Bekにより，1985年2月28日変更）では，すべての屋外の地上設備にはVDE 0185による雷保護設備が取り付けられていなければならないと述べられている。

TRGL201（中継所に関する一般規定）（1978年1月制定，BMA，Bekにより，1985年2月28日変更）では，建物にはVDE 0185による雷保護設備が取り付けられていなければならないと規定されている。

ガス設備に関しては，ガス設備技術規定DVGW － TRGI 1986, ワーキングペーパーG600（1986年11月）が適用される。

ここでは，ガス管は雷保護設備の避雷導体または接地として用いてはならないことが規定されている。

液体ガス技術規定TRF 1988では，建物内ガス管は等電位母線に接続しなければならないと規定されている。その上で，ガス管は雷保護装置の避雷導体または接地として用いてはならないと指示している。

低圧ガス容器に対しては，低圧ガス容器の設置と運営指針，DVGWワーキングペーパーG430の中で，雷保護装置に対して言及されている。

DVGW規則には，技術規則，ワーキングペーパーGW12（1984年4月12日）「地中埋設貯蔵タンク及び鋼パイプの陰極法腐食保護装置の設計と設置」の中に次の規定がある。

- 「爆発の危険性のある領域に用いる絶縁片には，防爆型分離用火花ギャップを用いなければならない（AfK–勧告No.5参照）」
- 「膨張吸収用スリーブ，ソケット型膨張継手，フランジ，その他の管継手等のパイプの長手方向の導電度を低下させる可能性のあるものは，$16\,mm^2$以上の銅絶縁電線を用いてブリッジする」
- 「雷保護装置または雷保護設置装置と保護対象物は必ず火花ギャップを介して結ぶこと（DIN 57 185/VDE 0185 Part 1）」

連邦郵政省

ドイツ連邦郵政省の範囲では，ドイツ連邦郵政省通信用建築規則が重要である。

- Part 14（FBO 14），1982：「接地設備及び過電圧保護」

・Part 10（FBO 16C），1981：「大電流干渉，腐食，大気放電及び電流流失に対する保護－電線で接続された通信路の大気放電に対する保護」

連邦防衛省

ドイツ連邦防衛省の中央業務規定ZDv 34/220（03.81）軍需関連装置及び設備に対する安全技術規定では，例えば次のものに対する雷保護設備の施工について指示している。

・地下埋設弾薬庫
・防護壁を有する簡易建築方式の弾薬庫
・設置期間1年間以上の弾薬蓄積所
・予定設置期間1年以下の弾薬蓄積所

連邦防衛省から，防衛省不動産における雷保護設備の計画と実行のための実施指示が1978年3月15日に発行された。

防衛技術及び調達局（BWB）からの委任と協力により，DIN電子技術標準化担当部門より，VG（防衛機器）規格VG969，「核電磁インパルス（NEMP）及び雷に対する保護」が作成され，その中から今までに次のものが公表された。

VG 96 900/12.87「NEMP及び落雷に対する保護—概観」

VG 96 901 Part 1/12.84「NEMP及び落雷に対する保護—定義」

VG 96 901 Part 4/10.85「NEMP及び落雷に対する保護—危険なデータ」

VG 96 902 Part 1/10.80「NEMP及び落雷に対する保護，計画及び方法—組織的規定」

VG 96 902 Part 2/10.85「NEMP及び落雷に対する保護，計画及び方法—システム，装置の計画」

VG 96 902 Part 3/08.86「NEMP及び落雷に対する保護，計画及び方法—システム，装置の方法」

VG 96 907 Part1/12.85「NEMP及び落雷に対する保護，構造上の対策及び保護装置——般」

VG 96 907 Part 2/12.86「NEMP及び落雷に対する保護，構造上の対策及び保護装置—種々の応用に対する特記事項」

ボイラー

ボイラー技術規則（TRD），TRD414装備（1988年5月）が関係する。薪燃料

17. ドイツ連邦共和国における雷保護規定

ボイラーにはDIN VDE 0185 による雷保護装置が必要であり、装置は毎年、点検しなければならない。

データ処理装置

社団法人保険業者連合会（VdS）と、社団法人ドイツ工業連合会（BDI）が共同で電子式データ処理装置に関するリーフレット、「電子式データ処理装置（EDVA）」（フォーム 2007 VdS 6/83）（電算機室の火災防止に関するリーフレット）を発行した。この中で次のように述べられている。

「その内部に電算装置のある建物、及びそれに隣接する建物はすべて、DIN 57 185/VDE 0185 により、雷保護装置を用いて保護しなければならない。過電圧に対する保護に関しては、指針（フォーム 2301 VdS）「電子装置の過電圧保護」を考慮しなければならない」

爆発保護

化学産業の同業組合により、指針 N0.11 爆発保護指針（1986年9月発行）：事例集積による、爆発の危険性のある雰囲気による危険の低減に関する指針－爆発保護指針－（EX-RL）が発行されている。ここでは、雷保護装置はとりわけ、落雷点周辺での発火を防止しなければならないことを確認している。

ゾーン 0, 1, 10 及び 11 内の設備に対して雷保護設備が要求されている。「ゾーン 0 及び 10 の外側、またはゾーン 0 及び 10 自身への落雷の被害を防ぐために、適切な場所に、例えば過電圧アレスタを設置しなければならない」

塗料噴射装置

ここでは、工業職業組合の中央連合会で作成された「事故防止規定VBG、コーティング材料（VBG 23）1988年4月1日付」が適用される。

基礎接地

社団法人ドイツ電機工業組合（VDEW）は、「建物基礎中の基礎接地埋設に関する指針（1987）」を発行した。

商用建築、高層建築

ノルトライン-ウェストファーレン州法規、規定集に次のような言及がある。
・高層建築の建築及び運営規定（高層建築規定－HochhVO）1986年6月11日付「高層建築物は永続的に効果のある雷保護装置を備えねばならない」これらの雷保護装置は使用開始前、重要な変更後、及びその後3年以下の

間隔で検査しなければならない。
- 商用建築の建設及び運営規定（商用建築規定－GhVO）1969年1月22日付では，雷保護装置は最低年1回検査しなければならないと規定されている。
- 商用建築の建設及び運営規定（商用建築規定－GhVO）（州建築規定の§76に添付）1976年4月30日付（GVBl, P.144）にて，ラインランド－ファルツ州は同様に，雷保護装置の試験期限を1年と定めた。

爆発の危険性のある領域における，陰極法による腐食防止

職業組合DVGW/VDEの腐食問題研究会（AfK）により，AfK勧告No.5（1986年2月）「爆発の危険性のある領域における，陰極法による腐食防止」が発行されている。ここでは「絶縁片は防爆型の分離用火花ギャップでブリッジし，分離火花ギャップの動作インパルス電圧（1.2/50 μs）は，絶縁片の50 Hz閃絡電圧（実効値）の50％以下でなければならない」と決められている。

病院

ドイツ，ノルトライン－ウェストファーレン州では，病院の建築及び運営に関する規則（病院建築規定－KhBauVO），（1978年2月21日）にて，病院は雷保護装置を有し，5年ごとに検査しなければならないと規定されている。

窒化アンモニウム及びアンモニウム含有化合物用倉庫

危険物質委員会（AGS）は「危険物技術規定TRGS511（1988年9月）：アンモニウム窒化物」を規定した。その中で，建物にはDIN VDE 0185 Part 1及び2により，特にPart 2 6.1項「火災の危険のある領域」を考慮して，雷保護装置を設置し，毎年検査しなければならないとしている。

航空障害物

ここでは，「航空障害物標識国際規則及び勧告」が関係する。

雷保護装置の試験

下記の分野における雷保護装置の試験は，官庁により承認された専門家にのみ許容される。
- VbF（可燃液体に関する規則）による貯蔵タンク設備及びその他の設備
- 可燃液体の遠方輸送管
- その他の爆発危険性のある設備
- 爆発物製造工場及び爆発物貯蔵庫

・鉱山設備

遠距離輸送管

可燃液体に関する技術規則 TRbF301（1986年6月）「危険な液体の輸送のための遠距離輸送管の指針」－RFF－は次のように指示している。すべての屋外の地上設備部分には，DIN VDE 0185 による雷保護装置が設置されていなければならない。遠距離輸送管の等電位導線は少なくとも 50 mm^2 の断面積を有していなければならない。

ガス及び水道管

ここでは，DVGW－規則，ワークシート GW306（1968年7月）「雷保護装置と水道，ガス管の接続に関する指針」が関係がある。

煙　　突

ここでは次のものが関係する。

・DIN 4133/73年8月「鋼製煙突，力学計算と実施」（1988年3月付ドラフトあり）

・DIN 1056/84年10月「コンクリート構造独立煙突，計算と実施」

DIN VDE 0185 について，両立する規定と指摘している。

学　　校

ノルトライン-ウェストファーレン州内務局では，学校建物管理指針（BASchulR）を発行している。その中の 1980年7月1日付文書では，学校に対し雷保護装置の設置を指示している。

ケーブルカー

鉄道及び登山鉄道のための連邦委員会により，ケーブルカー建設運営規則（BOSeil）及び実施規定（AB）が作成された。これらによれば，停車場には雷保護装置を装備しなければならない。雷雨により運転停止の場合には，ケーブルは電話線，制御線その他とともに停車場で直接接地される。すべての鋼製及び鉄筋コンクリート製支柱は，その根元で3m以上の長さの帯状接地電極を用いて接地しなければならない。

バイエルン州経済交通局は，ケーブルカーの建設運営規定（BOSeil）を発行しており，その中ですべての施設部分は過電圧に対して保護されていなければならないとの規定がある（1982年4月）。

爆発物製造工場，爆発物貯蔵庫

ドイツ各州には爆発物規則があり，この規則により爆発物工場の特定の部分には，雷保護装置を設置しなければならない。産業の職業組合連合体は，「爆発物及び爆発物を含む物体に関する規則――一般的規則（VBG55a）」を1978年8月1日に発行した。その中で，危険な建物には雷保護装置を設置しなければならないと規定されている。これは規定による爆発物または爆発物を含む物体が永続的に存在する場所にも適用される。これらの雷保護装置は毎年検査しなければならない。

爆発物規則の第2規定（2.SprengV）1977年11月23日付，及び第2規定2章付録では，雷保護装置は爆発物貯蔵庫の使用開始前及び年間最低1回，その正常状態をチェックしなければならないと規定している。

雷保護装置に対する要求は，爆発物指針，爆発物及び発火物貯蔵庫の建築様式及び設備指針，（貯蔵庫グループⅠ～Ⅲ」）SprengLR310（1978年10月）にも示されている。

貯蔵グループ1.3の爆発物等に関係する，爆発物貯蔵庫指針，その他の爆発危険性のある物質の貯蔵に関する指針，SprengLR360（1984年9月）ではDIN 5718/VDE 0185 Part 1及びPart 2による雷保護装置が要求されている。

集会場

これに関して，連邦各州の規定がある。例えばノルトライン-ウェストファーレン州の集会場建物及び運営に関する規則（集会場規則－VStättVO）では集会場運営者は雷保護設備を，毎年専門家によって試験させなければならないと規定している。

ヨット

ドイツ帆走者組合の巡航艇部との協同作業により，ドイツ電気技師連盟の雷保護及び雷研究委員会（ABB）から，水上スポーツ乗物の雷保護リーフレットが発行される。

文 献

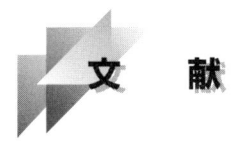

● 第1章

Prinz, H.: Feuer, Blitz und Funke. Bruckmann-Verlag München, 1965.
Prinz, H.: Fulminantes über Wolkenelektrizität. Bull. SEV Schweiz. Elektro.-techn. Verein 64 (1973). H. 1, S. 1–15.
Amberg, H. U.; Frühauf, G.: Ergebnisse von Blitzzählungen in Bayern und Schleswig-Holstein. ETZ-B Elektr.-tech. Z. B 19 (1967), S. 505–508.
Wiesinger, J.: Blitzforschung und Blitzschutz. Deutsches Museum 40 (1972) H. 1/2. R. Oldenbourg Verlag, München.
Rühling, F.: Der Schutzraum von Blitzfangstangen und Erdseilen. Diss. TU München, 1972.
Berger, K.: Blitzstrom-Parameter von Aufwärtsblitzen, gemessen am Monte San Salvatore, Schweiz. 14th ICLP Intern. Conf. on Lightning Protection, Gdansk, 1978, R-1.02.
Boeck, W.: Benjamin Franklin als Staatsmann, Schriftsteller und Physiker. Deutsches Museum 48 (1980) H. 2. R. Oldenbourg Verlag, München.
Gargabnati, E.; Marinoni, F.; LoPiparo, G. B.: Parameters of lightning currents. Interpretation of the results obtained in Italy. 16th ICLP Intern. Conf. on Lightning Protection, Budapest, 1981, R-1.03.
Trapp, N.: Erfahrungsbericht über die erste Meßperiode in der Blitzmeßstation auf dem Peißenberg. 17th ICLP Intern. Conf. on Lightning Protection, The Hague, 1983, R-1.3.
Baatz, H.: Mechanismus der Gewitter. VDE-Schriftenreihe 34. VDE-Verlag Berlin, Offenbach, 1985.
Ausschuß für Blitzschutz und Blitzforschung: 100 Jahre ABB. Verlag J. Jehle, München, 1985.
The Earth's Electrical Environment. National Academic Press, Wash. D.C., 1986.
Hasse, P.: History of lightning protection. IEE-TC 81, Memorial lecture meeting, I.E.I.E. of Japan, 1988. Druck: Dehn + Söhne, Nürnberg + Neumarkt.
v. Urbanitzky, A.: Blitz und Blitzschutzvorrichtungen. Wien, Hartlebensverlag, 1886.
Müller-Hillebrand, D.: Die Bemessung von Blitzableitern aufgrund geschichtlicher Betrachtungen. ETZ B Elektr.-tech. Z. B (1963), H. 10, S. 273–279.
Prinz, H.: Feuer, Blitz und Funke. F. Bruckmann KG Verlag, München, 1965.
Reimarus, J. A. H.: Vom Blitze. Verlegt von Carl Ernst Bohn, Hamburg, 1778.
Ausschuß für Blitzschutz und Blitzforschung: 100 Jahre ABB. München, J. Jehle Verlag, 1985.
Ruppel, S.: Gebäudeblitzschutz. ETZ Elektr.-tech. Z. (1913), S. 643–647.
Reimarus, J. A. H.: Die Ursachen des Einschlagens vom Blitz. Langensalza, 1769.
Guden, Ph. P.: Von der Sicherheit wider die Donnerstrahlen. Göttingen und Gotha, 1774.
Lichtenberg, G. Ch.: Verhaltensregeln bei nahen Donnerwettern. Ettinger Verlag, Gotha, 1778.
Reimarus, J. A. H.: Ausführliche Vorschriften zur Blitzableitung. 2. Auflage, Hamburg, 1794.
Laun, R.: Historische Blitzableiter. Baumetall (Jan. 1987), S. 28–34.
Hemmer, J. J.: Nachrichten von den in der Churpfalz angelegten Wetterableitern. Acta Academiae, Theodoro Palatinae, Mannheim (1780), Vol. IV, pars phys., S. 1–85.
Hemmer, J. J.: Quos superiore quinquennio variis locis posuit conductores fulminis paucis hic enumerat. Acta Academiae, Theodoro Palatinae, Mannheim (1784), Vol. V, pars phys., S. 295–320.
Hemmer, J. J.: Wetterableiter an allen Gattungen und Gebäuden auf die sicherste Art anzulegen. 2. Aufl., Mannheim, 1788.
Boeckmann, J. L.: Über Blitzableiter. Karlsruhe, 1782.

Holtz, W.: Anlage der Blitzableiter. Bamberg, 1878.
Karsten, G.: Elektrizität des Gewitters. Kiel, 1879.
Elektrotechnischer Verein: Die Blitzgefahr No. 1. Julius Springer Verlag, Berlin, 1886.
Elektrotechnischer Verein: Die Blitzgefahr No. 2. Julius Springer Verlag, Berlin, 1891.
Ausschuß für Blitzableiterbau e.V. (ABB): Blitzschutz. 1. bis 8. Aufl., VDE-Verlag, 1924 bis 1971.
DIN VDE 0185/Entwurf 02.78: Blitzschutzanlagen. Teil 1: Allgemeine Richtlinie für das Errichten. Teil 2: Errichten von besonderen Blitzschutzanlagen.
DIN VDE 0185/11.82: Blitzschutzanlage. Teil 1: Allgemeines für das Errichten. Teil 2: Errichten besonderer Anlagen.
Neuhaus, H.: Blitzschutzanlagen, Erläuterungen zu VDE 0185. VDE-Schriftenreihe Bd. 44, Berlin und Offenbach, VDE-Verlag, 1983.

● 第2章

Baatz, H.: Mechanismus der Gewitter. VDE-Schriftenreihe Bd. 34, VDE-Verlag, Berlin und Offenbach, 1985.
Golde, R. H.: Lightning Protection. Edward Arnold Ltd. London, 1973.
Golde, R. H.: Lightning, Vol. 1. Academic Press, London, New York, San Francisco, 1977.
Baatz, H.: Mechanismus der Gewitter. VDE-Schriftenreihe Bd. 34. VDE-Verlag, Berlin und Offenbach, 1985.
The Earth's Electrical Environment. National Academy Press, Wash. D.C., 1986.
Uman, M.: The lightning discharge. Intern. Geophysics Series, Vol. 39. Academic Press, London, New York, San Francisco, 1987.

● 第3章

Berger, K.; Vogelsanger, E.: Fotographische Blitzuntersuchungen der Jahre 1955 ... 1965 auf dem Monte San Salvatore. Bull. SEV Schweiz. Elektr.-tech. Verein 57 (1966), S. 599–620.
Golde, R. H.: Lightning, Vol. 1. Academic Press, London, New York, San Francisco, 1977.
The Earth's Electrical Environment. National Academy Press, Wash. D.C., 1986.
Uman, M.: The lightning discharge. Intern. Geophysics Series, Vol. 39. Academic Press, London, New York, San Francisco, 1987.
Berger, K.: Novel Observations on Lightning Discharges; Results of Research on Mount San Salvatore. Journ. Franklin Inst., 283 (1967), S. 478–525.
Wiesinger, J.: Blitzforschung und Blitzschutz. Deutsches Museum. 40 (1972) H. 1/2. R. Oldenbourg Verlag, München.
Golde, R. H.: Lightning Protection. Edward Arnold Ltd., London, 1973.
Golde, R. H.: Lightning, Vol. 1., Academic Press, London, New York, San Francisco, 1977.
The Earth's Electrical and Vironment. National Academy Press, Wash. D.C., 1986.
Uman, M.: The lightning discharge. Intern. Geophysics Series, Vol. 39. Academic Press, London, New York, San Francisco, 1987.
Blitzforschungsgruppe München: Aktuelle Aufgaben und Methoden der Blitzforschung. ETZ A Elektr.-tech. Z. A 99 (1978), S. 652–654.

● 第4章

Prentice, S. A.; Mackerras, D.: The ratio of cloud to claud-ground lightning flashes in thunderstorms. Journ. Appl. Meteorol. 16 (1977), S. 545–549.
Anderson, R. B.; Eriksson, A. J.: Lightning parameters for engineering application. Electra 69 (1980), S. 65–102.

Uman, M.: The lightning discharge. Intern. Geophysics Series, Vol. 39. Academic Press London, New York, San Francisco, 1987.
Amberg, H. U.; Frühauf, G.: Ergebnisse von Blitzzählungen in Bayern und Schleswig-Holstein. ETZ B Elektr.-tech. Z. B. 19 (1967), S. 505–508.
Prentice, S. A.; Mackerras, D.; Tolmie, R. P.: Development and field testing of a vertical aerial lightning flash counter. Proc. IEEE 122 (1975), S. 487–491.
Golde, R. H.: Lightning, Vol. 1 und 2, Academic Press, London, New York, San Francisco, 1977.
Fischer, A.: Auswertung der CIGRE-Blitzzählung in Schleswig-Holstein und Bayern. ETZ A Elektr.-tech. Z. A 99 (1978), S. 72–76.
Anderson, R. B.; Nikerek, H. R.; Prentice, S. A., Mackerras, D.: Improved lightning flash counter. Electra 66 (1979), S. 85–98.
Bent, R. B.; Casper, P. W.: A unique Time-of-arrival Technique for accurately locating lightning over large areas. 5th Symp. on Meteorol. Observations and Instrumentation, Toronto, 1983, S. 505–511.
Pišler, E.; Schütte, T.:Eine neue Methode zur Messung des Peilfehlers bei Blitzpeilsystemen. 18th ICLP Intern. Conf. on Lightning Protection, Munich, 1985, Ref. 1.7.
Schütte, Th.; Israelsson, S.: Die Qualität von Blitzpeilungen. 19th ICLP Intern. Conf. on Lightning Protection, Graz, 1988, Ref. 1.2.
Janssen, M. J. G.: The new lightning detection system in the Netherlands. 19th ICLP Intern. Conf. on Lightning Protection, Graz, 1988, Ref. 1.9.
Fischer, A.: Auswertung der CIGRE-Blitzzählung in Schleswig-Holstein und Bayern. ETZ A Elektr.-tech. Z. A, 99 (1978), S. 72–76.
Anderson, R. B.; Eriksson, A. J.: Lightning parameters for engineering applikation. Electra (1980) H. 69, S. 65–102.
Eriksson, A. J.: The incidence of lightning strikes to power lines. IEEE PAS Winter Meeting (1986).
Uman, M.: The lightning discharge. Intern. Geophysics Series, Vol. 39. Academic Press, London, New York, San Francisco, 1987.
Eriksson L. E.: Lightning warning. 15. Europ. Blitzschutzkonf. (15th ICLP), Uppsala, 1979, Ref. K4:17.

● 第5章

DIN VG 96 901 Teil 4/10.85: Schutz gegen Nuklear-Elektromagnetischen Impuls (NEMP) und Blitzschlag. Allgemeine Grundlagen. Bedrohungsdaten.
Barasch, G. E.: The 1965 ARPA-AEC Joint Lightning Study at Los Alamos, Vol. II. Los Alsmos Scientific Lab., Univ. of Calif. Los Almos, New Mexico (1968).
Kern. A.: Time dependent distribution in metal sheets caused by direct lightning strikes. 6th ISH Intern. Symp. on High Voltage Eng., New Orleans, 1989.
Wiesinger, J.: Bestimmung der induzierten Spannung in der Umgebung von Blitzableitern und hieraus abgeleitete Dimensionierungsrichtlinien. Bull. SEV Schweiz. Elektrotechn. Verein 61 (1970), S. 669–767.
Wiesinger, J.: Ersatzschaltungen für Blitzableiter. Bull. SEV Schweiz. Elektr. tech. Verein 62 (1971), S. 936–941.
DIN VG 96 901, Teil 4/10.85: Schutz gegen Nuklear-Elektromagnetischen Impuls (NEMP) und Blitzschutz. Allgemeine Grundlagen. Bedrohungsdaten.
VG 96 901 Teil 4/10.85: Schutz gegen Nuklear-Elektromagnetischen Impuls (NEMP) und Blitzschlag. Allgemeine Grundlagen. Bedrohungsdaten.
Heidler, F.: Analytische Blitzstromfunktion zur LEMP-Berechnung. 18th ICLP Intern. Conf. on Lightning Protection, Munich, 1985, Ref. 1.9.

● 第6章

DIN VG 96 901 Teil 4/10.85: Schutz gegen nuklear-Elektromagnetischen Impuls (NEMP) und Blitzschlag. Allgemeine Grundlagen. Bedrohungsdaten.
Müller, E.; Steinbigler, H.; Wiesinger, J.: Zur numerischen Berechnung von induzierten Schleifenspannungen in der Umgebung von Blitzableitern. Bull. SEV Schweiz. Elektr.-tech. Verein 63 (1972), S. 1025–1032.

● 第7章

Heidler, F.: Rechnerische Ergebnisse der zu erwartenden Blitzbedrohung durch den LEMP. 19th ICLP Intern. Conf. on Lightning Protection, Graz, 1988, Ref. 4.6.
Heidler, F.: LEMP-Berechnungen mit Modellen. etz Elektr.-tech. Z. 107 (1988) H. 1, S. 14–17.
Heidler, F.: Das »Travelling Current Source« (TCS)-Modell zur Berechnung der abgestrahlten Felder eines natürlichen Blitzes. Mikrowellen Magaz. 12 (1986) H. 4, S. 338–341.
Uman, M. A.: Lightning return stroke electric and magnetic fields. Journ. of Geophys. Res. 90 (1985) H. D4, S. 6121–6130.

● 第8章

DIN VDE 0185/11.82: Blitzschutzanlage. Teil 1: Allgemeines für das Errichten. Teil 2: Errichten besonderer Anlagen.
DIN VDE 0185 Teil 100 (Entwurf)/10.87: Festlegungen für den Gebäudeblitzschutz – Allgemeine Grundsätze (Identisch mit IE 81(CO)6).
DIN VDE 0110/01.89: Isolationskoordination für elektrische Betriebsmittel in Niederspannungsanlagen. Teil 1: Grundsätzliche Festlegungen. Teil 2: Bemessung der Luft- und Kriechstrecken.
Hasse, P.; Wiesinger, J.: 500 Mio. DM Überspannungsschäden an Elektronik. etz Elektr.-tech. Z. (1988), H. 15, S. 686–687.
Hasse, P.; Wiesinger, J.: Funkenstrecken für den Blitzschutz-Potentialausgleich von Energieversorgungsleitungen nahe beim Gebäudeeintritt. 19th ICLP Internat. Conf. on Lightning Protection, Graz, 1988.
DIN VG 96 907 Teil 2/12.86: Schutz gegen Nuklear-Elektromagnetischen Impuls (NEMP) und Blitzschlag – Konstruktionsmaßnahmen und Schutzeinrichtungen; Besonderheiten für verschiedene Anwendungen.

● 第9章

DIN VDE 0185 Teil 100, (Entwurf)/10.87: Festlegungen für den Gebäudeblitzschutz. Allgemeine Grundsätze. (Identisch mit IEC 81 (CO)6.)
MSZ 274–62 Villámvédelem. Standard für Blitzschutz von Ungarn. Budapest, 1962.
Golde, R.: Lightning Protection. Edward Arnold Ltd., London 1973.
Darvenzia, M./Popolansky, F.; Whitehead, E. R.: Lightning Protection of UHV Transmission Lines. Electra 41 (1975), S. 39–69.
Golde, R. H.: Lightning, Vol. 1 u. 2. Academic Press, London, New York, San Francisco, 1977.
Horvath, T.: Schutzwirkung von Fangvorrichtungen. ETZ A Elektr.-tech. Z. A 99 (1978), S. 661–663.
Anderson, R. B./Eriksson, A. J.: Lightning parameters for engineering application. Electra 69 (1980), S. 65–102.
DIN VDE 0185/11.82: Blitzschutzanlage. Teil 1: Allgemeines für das Errichten. Teil 2: Errichten besonderer Anlagen.

DIN VDE 0185 Teil 100 (Entwurf)/10.87: Festlegungen für den Gebäudeblitzschutz. Allgemeine Grundsätze. (Identisch mit IEC TC 81(CO)6.)
Hasse, P./Wiesinger, J.: Zur Anwendung des Blitzkugelverfahrens. ETZ A Elektr.-tech. Z. A, 99 (1978), S. 760.

● 第10章

Steinbigler, H.: Die Stromdichte- und Temperaturverteilung in Blitzableitern aus ferromagnetischem Material. 13th ICLP Intern. Conf. on Lightning Protection (1976) Ref. 2.4.
DIN VDE 0185/11.82: Blitzschutzanlage. Teil 1: Allgemeines für das Errichten.
DIN VDE 0185 Teil 100 (Entwurf)/10.87: Festlegungen für den Gebäudeblitzschutz. Allgemeine Grundsätze. (Identisch mit IEC 81(CO)6.)

● 第11章

DIN VDE 0141/7.76: VDE-Bestimmung für Erdungen in Wechselstromanlagen für Nennspannungen über 1 kV.
DIN VDE 0100/05.86: Errichten von Starkstromanlagen mit Nennspannungen bis 1000 V. Teil 540: Auswahl und Errichtung elektrischer Betriebsmittel; Erdung, Schutzleiter, Potentialausgleichsleiter.
DIN VDE 0185/11.82: Blitzschutzanlage. Teil 1: Allgemeines für das Errichten. Teil 2: Errichten besonderer Anlagen.
VDEW: Richtlinien für das Einbetten von Fundamenterdern in Gebäudefundamente. Verlags- und Wirtschaftsgesellschaft der Elektrizitätswerke m.b.H. – VWEW, Frankfurt, 1987.
Dehn + Söhne: Erdungsanlagen. Blitzplaner C4, 01 und 02/07.85, 03 und 04/11.87. Dehn + Söhne, Nürnberg + Neumarkt.
Koch, W.: Erdungen in Wechselstromanlagen über 1 kV. 2. Auflage, Springer-Verlag, Berlin, 1955.
Wiesinger, J.: 14. Internationale Blitzschutzkonferenz. Resultate aus 5 Gruppen. etz A Elektr.-tech. Z. A (1978), S. 655–658.
Graf, A.: Geophysikalische Messungen, III. Die elektrischen Verfahren: ATM Arch. f. Tech. Messen, (1935) V 65-4.
DIN VDE 0185 Teil 100 (Entwurf)/10.87: Festlegungen für den Gebäudeblitzschutz – Allgemeine Grundsätze (identisch mit IEC 81 (CO)6).
DIN VDE 0185 Teil 1/11.82: Blitzschutzanlage – Allgemeines für das Errichten.
Wiesinger, J.: Zur Berechnung des Stoßerdungswiderstandes von Tiefen- und Oberflächenerdern. ETZ A Elektr.-tech. Z. A 99 (1978) H. 11, S. 659–661.
Liew A. C. / Darveniza M.: Dynamic model of impulse characteristics of concentrated earths. Proc. IEE 121 (1974) No 2, S. 123–135.
Koch, W.: Erdungen in Wechselstromanlagen über 1 kV. 2. Auflage, Springer-Verlag, Berlin, 1955.
DIN VDE 0141/07.76: VDE-Bestimmung für Erdungen in Wechselspannungsanlagen für Nennspannungen über 1 kV.
DIN VDE 0190/05.86: Einbeziehen von Gas- und Wasserleitungen in den Hauptpotentialausgleich von elektrischen Anlagen – Technische Regel des DVGW.
DIN VDE 0185/11.82: Blitzschutzanlage. Teil 1: Allgemeines für das Errichten. Teil 2: Errichten besonderer Anlagen.
DIN VDE 0151/06.86: Werkstoffe und Mindestmaße von Erdern bezüglich der Korrosion.
Hasse, P.: Erderkorrosion – Blitzschutz-Erdungsanlagen unter besonderer Berücksichtigung der Korrosion. Neumarkt, Dehn + Söhne.
DIN 1045/12.78: Beton und Stahlbeton; Bemessung und Ausführung.
DIN 17 640 Teil 2/11.82: Bleilegierungen; Legierungen für Kabelmäntel.
DIN 17 440/07.85: Nichtrostende Stähle; Technische Lieferbedingungen für Blech, Warm-

band, Walzdraht, gezogenen Draht, Stabstahl, Schmiedestücke und Halbzeug.
DIN 30 672/08.79: Umhüllungen aus Korrosionsschutzbinden und Schrumpfschläuchen für erdverlegte Rohrleitungen.
DIN VDE 0271/06.86: Kabel mit Isolierung und Mantel aus thermoplastischem PVC mit Nennspannungen bis 6/10 kV.
Arbeitsgemeinschaft DVGW/VDE für Korrosionsfragen (AfK): AfK-Empfehlungen Nr. 5/ 02.86, Kathodischer Korrosionsschutz in Verbindung mit explosionsgefährdeten Bereichen. ZfGW-Verlag, Frankfurt.

● 第12章

IEC Techn. Comm. 81: (Central Office) 6 (Draft): Standards for lightning protection of structures – Part I: General principles. Int. Elektrotechn. Commiss. (IEC), Genf.
DIN VDE 0185, Teil 100 (Entwurf)/10.87: Festlegungen für den Gebäudeblitzschutz – Allgemeine Grundsätze (identisch mit IEC 81(CO)6).
DIN 48810/08.86: Blitzschutzanlage; Verbindungsbauteile und Trennfunkenstrecke; Prüfungen.
DIN VDE 0618 Teil 1 (Entwurf)/08.87: Betriebsmittel für den Potentialausgleich – Potentialausgleichsschiene (PAS) für den Hauptpotentialausgleich.
DIN VDE 0100 Teil 410/11.83: Bestimmungen für das Errichten von Starkstromanlagen mit Nennspannungen bis 1000 V – Schutzmaßnahmen; Schutz gegen gefährliche Körperströme.
DIN VDE 0100 Teil 540/05.86: Errichten von Starkstromanlagen mit Nennspannungen bis 1000 V – Auswahl und Errichtung elektrischer Betriebsmittel; Erdung, Schutzleiter, Potentialausgleichsleiter.
DIN VDE 0185/11.82: Blitzschutzanlage. Teil 1: Allgemeines für das Errichten. Teil 2: Errichten besonderer Anlagen.
DIN VDE 0190/05.86: Einbeziehen von Gas- und Wasserleitungen in den Hauptpotentialausgleich von elektrischen Anlagen – Technische Regel des DVGW.
DIN VDE 0855 Teil 1/05.84: Antennenanlagen – Errichtung und Betrieb.
DIN VDE 0800 Teil 2/07.85: Fernmeldetechnik; Erdung und Potentialausgleich.
DIN VDE 0141/07.76: VDE-Bestimmung für Erdungen in Wechselstromanlagen für Nennspannungen über 1 kV.
Hasse, P.: Blitz- und Überspannungsschutz. Dehn + Söhne, Neumarkt, 1987.

● 第13章

Handbuch für Hochfrequenz- und Elektrotechniker. Band 2: Elektromagnetische Schirmung. S. 457–496. Hüthig & Pflaum-Verlag, München, 1978.
Siemens Datenbuch 1975/76: Geschirmte Kabinen und Raumabschirmungen. Siemens AG, München.
Wiesinger, J.: Basic principles of grounding and shielding with respect to equivalent circuits. Fast Electrical and Optical Measurements. NATO ASI Series E-No 108 (1986), S. 549–566.
DIN VG 96 907/12.86: Schutz gegen Nuklear-Elektromagnetischen Impuls (NEMP) und Blitzschlag. Teil 2: Konstruktionsmaßnahmen und Schutzeinrichtungen. Besonderheiten für verschiedene Anwendungen.
DIN VG 95 375/11.82: Elektromagnetische Verträglichkeit. Grundlagen und Maßnahmen für die Entwicklung von Systemen. Teil 4: Schirmung.
Wiesinger, J.: Berechnung der durch Blitzströme in Abschirmrohre aus Kupfer und Aluminium eingekoppelten Spannungen. 15th ICLP Intern. Conf. on Lightning Protection, Uppsala (1979), Ref. K2; S. 144–157.
Steinbigler, H./Wiesinger, J.: Voltage response of screening tubes to an unit lightning current with regard to ferromagnetic and non ferromagnetic materials. 5th Intern. Symp. on Electromagnetic Compatibility, Zürich (1980), Ref. 42 K4.

● 第14章

Kind, D.: Die Aufbaufläche bei Stoßbeanspruchungen technischer Elektrodenanordnungen in Luft. Diss. TH München, 1957.
Ragaller, K.: Surges in High-Voltage Networks. Plenum Press, New York, 1980.
Beierl, O./Steinbigler, H.: Induzierte Spannungen im Bereich von Ableitungen bei Blitzschutzanlagen mit maschenförmigen Fanganordnungen. 18th ICLP Internat. Conf. on Lightning Protection, Munich (1985), Paper 4.1.
Zischank, W.: Einfluß von Baustoffen auf die Bemessung von Näherungsstrecken. etz Elektr. tech. Zeitschr. 107 (1986), H. 1, S. 20–23.
DIN VDE 0185 Teil 100 (Entwurf)/10.87: Festlegungen für den Gebäudeblitzschutz. Allgemeine Grundsätze (identisch mit IEC 81 (CO)6).

● 第15章

DIN VDE 0432 Teil 2/10. 78: Hochspannungs-Prüftechnik, Prüfverfahren.
Zischank, W.: Eine Cowbar-Funkenstrecke in einem kapazitiven Blitzstromgenerator zur Simulierung direkter Blitzströme. 17th ICLP Intern. Conf. on Lightning Protection, Den Haag, 1983, Ref. 5.2.
Zischank, W.: Eine Crowbar-Funkenstrecke in einem kapazitiven Stoßstromgenerator zur Simulation direkter Blitzströme. 17th ICLP Intern. Conf. on Lightning Protection, Den Haag, 1983, Ref. 5.2.
Hasse, P./Wiesinger, J.: Prüfanforderungen an Bauteile und Geräte zur Überspannungsbegrenzung bei direkten und fernen Blitzeinschlägen in Niederspannungsanlagen. SEV Schweiz. Elektr.-tech. Verein 74 (1983), H. 13, S. 711–717.
Zischank, W.: Simulation von Blitzströmen bei direkten Einschlägen. etz Elektr.-tech. Zeitschr. 105 (1984) H. 1, S. 12–17.
Zischank, W.: Materialerosion und Stoßansprechverhalten von Trennfunkenstrecken bei direkten Blitzeinschlägen. 18th ICLP Intern. Conf. on Lightning Protection, Munich, (1985), Ref. 3.4.
Zischank, W.: A surge current generator with a double-crowbar sparkgap for the simulation of direct lightning stroke effects. 5th ISH Intern. Symp. on High Voltage Eng., Braunschweig, (1987), Ref. 61.07.
Kern, A./Zischank, W.: Melting effects on metal sheets and air termination wires caused by direct lightning strokes. 19th ICLP Intern. Conf. on Lightning Protection, Graz, (1988), Ref. 6.4.
DIN 48 810/08.86: »Blitzschutzanlage – Verbindungsbauteile und Trennfunkenstrecken (Anforderungen und Prüfungen).
CCITT (Yellow book), Vol. IX: Protection against interference. Genf (1981), Rec. K 17 Genf (1976).
Wiesinger, J.: Hybrid-Generator für die Isloaktionskoordination. etz Elektr.-tech. Zeitschr. 104 (1983), H. 21, S. 1102–1105.

● 第16章

Ausschuß für Blitzschutz und Blitzforschung im VDE (ABB): Statistik der Personenblitzunfälle des Jahres 1987.
Aaftink, H./Hasse, P./Weiß, A.: Leben mit Blitzen. Winterthur-Versicherungen (1986), 2. Auflage 1987.
Ausschuß für Blitzschutz und Blitzforschung im VDE (ABB): Vom Gewitter überrascht, was nun? Ausgabe 01.1987.
Krstic, M.: Blitz traf Auto. ETZ B Elektr.-tech. Z. B (1978), H. 2, S. 62.
Danner, M./Welther, J.: Der Blitzeinschlag in Personenkraftwagen. Der Maschinenscha-

den 54 (1982), H. 3, S. 99-104.
Ausschuß für Blitzschutz und Blitzforschung im VDE (ABB): Campen bei Gewitter. Ausgabe 02.1988.
Hasse, P.: Blitzgefahr und Blitzschutz von Personen in Feld und Flur. Niedersächsischer Jäger (1978), H. 8.
Arbeitsgemeinschaft für Blitzschutz und Blitzableiterbau (ABB) e.V. Merkblatt: Blitzschutz für Wassersport-Fahrzeuge. Ausgabe 07.1983.

● 第 17 章

Neuhaus, H./Theissen, W.: Blitzgefährdungskennzahlen – Die Abschätzung der Notwendigkeit von Blitzschutzanlagen. 12th ICLP Intern. Conf. on Lighting Protection, 1973, Ref. 4.2.
Arbeitsgemeinschaft für Blitzschutz und Blitzableiterbau (ABB) e.V., Neuhaus, H.: Blitzschutzanlagen – Erläuterungen zu DIN 57 185/VDE 0185. VDE-Schriftenreihe 44. VDE-Verlag, Berlin und Offenbach, 1983.

索 引

あ

アルミニウム　71, 74, 75, 123, 139, 197, 204, 207
アレスタ　115-117, 190, 255, 256
安全間隔　118
安定電位
　　土壌中の——　167
移動電流源モデル（TCSモデル）　111
陰　極　165-167, 170, 171
陰極法による腐食防止
　　爆発の危険性のある領域における——　274
陰極面積　174
インダクションループ　190
インパルスジェネレータ　213-215, 217, 221-223
インパルス接地抵抗　142, 149, 152
インパルス電圧　209, 210
インパルス電流　20, 44, 80, 85, 112, 213, 214, 216, 220, 222, 226, 229, 231
インパルス電流ジェネレータ　20, 213, 221, 231
インパルス電流電荷　72
インパルス力　75
上向き雷　15
打込み深さ　160
エネルギー
　　人体に変換される——　238

遠距離輸送管　275
煙　突　275
遠方落雷　115
沿面アーク放電　235
オスモティック圧
　　電解質の——　165
オシログラフ　8
帯状接地　161
温度上昇　73, 74, 123, 139

か

回転球体法　124, 255
外被形成　172
外部雷保護装置　114
　　保護空間から絶縁された——　117
　　保護空間から絶縁されていない——　117
　　保護空間から部分的に絶縁された——　117
核－電磁インパルス（NEMP）　255
角　度　130
ガス
　　可燃——　270
ガス及び水道管　275
学　校　275
カップリング抵抗　202, 207
過電圧　190, 263
　　誘起——　191
過電圧アレスタ　115, 120, 255

過電圧カテゴリー　116, 259-262
　　DIN VDE0110による——　117
過電圧制限　116
過電圧保護　192, 256, 263
過電圧保護カテゴリー　259
過電圧保護装置　182, 192, 231
過電圧保護予防手段　259
可燃液体　270
ガルバニック電池　165, 166
　　——の構成　164, 165
　　——の腐食　165
環状接地　141, 146, 161, 162
　　——広がり抵抗　161
環状接地導線　146, 189
環状等電位母線　120, 146, 188
貫通破壊耐圧
　　土壌の——　147
規　格
　　試験に関する——　264
　　部品に関する——　264
　　保護機器に関する——　264
機器遮蔽　120
危険度指数　269
基準大地　140
基準電位　165
基準電極　165
　　無極性の——　165
気象避雷針　28
気象避雷装置　26, 28, 29
基礎遮蔽
　　電気, 磁気的な——　146
基礎接地　116, 120, 141, 145-148, 162, 171, 188, 273
　　——の広がり抵抗　162
脚点の絶縁　163
境　界　122
金属板　197
空間電荷　37
ロ－ロ呼吸　240
ロ－鼻呼吸　240

雲－雲雷　39, 50, 56
雲－大地雷　39, 46, 47, 50, 56, 59, 64, 67, 109, 111, 126
クランプ　115, 185, 186, 225, 226
クリドノグラフ　7, 8
クロウバー　21
クロウバー火花放電ギャップ　221, 222
ケーブルカー　275
建築規定　268
建築工事発注規則（VOB）　267
鋼　175
　　亜鉛メッキ　175
　　コンクリート中の——　167, 175
　　ステンレス——　174
　　電気銅メッキ——　173
　　銅外被付き——　172, 173
　　鉛外被付き——　172, 173
　　溶融亜鉛メッキ——　172, 173
航空障害物　274
鉱　山　270
高層建築　273
個人用雷保護ヒュッテ　244
コネクタ　115, 213, 226
個別接地　160
固有エネルギー　67, 72, 75, 213

═══ さ ═══

最終雷撃距離　126, 129, 134
材　料
　　表面接地電極の——　173
　　深打ち接地電極の——　173
作用パラメータ, 雷電流の　66
サンサルバドール山　9, 10
シールドパイプ　201, 202, 208
磁　界　84, 87, 96, 107, 112
磁気誘導　229
自己インダクタンス　96, 102, 104, 105
磁鋼片　6, 7
持続電流　64-67, 83, 227, 228
持続雷電流電荷　66, 72

索引 287

下向き雷　15
実験室　18
実効接地抵抗の低減　156
遮蔽　121, 193
遮蔽開口部　200
遮蔽空間　193,
遮蔽率　194, 195, 198
遮蔽ケージ　198
遮蔽減衰度　194, 196, 199, 200, 201
遮蔽格子　198
遮蔽導線　102
遮蔽容器　194, 195
集会場　276
州規定　268
従属雷　85, 111, 112, 210
主接地母線　258
主等電位化　146, 256
主放電　42, 109, 111, 126, 128
受雷部　114, 117, 120, 123, 124, 136
情報装置　262
商用建築　273
進行波インピーダンス　151
進行波速度　151
心室細動　239
心臓加圧マッサージ　240
心停止　239
真鍮　72
振幅密度　194
振幅密度スペクトラム　85, 87
神話　1
人工衛星　13
人体抵抗　235, 237-239
スイッチング操作　116
ステップ電圧　142, 145, 163
ステップ電流　238, 241, 242
ステンレス鋼
　　合金成分比率の高い──　174
正弦半波電流　222
静電気発生機　2
絶縁協調　256, 259

接近　209, 255
接近点　118
接触腐食　165, 170
接続クランプ　186
接続端子　146
接続，連結部品　184
接地　31, 140, 141, 253
　　──の最小長さ　148
　　既存の──　141
　　交流電源設備の──　261
　　異なる材料からなる──　174
接地インピーダンス　141, 146
接地材料　163
　　──の最小寸法　172
　　──の選定　172
　　──と腐食　163
接地集合導線　146
接地設備　114, 117, 140, 145
接地抵抗　67
接地抵抗測定器　177
接地抵抗測定ブリッジ　143-145
接地電圧　142, 145
接地導線　140
接地パイプ用グリップ　185
接地棒　144, 180
接地有効長　149
前線雷　35, 37
相互インダクタンス　80, 85, 87, 88, 95, 100, 102, 103, 210, 211
想定インパルス電圧　260, 261
想定電圧　262
測定電極
　　無極性──　166
測定プローブ　144
側撃雷　129, 131
ゾーン境界　122

━━ た ━━

ダイオード
　　逆並列──　176

大　地　140
大地−雲雷　39, 41, 47, 64
大地抵抗率　141–144, 147–151, 153, 154, 156, 158, 159, 161, 162
大地表面電位　142
多重放電　44
多重雷　10, 45
タッチ電圧　142, 145, 163
縦電圧　204, 205, 208
建物遮蔽　120
力作用　75
地形雷　35
地上電界強度　37, 110
　　晴天時——　61
窒化アンモニウム及びアンモニウム含有化合物用倉庫　274
調整接地　141
低減率　156, 160, 161
抵抗率　141
抵抗漏斗　178
データ処理装置　262
テール電流　45–47
鉄　70, 71, 74, 75, 123, 139, 197, 208
鉄　筋　115, 121, 140, 145, 162, 172, 182, 185, 198, 258, 263, 264
　　基礎——　167
　　コンクリート基礎の——　164, 175
鉄パイプ　207, 208
電圧分布
　　——の測定　177
電位調整　142, 163
電圧漏斗　178
電　荷　66, 69–71, 126, 128, 213, 224
電　界　112
電解質　164, 171
電荷分離　36
電　気
　　——幾何学モデル　129, 135, 136
電　極　164
電極電位　165

電子式配電機器（EB）　262
電磁界　107, 109, 111
電磁力学　72
電磁力　75, 78
電　池
　　ガルバニック——　165, 170
電流峻度　67, 78, 83, 229
電流2乗インパルス　75
電流特性値　64, 82, 83
電流パラメータ　108
電流変化　112
電力設備　255
電話設備　255
ドイツ連邦防衛省　272
ドイツ連邦郵政省　271
塔　9
銅　71, 74, 75, 123, 139, 197, 208
　　亜鉛メッキ——　173, 175
　　スズメッキ——　173, 175
　　鉛外被付き——　173
　　裸の——　173, 174
　　溶融亜鉛メッキ——　167
透磁率　150
導線遮蔽　263
等電位化
　　補足的——　258
　　ローカルの——　118, 120, 122
等電位導線　182
　　——の最小寸法　184
等電位導体　115
等電位母線　115, 182, 183, 258
　　ローカル——　122
銅パイプ　208
特別なケースに対する規定　269
土壌抵抗
　　——の温度係数　142
土中放電　154, 155, 157
塗料噴射装置　273

な

内部雷保護　114
熱雷　35
ノイズジェネレータ　231
濃度電池　168

は

パイプグリップ　185, 186
爆発物製造工場　276
爆発物貯蔵庫　276
爆発保護　273
波頭長　81, 112
波尾長　81, 112
半球接地　162
火花ギャップ　115
病院　274
標準工数ブック（StLB）　267
表面接地　140, 143, 149, 154, 156, 158, 159
避雷針　24, 130–132
　　フランクリン型――　25
避雷装置構造委員会（ABB）　33
避雷導線　30, 115, 120, 123, 139, 146, 147
広がり抵抗　141, 142, 145, 148, 161, 162, 178–180
　　――の測定　177
　　小規模接地の――　178
　　大規模接地の――　179
ファラデーケージ　243, 244, 246
フィールドミル　61, 62
深打ち接地　140–143, 147–156, 160, 161
　　並列接続された――　160, 161
腐食　163–165
　　――の危険度　147
　　結晶間――　165
　　選択的または結晶間――　170
　　電気化学的――　164, 167
腐食エレメント　165
腐食防止
　　爆発の危険性のある領域における，陰極法による――　274
腐食防止対策　176
腐食防止バンド　177
部分雷撃　46, 64
フランクリン型避雷針　25
プローブ間隔　144, 145
分極　169, 170
分極解消　169
分極抵抗　171
分極抵抗率　171
分離用火花ギャップ　115, 116, 145, 147, 176, 182, 189, 225
　　防爆型の――　274
平面等電位化　146
平面法則　211
ベルリン電気技術組合　33
ボイラー　273
方位測定システム　13
防衛機器規格　256
放射状接地　140, 147, 148
　　――の最小長さ　148
放電　44
放電電界強度
　　土壌の――　154, 155, 158
保護角　130, 131, 255
保護空間　19, 30, 115, 121–123, 129, 131–133, 136, 255
　　――モデル実験　19
保護クラス　148, 255
保護装置
　　情報回路用――　116
　　電源回路用――　116
保護ゾーン　120–122
保護範囲　25, 124, 136
保護レベル　121
補償型測定ブリッジ　177
補助接地　178, 179
捕捉導線　123, 132, 133
捕捉突針　30, 32
捕捉放電　43, 110, 124–126, 128

ま

摩擦電気　1
見張り場
　　——に対する応急雷保護　248
メッシュ　123, 132
メッシュ接地　140, 142
メッシュ幅　255
面積規則　172
モーゼ　22

や

誘起電圧　97, 98
誘起電流　96, 102-104
有効長
　　接地——　149
誘導効果　116, 229
誘電率　150
誘導作用　213
溶解圧
　　金属の——　165
要求レベル　67, 69
陽　極　165, 166, 170, 171, 174
陽極面積　174
溶　融　69, 123
ヨット　276
　　——用雷保護装置　250
4端子接地抵抗測定ブリッジ　143

ら

雷　35
　　——の際の行動　242
　　——の巣　36
　　——のタイプ　39
　　——のリスク第1部　32
雷位置検知　57, 58
雷位置検知システム　13
雷インパルス電圧　9
雷雨日数　12, 50
雷雨日数レベル　12, 50, 59

雷過電圧
　　誘導された——　190
雷危険度指数　269
雷気象学　35
雷計数　12
雷警報　50, 60
雷研究　1
　　——の歴史　1
雷研究振興会　34
雷磁界　209
雷セル　36, 37, 39, 61
雷チャネル　47, 107, 108, 110
雷-電磁インパルス　57
雷電磁界　193
雷電流　44
　　——の最大値　67
　　——の作用パラメータ　66
雷電流アレスタ　116, 117, 255
雷電流最大値　68, 80, 112, 128
雷電流ジェネレータ　20
雷電流試験装置　213
雷電流波形　64, 80
雷電流波形解析　80
雷電流パラメータ　11
雷電流負担能力　266
雷トリガステーション　47
雷放電　39, 43
雷保護　1, 33, 253
　　外部——　253
　　内部——　253
　　見張り場に対する応急の——　248
雷保護及び避雷設備のための職業団体　33
雷保護及び避雷装置構造のための職業組合
　　（ABB）　34
雷保護及雷研究委員会　34
雷保護技術
　　最近の——　114
雷保護技術国際会議（ICLP）　33
雷保護規定　253
雷保護国際会議　33

索引 *291*

雷保護国際規格　115
雷保護式　269
雷保護指針　26
雷保護接地設備　147
雷保護設備　123
　——の設置　34
雷保護装置委員会（ABBW）
　　経済連合地域の——　33
雷保護装置　34
　——の試験　274
　外部——　114
　内部——　114
　ヨット用——　250
雷保護等電位化　33, 96, 115, 122, 145, 182, 190, 225, 254, 255
雷保護用テント　247
雷捕捉装置　123, 129, 136
雷　鳴　43, 60
雷リスク研究小委員会　31
落　雷　64
　——による死亡数　236
　——の危険　235
落雷事故　235
落雷点　125, 138
落雷頻度　12, 50, 59
落雷密度　59
リーダ雷　39, 40, 42, 43, 110, 111, 125–127, 130, 136
立　地
　雷撃に対して保護された——　241
硫酸銅電極　165, 166, 169, 170
ループ　79, 85, 87, 102, 119, 210
　——の相互インダクタンス　210
ルーム遮蔽　121
連結クランプ　186
ローカル等電位化　118, 120, 122
ロケットトリガ雷　14

ABB　31
　——の技術諮問委員会　34

ABBW　33
Aron　32

Beenken, C. D.　33
Berger, K.　9, 10, 33
Bezold, von　32
Boeck, W.　34
Boysカメラ　10
Brix　32
Brood, T. G.　33

C–L–Rインパルス電流回路　215
CIGRE　13, 68, 72, 80, 128
CIGREカウンタ　51, 53, 54, 55, 56

DIN 57 185／VDE 0185　34
DIN VDE 0185 Part 100　117
DIN VDE 0185／11.82: 雷保護装置, Part 1: 設置に関する一般事項　34
DIN VDE 0185／11.82: 雷保護装置, Part 2: 特殊な設備の設置　34
Divisch, P.　23
Dragan, G.　33

EB（電子式配電機器）　262
Epp　32

Ferbinger, J. I. von　26
Fischer, A.　34
Foerster, G.　31
Fourestier, J.　33
Franklin, B.　3, 23
Fritsch, V.　33

Gay–Lussac　32
Gay–Lussacシステム　32
Golde, R. H.　33
Guden, Ph. P.　26

Hehl　　29
Helmholz, H. L. F. von　　32
Hemmer, J. J.　　28
Holtz　　30, 32
Horvath T.　　33

IEC　　69, 72
Imhof　　32

Jacottet, P.　　33

k_c（係数）　　119, 121
k_i（係数）　　121
k_m（係数）　　121
Karl Theodor, 選帝侯　　28
Karsten, G.　　32
Kirchhoff, G. R.　　32
Kongstad, E.　　33
Kostelecky, W.　　33
Krulc, Z.　　33

LEMP　　16, 49, 57, 59, 107, 111, 112
Lichtenberg, G. Ch.　　26
Lundquist, S.　　33

Melsens　　32
Melsensシステム　　32
Melsens式の原理　　32
Mühleisen　　34
Mueller-Hildebrand, D.　　33

Neesen　　32
NEMP（核-電磁インパルス）　　255
Neuhaus, H.　　34

Osterwald, P. von　　26

Paalzow　　32

Quintus　　33

Reimarus, J. A. H.　　26
Riccio, T.　　33

Schnell, P.　　33
Schwenkhagen, H. F.　　33
Siemens, W.　　32
Steinbigler, H.　　34
StLB（標準工数ブック）　　267

Toepler, M.　　32

VDE（ABB）　　34
VDE委員会K251　　34
VG規格　　256
VOB（建築工事発注規則）　　267

Weber, L.　　32
Wenner　　144
Wiesinger, J.　　34

〈訳者紹介〉

加藤 幸二郎（かとう こうじろう）

学 歴　東京大学工学部電気工学科卒業（1954）

職 歴　富士電機(株)入社（1954）
　　　同社松本工場第2製造部長（1973）
　　　同社汎電事業部半導体部長（1977）
　　　同社電子事業本部技師長（1984）
　　　中央防雷(株)専務取締役（1998）
　　　e-mail: kkato@maple.ocn.ne.jp

森　春　元（もり はるもと）

学 歴　東京工業大学(旧制)電気工学科卒業（1952）
　　　工学博士（東京工業大学）（1989）

職 歴　富士電機㈱電子応用開発部長，電子・制御センター所長，
　　　技術研修所長を歴任
　　　帝京科学大学教授（1991）
　　　同大学名誉教授（1999）
　　　e-mail: harumori@spn1.speednet.ne.jp

雷保護と接地マニュアル
IT社会のアキレス腱

2003年5月20日　第1版1刷発行	著　者	Peter Hasse Johannes Wiesinger
	訳　者	加藤 幸二郎 森　春　元
	発行者	学校法人　東京電機大学 代表者　丸山孝一郎
	発行所	東京電機大学出版局 〒101-8457 東京都千代田区神田錦町2-2 振替口座　00160-5-71715 電話（03）5280-3433（営業） 　　　（03）5280-3422（編集）

組版　(有)編集室なるにあ　　　Ⓒ Kato Kojiro, Mori Harumoto　2003
印刷　(株)シナノ
製本　(株)シナノ　　　　　　　Printed in Japan
装丁　高橋壮一

*本書の全部又は一部を無断で複写複製（コピー）することは，著作権法上での例外を除き，
　禁じられています。小局は，著者から複写に係る権利の管理につき委託を受けていますの
　で，本書からの複写を希望される場合は，必ず小局（03-5280-3422）宛ご連絡ください。
*無断で転載することを禁じます。
*落丁・乱丁本はお取替えいたします。

ISBN4-501-11090-2　C3054

東京電機大学出版局出版物ご案内

バイオメカニズム・ライブラリー
生体情報工学

バイオメカニズム学会編 赤澤堅造 著 A5判 176頁
科学技術と人間の関係が急速に密接になってきている状況で、生体についての基礎知識はエンジニアにとって必須である。生体機能の知識と工学との関連を平易に解説。

バイオメカニズム・ライブラリー
看護動作のエビデンス

バイオメカニズム学会編
小川・鈴木・大久保・國澤・小長谷共著 A5判 176頁
筆者らが約10年にわたり実験・研究してきたボディメカニクスを意識した看護・介助動作について、有効性や活用事例をまとめた関係者必読の書。

ワトソン
遺伝子の分子生物学 第4版 (上／下)

松原・中村・三浦 監訳 A4判 692／764頁
ノーベル賞受賞者のワトソンの生命科学の先駆けをなした名著。初学者から研究者や技術者必携の書。

初めて学ぶ
基礎 機械システム

小川鑛一 著 A5判 168頁
初めて学ぶ人のために、基本的機械要素であるばね、ダンパ、質量の組合せ機械システムに対する運動方程式の誘導方法と、それらを解くラプラス変換についてわかりやすく解説。

初めて学ぶ
基礎 制御工学

森政広／小川鑛一 共著 A5判 288頁
初めて制御工学を学ぶ人のために、多岐にわたる制御技術のうち、制御の基本と基礎事項を厳選し、わかりやすく解説したものである。

バイオメカニズム・ライブラリー
人と物の動きの計測技術
～ひずみゲージとその応用～

バイオメカニズム学会編 小川鑛一著 A5判 144頁
初学者を対象にひずみゲージの原理や使い方を平易に解説。また、筆者の看護・介助師の動作研究をもとにした人間工学への応用事例や手法を解説。

看護動作を助ける
基礎 人間工学

小川鑛一 著 A5判 242頁

看護者が患者を看護・介助する際の良好な動作について人間工学の立場からやさしく解説。

代謝工学 原理と方法論

G.N.ステファノポーラス他著 清水・塩谷訳
B5版 578頁
本書は、基本原理から具体的方法論までを工学的応用に向け解説。バイオ技術者や生命工学関係の研究者、学生必携の書。

初めて学ぶ
基礎 電子工学

小川鑛一 著 A5判 274頁

初めて学ぶ人のために、電子機器や計測制御機械などの動作が理解できるように、基礎的な内容をわかりやすく解説。

初めて学ぶ
基礎 ロボット工学

小川鑛一／加藤了三 共著 A5判 258頁
ロボットをこれから学ぼうとしている初学者に対し、ロボットとは何か、ロボットはどのような構造・機能を持ち、それを動かす方法はいかにあるべきかを平易に解説。

＊ 定価、図書目録のお問い合わせ・ご要望は出版局までお願いいたします。
URL http://www.dendai.ac.jp/press/

MPU関連図書

H8ビギナーズガイド

白土義男 著　B5変判　248頁

H8は汎用性があり高性能の埋込型マイコンである。産業界のみならず、各種ロボコンのマシン制御に使われ、多くの優勝チームがH8を使っている。このH8の使い方を初心者向けに解説。

PICアセンブラ入門

浅川毅 著　A5判　184頁

マイコンの動作原理や2進数の取り扱いなど、マイコン初学者でも理解できるように解説。PICを取り扱う上でつまづきやすいプログラムについて、最もよく使われているPIC 16F84を用いて解説。

たのしくできる PIC電子工作 － CD-ROM付 －

後閑哲也 著　A5判　202頁

本書は、PICを徹底的に遊びに使うために、回路の製作法やプログラミングのコツをPIC16F84Aを使ってやさしく解説。

たのしくできる PICプログラミングと制御実験 － CD-ROM付 －

鈴木美朗志 著　A5判　244頁

最もポピュラーなPIC16F84Aのみを用い、PICのプログラミングから周辺回路の動作原理までをやさしく解説。実用的な制御回路について学ぶことができる。

図解 Z80マイコン応用システム入門 ハード編　第2版

柏谷，佐野，中村，若島 共著　A5判　276頁

現在用いられているものに合わせ大幅に改訂した。SCSIなどの紹介の充実を図り、学習者が興味を持つよう、簡単な相撲ロボットの製作方法を解説。

図解 Z80マイコン応用システム入門 ソフト編　第2版

柏谷，佐野，中村 共著　A5判　258頁

マイコンそのものや、関係する周辺機器やソフトウェアに関する記述を現在普及しているものに合わせて大幅に修正を加えた。

図解 Z80マシン語制御のすべて ハードからソフトまで

白土義男 著　AB判　280頁

IC, LSIを学び、使いこなす上でバイブルとして好評の「ディジタルICのすべて」「アナログICのすべて」に続く待望のZ80マイコン編。入門者でもマシン語制御について基本的な理解ができる。

勝てるロボコン 高速マイクロマウスの作り方 － CD-ROM付 －

浅野健一 著　B5判　184頁

マイクロマウスの製作を通じて、メカトロニクス技術の基礎を理解できる。"工夫することにより安価に製作"を目標とし、製作費を4万円以内として、Z80を用いて勝てるロボットを製作する。

勝てるロボコン 相撲ロボットの作り方

浅野健一 著　B5判　152頁

相撲ロボットの製作を通じて、メカトロニクス技術の基礎を理解できる。"工夫することにより安価に製作"を目標とし、製作費を5万円以内として、Z80を用いて勝てるロボットを製作する。

勝てるロボコン ロボトレーサの作り方

浅野健一 著　B5判　162頁

ロボトレーサの製作を通じて、メカトロニクス技術の基礎を理解できる。"工夫することにより安価に製作"を目標とし、製作費を3万円以内として、Z80を用いて勝てるロボットを製作する。

＊定価、図書目録のお問い合わせ・ご要望は出版局までお願いいたします。
URL　http://www.dendai.ac.jp/press/

「たのしくできる」シリーズ

たのしくできる
やさしい エレクトロニクス工作

西田和明 著　　A5判　148頁

身近で多くのエレクトロニクス技術が使われている。本書は、このエレクトロニクスを少しでも手作りで体験するために、やさしい工作をすすめながら原理や基本を学ぶ。

たのしくできる
やさしい 電源の作り方

西田和明／矢野勲 共著　　A5判　172頁

身近なエレクトロニクス機器用電源についてやさしい説明で製作しながら紹介。

たのしくできる
やさしいアナログ回路の実験

白土義男 著　　A5判　196頁

6種類の簡単な実験や工作を通じて、アナログ回路の基礎をやさしく解説。

たのしくできる
PIC電子工作　－CD-ROM付－

後閑哲也 著　　A5判　202頁

本書は、PICを徹底的に遊びに使うために回路の製作法やプログラミングのコツをPIC16F84Aを使ってやさしく解説。

たのしくできる
単相インバータの製作と実験

鈴木美朗志 著　　A5判　160頁

単相インバータのしくみと単相インバータによる機械の制御について、基礎からまとめた入門書。主に、インバータの基本であるアナログ単相インバータについて取り上げた。

たのしくできる
やさしい 電子ロボット工作

西田和明 著　　A5判　136頁

簡単な光・音・超音波のセンサを用いた電子ロボットの工作を通じて電子回路と機構の知識を得る。

たのしくできる
やさしいメカトロ工作

小峯龍男 著　　A5判　172頁

メカトロニクスの初歩から応用までを各種ロボットの製作と共に紹介。

たのしくできる
やさしいディジタル回路の実験

白土義男 著　　A5判　184頁

簡単な実験を行いながら、エレクトロニクス技術の基礎が身につくように解説。

たのしくできる
PICプログラミングと制御実験　－CD-ROM付－

鈴木美朗志 著　　A5判　244頁

もっともポピュラーなPIC16F84Aのみを用い、PICのプログラミングから周辺回路の動作原理までをやさしく解説。実用的な制御回路について学ぶことができる。

たのしくできる
センサ回路の制御実験

鈴木美朗志 著　　A5判　200頁

実験を通して、センサ回路とマイコン制御を基礎から学ぶ。本文中で解説したセンサはどれも一般的なものであり、入手が容易である。

＊定価、図書目録のお問い合わせ・ご要望は出版局までお願いいたします。
URL　http://www.dendai.ac.jp/press/